Energiepolitische Schriftenreihe

Herausgegeben vom Bundesministerium
für Handel, Gewerbe und Industrie in Wien

Band 5

Nutzen-Kosten-Analyse für Energiesparmaßnahmen auf dem Sektor Kraftwagenverkehr

Von

Dipl.-Ing. Dr. Ingela Bruner-Newton
Institut für Verbrennungskraftmaschinen
und Kraftfahrwesen der
Technischen Universität Wien

Univ.-Prof. Dipl.-Ing. Dr. Hans Peter Lenz
Institut für Verbrennungskraftmaschinen
und Kraftfahrwesen der
Technischen Universität Wien

unter Mitarbeit von

a.o. Univ.-Prof. Dipl.-Ing. Dr. Peter Vecernik
Univ.-Doz. Dipl.-Ing. Dr. Dieter Biberschick
Dipl.-Ing. Friedrich Wailzer
alle Institut für mechanische Technologie II und Betriebstechnik der
Technischen Universität Wien

Springer Science+Business Media, LLC

Redaktionelle Betreuung:
Dipl.-Ing. Dr. techn. KARL KELLNER
Bundesministerium für Handel, Gewerbe und Industrie
Sektion V, Abteilung 2
Schwarzenbergplatz 1
A-1015 Wien, Österreich

Mit 52 Abbildungen

CIP-Kurztitelaufnahme der Deutschen Bibliothek

Bruner-Newton, Ingela:
Nutzen-Kosten-Analyse für Energiesparmaßnahmen auf dem Sektor Kraft-
wagenverkehr / von Ingela Bruner-Newton; Hans Peter Lenz. Unter Mitarb.
von Peter Vecernik . . . – Wien; New York: Springer, 1981.
  (Energiepolitische Schriftenreihe; Bd. 5)
  ISBN 978-3-211-81660-8 (Wien, New York);

NE: Lenz, Hans Peter; GT

ISBN 978-3-211-81660-8   ISBN 978-3-7091-3660-7 (eBook)
DOI 10.1007/978-3-7091-3660-7

GELEITWORT

Unmittelbar nach der Bestellung des unter der Leitung von Generaldirektor a.D. em. Univ.-Prof. Baurat h.c. DDDr. Dipl.-Ing. Ludwig MUSIL stehenden „Beirats für sinnvolle Energieanwendung" durch den Herrn Bundesminister für Handel, Gewerbe und Industrie im Jahre 1974 wurde ein Arbeitskreis für Fragen der Energieeinsparung im Straßenverkehr gebildet, dessen Leitung Herr Univ.-Prof. Dipl.-Ing. Dr. sc. techn. Hans Peter LENZ, Vorstand des Instituts für Verbrennungskraftmaschinen und Kraftfahrwesen an der Technischen Universität Wien, übernommen hat.

Um die zahlreichen, von verschiedenen Seiten vorgebrachten Anregungen zur Verringerung des Energieaufwands beim Individualverkehr in systematischer Weise zu ordnen, hat Univ.-Prof. Dr. LENZ vorgeschlagen, diese Anregungen nach dem Verhältnis zu klassifizieren, in welchem der für eine bestimmte Einsparung erforderliche Aufwand zu dem hiedurch erzielten Nutzen, d.h. dem Einsparungseffekt, steht. Da dies als ein so selbstverständlicher und naheliegender Gedanke erschienen war, war auch Univ.-Prof. Dr. LENZ der Meinung, daß er wohl anderswo bereits durchgeführt worden sei.

Eine zunächst an ihn in Auftrag gegebene weitgesteckte internationale Literaturrecherche hat jedoch ergeben, daß wohl einzelne Untersuchungen in dieser Richtung durchgeführt worden sind, daß aber eine umfassende, systematische Arbeit zwar vielfach als erforderlich und nützlich angesehen würde, die bisher jedoch nirgends ausgeführt worden ist.

Dieses Ergebnis hat dann Anlaß zu einem weiteren Auftrag an Univ.-Prof. Dr. LENZ gegeben, bei dem alle relevanten Einsparungsmöglichkeiten und Anreize zur Einsparung im Straßenverkehr methodisch und kritisch zusammengestellt und nach einheitlichen Gesichtspunkten einer Kosten-Nutzen-Analyse unterzogen wurden.

Beide Arbeiten von Univ.-Prof. Dr. LENZ sind in diesem Band in einer für diese Veröffentlichung überarbeiteten Form zusammengefaßt.

Gewiß ist für Maßnahmen auf dem Gebiet des Straßenverkehrs der Gesichtspunkt des Kosten-Nutzen-Verhältnisses ausgesprochen einseitig, und viele Maßnahmen, die sich unter diesem Aspekt nicht rechtfertigen lassen, können sehr wohl aus anderen Gründen, etwa aus Gründen der Verkehrssicherheit, große Bedeutung haben. Gerade in der Herbeiführung dieser Klarstellung liegt ein bedeutendes Verdienst dieser Arbeit.

Sie zeigt weiter auf, daß mit keiner einzigen Maßnahme eine bedeutende Energieeinsparung im Straßenverkehr erzielt werden kann, daß jedoch sehr viele Möglichkeiten für Einsparungen in kleinerem Ausmaß bestehen, die, zusammengefaßt, einen sehr erheblichen Beitrag zur Verminderung des Treibstoffaufwandes erbringen können. Diese Arbeit bildet die derzeit ausführlichste Grundlage zur sachlichen Erörterung des aufgeworfenen Themenkreises, der Millionen Verkehrsteilnehmer unmittelbar betrifft.

Die Besprechung der von Univ.-Prof. Dr. LENZ vorgelegten Arbeiten in dem von ihm geleiteten Arbeitskreis, in welchem auch die Verbände der Kraftfahrzeugbenützer vertreten sind, sowie im Beirat für sinnvollen Energieeinsatz, und die Aufnahme, welche die Präsentation der Resultate der Arbeit im Österreichischen Ingenieur- und Architektenverein gefunden hat, haben eine weitgehende Zustimmung ergeben. Von besonderer Bedeutung ist es, daß sich das Bundesministerium für Verkehr bei einer beachtlichen Anzahl von Maßnahmen, die es in seinem Zuständigkeitsbereich zur Energieeinsparung im Straßenverkehr in Betracht zieht, ausdrücklich auf diese Arbeit beruft und daß auch das Bundesministerium für Finanzen die sorgfältige Prüfung der von Prof. Dr. LENZ erstatteten Vorschläge zur Reform der Kraftfahrzeugbesteuerung in Aussicht genommen hat, sodaß die vorliegende Arbeit über das wissenschaftliche Interesse, das sie verdient, hinaus auch auf die Praxis erheblichen Einfluß auzuüben beginnt und einen wirksamen Beitrag zur Energieeinsparung zu leisten verspricht.

Bei der Durchführung seiner Arbeiten wurde Univ.-Prof. Dr. LENZ vor allem von Frau Dipl.-Ing. Dr. techn. Ingela BRUNER—NEWTON unterstützt, deren Dissertation in dieser Arbeit mitverwertet wurde und deren Sachkenntnis und Sorgfalt wesentlich zu deren erfolgreicher Ausführung beigetragen haben.

Das Bundesministerium für Handel, Gewerbe und Industrie ist deshalb überzeugt, daß die Aufnahme der vorliegenden Arbeit in die von ihm herausgegebene energiepolitische Schriftenreihe nicht nur wegen der Aktualität der Thematik, sondern auch wegen der wissenschaftlichen Methodik gerechtfertigt ist. Allen, welche am Zustandekommen dieser Veröffentlichung mitgewirkt haben, insbesonders aber Herrn Univ.-Prof. Dr. LENZ und Frau Dr. BRUNER—NEWTON, sei auch an dieser Stelle dafür gedankt.

Sektionschef
Dipl.-Ing. Dr. techn. Wilhelm FRANK,
Leiter der Sektion V
(Energie-Grundstoffe-Oberste Bergbehörde)
im Bundesministerium für Handel,
Gewerbe und Industrie

1. EINLEITUNG

Die begrenzten Energievorräte der Welt, die zunehmende Knappheit der
Weltrohölreserven, die Abhängigkeit Österreichs von den Erdölförderländern
und die Belastung der österreichischen Handelsbilanz durch Erdölimporte
weckten nach der „Energiekrise" des Winters zur Jahreswende 1973/74 ein
neues Energie Bewußtsein. Ein Energiesparbeirat wurde vom Bundesministerium
für Handel Gewerbe und Industrie im Oktober des Jahres 1974 ins Leben
gerufen. Unter dem Leitmotiv „Energiesparen" wurden in vier Arbeitsgruppen
(Hauswirtschaft, wärmeintensive Industrie, Verkehr und Kraft — Wärme --
Kupplung im Bereich der öffentlichen Energieversorgung) Möglichkeiten zur
Erzielung eines sinnvollen Energieeinsatzes erarbeitet [289].

Herr Univ.-Prof. Dr. H.P. Lenz, Vorstand des Institutes für Verbrennungskraftmaschinen und Kraftfahrwesen der Technischen Universität Wien
wurde im Jahre 1975 mit der Durchführung einer Literaturrecherche im
Hinblick auf eine geplante Nutzen-Kosten Analyse für Energiesparmaßnahmen
auf dem Sektor Kraftfahrzeugverkehr vom Bundesministerium für Handel,
Gewerbe und Industrie beauftragt [290].

Im Jahre 1976 wurde Herrn Univ.-Prof. Lenz ein Auftrag zur Erarbeitung einer Nutzen-Kosten-Untersuchung von Energiesparmaßnahmen im
Straßenverkehr vom Bundesministerium für Handel, Gewerbe und Industrie
erteilt.

Über die Arbeit, die im Rahmen dieses Auftrages durchgeführt wurde,
ist in Berichten und Vorträgen [291] bis [312] und [394] sowie bei diver-
sen Sitzungen des Energiesparbeirates berichtet worden.

Die vorliegende Studie stellt den Abschlußbericht zu beiden Aufträgen
dar.

In Kapitel 2 wird über die Literaturrecherche berichtet. Die Ergebnisse
der Kontaktaufnahmen und der studierten Literatur werden behandelt. Es
wird ein Überblick sowohl über die vorgeschlagenen als auch über die in
Belgien, in der Bundesrepublik Deutschland, in Frankreich, in Großbritannien,
in Kanada, in Norwegen, in Schweden, in der Schweiz, in den USA, in der
EG und bei der ECE zur Reduzierung des Energieverbrauches im Straßenverkehr bereits durchgeführten Maßnahmen gegeben (Stand Ende 1976). Die
Literaturrecherche ist von Frau Dipl.-Ing. I.Bruner-Newton durchgeführt worden.

In Kapitel 3 wird nach einem kurzen Überblick über die Energiesitua--
tion in Österreich auf den Straßenverkehr und speziell auf den Individualverkehr näher eingegangen. Der Bestand an PKW, deren Fahrleistungen und
Kraftstoffverbrauch und die Verkehrsverflechtungen im PKW-Verkehr werden
analysiert. Kapitel 4 behandelt die Einflüsse auf den Kraftstoffverbrauch des
Einzelfahrzeuges und leitet mögliche Aktionen der öffentlichen Hand zur
Erzielung eines sinnvollen Energieeinsatzes im Straßenverkehr ab. Es wird
nach Maßnahmen zur Anhebung des Energiebewußtseins und nach Maßnahmen
zur Koppelung des Kraftstoffverbrauches des Einzel-PKW mit finanziellen Anreizen oder Belastungen unterschieden; ferner wird eine Unterscheidung nach verkehrstechnischen Maßnahmen für den gebundenen Verkehr und für den freien
Verkehr getroffen. Die Möglichkeiten, den Kraftstoffendverbraucherpreis und die
KFZ-Steuer als Instrumentarium zur Erzielung eines sinnvollen Energieverbrauches im Straßenverkehr einzusetzen, werden in Kapitel 4 untersucht, die anderen
Maßnahmen werden in Kapitel 6 mit Hilfe von Nutzen-Kosten-Überlegungen untersucht. Die Kapitel 3 und 4 dieser Studie sind am Institut für Verbrennungskraftmaschinen und Kraftfahrwesen der TU-Wien von Frau Dipl.-Ing. I. Bruner-
Newton erarbeitet worden.

Die Problematik einer Nutzen-Kosten Untersuchung von Energiesparmaßnahmen im Straßenverkehr ist in [306] dargestellt worden. Die Grundlagen für die Nutzen-Kosten Untersuchung dieser Studie sind in zahlreichen
Diskussionen zwischen den Mitarbeitern des Institutes für Verbrennungskraftmaschinen und Kraftfahrwesen und des Institutes für mechanische Technologie II und Betriebstechnik der TU-Wien (Vorstand o. Prof. Dipl.-Ing.
Dr. techn. L. Tschirf) erarbeitet worden und sind im dritten Teil dieser
Studie beschrieben, der in der vorliegenden Form am Institut für mechanische Technologie II und Betriebstechnik der TU-Wien in der Abteilung Betriebstechnik und Betriebswirtschaft von a. o. Prof. P. Vecernik und Dipl.-
Ing. F. Wailzer verfaßt wurde.

In Kapitel 6 der vorliegenden Studie wird die Bewertung der Energie--
sparmaßnahmen durchgeführt. Das Verhältnis der durch eine Maßnahme ein-
sparbaren Kraftstoffmenge in Litern zu den Kosten, die mit der Einführung
und Aufrechterhaltung der Maßnahme verbunden sind, ist für jede Maßnahme errechnet worden. Die Bewertung sonstiger Wirkungen der einzelnen
Maßnahmen erfolgt ebenfalls im Kapitel 6. Am Institut für mechanische
Technologie II und Betriebstechnik wurden von Dozent Dipl.-Ing. Dr. techn.
D. Biberschick folgende Maßnahmen bearbeitet: „Spurenvariation", „Optimale Leitlinien", „Schaffung neuer Fahrspuren", „Sonderstraßen und -spu-
ren für den öffentlichen Verkehr", „Einhaltung von Halteverboten", „Abbiegeverbote", „Verkehrsentflechtung durch Niveauunterschiede", „Einsatz von

Verkehrsrechnern", „Übergang zum öffentlichen Verkehr", „Taxi·Bus und Gemeinschaftstaxi", „Park-and-Ride System", „Stellplatzbau im dichtverbauten Gebiet" „Verlängerung der grünen Phase für den öffentlichen Verkehr" und „Räumliche und zeitliche Beschränkungen". Am Institut für Verbrennungskraftmaschinen und Kraftfahrwesen der TU-Wien wurden von Frau Dipl.-Ing. I. Bruner·Newton die Maßnahmen „Rechtsabbiegen bei Rot", „Fahrgemeinschaften", „Wartung", „Dieselmotor statt Ottomotor", „Regelbarer Kühlerventilator" und „Geschwindigkeitsbegrenzungen" untersucht, von o. Prof. Dr. H.P. Lenz wurde die Maßnahme „Neuartiger Stadtbus" erarbeitet.

Die Gegenüberstellung und der Vergleich der Aktionen zur Erzielung eines sinnvollen Energieeinsatzes im Straßenverkehr wird in Kapitel 7 dieser Arbeit vorgenommen. Die Empfehlungen an die öffentliche Hand für eine zukünftige Energiepolitik im Bereich Straßenverkehr sind in Kapitel 8 zusammengefaßt. Diese beiden letzten Kapitel sind von den genannten Mitarbeitern der Institute gemeinsam erarbeitet worden.

2. LITERATURRECHERCHE

Die Literaturrecherche hatte die Ermittlung von grundlegenden Informationen über das Energiesparen im Straßenverkehr zum Zweck. In- und ausländische Institutionen sind kontaktiert und themenspezifische Literatur ist gesichtet worden.

2.1. Kontaktaufnahme

Im Rahmen der Literaturrecherche wurden Stellen sowohl im In- als auch im Ausland (und zwar in Belgien, Dänemark, der Bundesrepublik Deutschland, Frankreich, Großbritannien, Japan, Kanada, in den Niederlanden, Norwegen, Schweden, der Schweiz und den USA) kontaktiert. Zusätzlich zu den nationalen wurden auch internationale Organisationen angeschrieben. Im folgenden sind jene Stellen, mit denen Kontakt aufgenommen wurde, angegeben:

BELGIEN

(1) Centre de Recherche Routiére, Fokkerdreef 21, 1960 - Sterrebeek

(2) Faculté des Sciences Economiques, Mons

KANADA

(3) Canadian Ministry of Transport
Number 3 Temporary Building
Wellington Street, Ottawa, Ontario

(4) Stevenson and Kellog Ltd.
Management Consultants
150 Eglinton Ave. East, Toronto, Ontario

(5) Federal Department of Energy, Mines and Resources
588 Booth Street, Ottawa, TIA OE4

(6) Ministry of Transportation and Communications
1201 Wilson Avenue, Central Building
Downsview Ontario N3M 1J8

(7)   Road and Transportation Association of Canada
      1765 St. Laurent BLVD, Ottawa, Ontario

(8)   Dept. of Transport
      Parlament Buildings Quebec City, Quebec

(9)   Saskatchewan Transportation Co.
      2041 Hamilton St. Regina
      S4P 2E2 Saskatchewan

(10) Dept. of Highways and Transportation
      9630 106th St. Edmonton Alberta T5K 2B8

(11) Dept. of Transport and Communications
      Parlament Buildings, Victoria BC

(12) Dept. of Highways, Legislative Buildings
      Winnipeg Manitoba R3G OV8

(13) Energy Probe, University of Toronto
      M 55 1A1, Toronto ONTARIO

(14) Department of Civil Engineering,
      University of New Brunswick, E3B 5AE Fredericton,
      New Brunswick

(15) Transportation Development Agency
      1000 Sherbrooke St. West, P.O. Box 549,
      Montreal, Quebec H3A 2R3

(16) Carleton University
      1231 Colonel By Drive, KIS 5B6 Ottawa

(17) Centre for Urban and Community Studies
      150 St. Georg Str., Toronto, Ontario

(18) Urban Transportation Development Corp.
      20 Eglinton St. W. Toronto, Ontario

DÄNEMARK

(19) Statens Vejlaboratorium,
      Elisagaardsvij 5, Roskilde

(20) The Road Directorate P.O. Box 269
      DK-1016 Copenhagen K.

JAPAN

(21) Public Works Research Institute, Ministry of Construction
      2-28-32 Honkamagone, Bunkyo-ku, Tokyo

(22)   The Committee for Energy Policy Promotion
No. II Mori Building
Nr. II Akefuno Cho
Shiba Nishikubo Minato Ku, Tokyo 105

NIEDERLANDE

(23)   Rijkswegenbouwlaboratorium
Van Mourik Broekmanweg, Delft

(24)   Stichting Toekomstbeeld Der Techneik
Prinsessegracht 23, Den Haag

(25)   Stichting Wetenschappelijk
Onderzoek Verkeersveiligheid
P.O. Box 71, Deernstraat 1, Voorburg 2210

(26)   Rijkkswaterstaat, Ministry of Transport
Koningskade 4, S' -Gravenhage

NORWEGEN

(27)   Statens Veglaboratorium
Gaustadalleen 25, Blindern, Oslo-Dep.

(28)   Transportoekonomiek Institutt, Oslo

ÖSTERREICH

(29)   Amt der Burgenländischen Landesregierung
Landhaus, 7000 Eisenstadt

(30)   Amt der Kärntner Landesregierung
Arnulfplatz 1, 9020 Klagenfurt

(31)   Amt der Niederösterreichischen Landesregierung
Herrengasse 9, 1010 Wien

(32)   Amt der Oberösterreichischen Landesregierung
Klosterstraße 7, 4010 Linz

(33)   Amt der Vorarlberger Landesregierung
Monfortstraße 4, 6900 Bregenz

(34)   Amt der Salzburger Landesregierung
Chiemseehof, 5010 Salzburg

(35)   Amt der Steiermärkischen Landesregierung
Hofgasse, 8011 Graz

(36)   Amt der Tiroler Landesregierung
        Maria-Theresien-Straße, 6020 Innsbruck

(37)   Bundeskammer der Gewerblichen Wirtschaft
        Stubenring 12, 1010 Wien

(38)   Dokumentationsstelle für Straßenbau und Verkehrstechnik,
        Geotechnisches Institut, Bundesversuchs- und Forschungsanstalt,
        Arsenal, Objekt 214, 1030 Wien

(39)   Forschungsstelle für das Straßenwesen im ÖIAV,
        Eschenbachgasse 9, 1010 Wien

(40)   Institut für Betriebswirtschaftslehre der Industrie
        Wirtschafts-Universität Wien

(41)   Institut für Betriebswirtschaftslehre
        Universität Graz, 8010 Graz

(42)   Institut für Finanzwissenschaft,
        Wirtschaftsuniversität,
        Franz-Klein-Gasse 1, 1190 Wien

(43)   Institut für Straßenbau und Verkehrsplanung
        Universität Innsbruck, Technikerstr. 13, 6020 Innsbruck

(44)   Institut für Transportwirtschaft,
        Wirtschaftsuniversität Wien,
        Franz-Klein-Gasse 1, 1190 Wien

(45)   Institut für Unternehmensrechnung und Revision
        Wirtschaftsuniversität Wien
        Franz-Klein-Gasse 1, 1190 Wien

(46)   MA 18, Rathaus, 1010 Wien

(47)   Österreichische Gesellschaft f. Straßenwesen
        Marxergasse 10, 1030 Wien

(48)   Österreichische Verkehrswissenschaftliche Gesellschaft
        Gauermanngasse 4, 1010 Wien

(49)   Shell Austria AG.
        Rennweg 12, 1030 Wien

        SCHWEDEN

(50)   Schwedische Botschaft,
        Obere Donaustraße 49 — 51, 1020 Wien

(51)   States Väg och Trafik Institut
        Fack 58101, Linköping

SCHWEIZ

(52)   Amt für Energiewirtschaft
CH 3003 Bern

(53)   Commission Fédérale de la Conception Globale Suisse
des Transports-CGST
Effingerstr. 14, 3011 Bern

(54)   Fédération Routiére Suisse
Schwanengasse 3, 3011 Bern

(55)   Institut de Technique de Transport
Faculté de Genie Civil
Ecole Politechnique Fédérale de Lausanne
9 Chemin des Delices, 1006 Lausanne

(56)   Institut für Verkehrswirtschaft und Verkehrspolitik
der Universität
Elfenauweg 91, 3006 Bern

(57)   Office Fédéral de la Protection de l'Environment
Laupenstraße 20, 3003 Bern

(58)   S.A.L' Energie de l'Ouest-Suisse
12 Place de la Gare, 1001 Lausanne

(59)   Schweizerische Bundesbahnen, SBB,
Generaldirektion 3006 Bern

(60)   Vereinigung Schweizerischer Verkehrsingenieure SVI
Leonhardtstr. 37, 8001 Zürich

USA

(61)   A.A.S.H.O. American Association of State
Highway Officials, Washington D.C.

(62)   American Management Associations Inc.
135 West 50th Street, 10020 New York

(63)   California Department of Transportation
Sacramento 95807, California

(64)   Energy and Environmental Analysis, Inc.
Arlington

(65)   EPA Environmental Protection Agency
Office of Air Water Programs
Washington D.C.

(66) Electric Power Research Institute
3412 Hillview Ave, P.O. Box 10412, Palo Alto,
California 94303

(67) Institute for Energy Analysis
Oak Ridge, P.O. Box 117, Tennessee 37830

(68) Institute of Traffic Engineers
P.O. Box 9234, 1815 North Fort Myer Drive,
Arlington VA 22209

(69) Jet Propulsion Laboratory
California Institute of Technology
Passadena, California

(70) Motor Vehicle Manufacturers Association
320 New Center Building, Detroit, Michigan 48202

(71) National Cooperative Highway Research Program
Highway Research Board, 2101 Constitution Ave, N.W.
Washington D.C. 20418

(72) National Petroleum Council
1625 K Street NW, 20006 Washington D.C.

(73) National Science Foundation
Washington D.C.

(74) National Technical Information Service
Washington D.C.

(75) NCHRP
2101 Constitution Avenue, N.W.
Washington, D.C., 20418

(76) Office of Energy Systems
Federal Energy Administration
Washington D.C.

(77) Ohio Department of Transportation
25 South Street, Columbus 43216, Ohio

(78) Rand Corporation
Santa Monica, California

(79) Shell Development Co. Research Laboratory
Wood River, Illinois

(80) The Center for the Environment and Man Inc.
275 Windsor Street, Hartfort, Connecticut 06120

(81) The General Tire and Rubber Co.
      Three General Street, Akron, Ohio 44329

(82) The Operations Council
      1616 P Street NW, Washington D.C. 20036

(83) Transportation Research Board
      2101 Constitution Avenue, Washington D.C. 20418

(84) Transportation Systems Center
      U.S. Department of Transportation
      Washington D.C.

(85) University Microfilm, Inc.
      300 N, Zeeb Road, Ann Arbor, Michigan 48106

(86) US-Department of Commerce
      National Technical Information Service
      5285 Port Royal Road, Springfield, Va. 22151

(87) US Department of the Interior
      Washington D.C.

(88) US Energy Research and Development Administration
      20 Massachusetts Avenue NW, Washington D.C. 20545

(89) US Energy Research and Development Agency
      Assistant Administrator for International Affairs
      N. and D. Streets S.W., Washington D.C. 20545

(90) Congressional Office of Technology Assessment, Senate Annex
      119 D Street NE, Washington D.C. 20510

(91) General Motors Corporation
      General Motors Building, Detroit Michigan 48202

(92) Shell Oil Company
      Houston, Texas

(93) Virginia Polytechnic Institute and State University
      Dept. of Civil Engineering
      24060 Blacksburg

(94) Texas State Department of Highways and Public Transportation
      P.O. Box 5051, Austin Texas 78763

BUNDESREPUBLIK DEUTSCHLAND

(95) Allvia Ingenieurgesellschaft für Verkehrswesen und Verkehrs-
      anlagen mbH., Bavariaring 31, 8 München 2

(96)   Bundesanstalt für Straßenwesen,
         Brühlerstr. 1, 5 Köln 51

(97)   Bundesministerium für Forschung und Technologie
         Stresemannstr. 2, 53 Bonn-Bad Godesberg

(98)   Bundesministerium für Verkehr, Abt. (A)
         Steinstraße 100, 53 Bonn

(99)   Bundesministerium für Wirtschaft
         Villemombler Straße 76, 53 Bonn

(100)   Daimler-Benz AG., Leitung Nutzfahrzeug-Entwicklung
         Postfach 202, 7 Stuttgart-Untertürkheim

(101)   Deutsches Institut für Wirtschaftsforschung (DIW)
         Königin-Luise-Str. 5, 1 Berlin 33

(102)   Deutsche Forschungs- und Versuchsanstalt für Luft- und Raum-
         fahrt,
         Linder Höhe, 5 Köln 90

(103)   Europa-Institut der Universität
         Universität, Bau 9, 66 Saarbrücken 15

(104)   Forschungsstelle für Energiewirtschaft,
         Am Blütenanger 71, 8 München 2

(105)   Forschungsvereinigung Automobiltechnik e.V.
         Westendstr. 61, 6 Frankfurt/M. 17

(106)   Forschungsvereinigung Verbrennungskraftmaschinen e.V.
         Lyonerstr. 18, 6 Frankfurt/M-Niederrad 71

(107)   IFO-Institut für Wirtschaftsforschung
         8 München

(108)   Institut für Eisenbahn- und Verkehrswesen der
         Universität Stuttgart
         Keplerstraße 11, 7 Stuttgart 1

(109)   Institut für Industrie- und Verkehrspolitik der
         Universität Bonn
         Adenauer Allee 24–26, 53 Bonn

(110)   Institut für Siedlungs- und Wohnungswesen der
         Universität Münster
         Münster

(111)   Institut für Straßen- und Verkehrswesen der
         Technischen Universität Berlin
         Steinplatz 1, 1 Berlin

(112)   Institut für Systemtechnik und Innovationsforschung
der Frauenhofer-Gesellschaft e.V.
Bresbauerstr. 48, 75 Karlsruhe

(113)   Institut für Verkehrsplanung und Verkehrstechnik der
Universität Darmstadt
61 Darmstadt

(114)   Institut für Verkehrswesen der Universität Karlsruhe
Kaiserstr. 12, 75 Karlsruhe

(115)   Institut für Verkehrswirtschaft, Straßenwesen und
Städtebau der Technischen Universität
Stiftstraße 12, 3 Hannover

(116)   Institut für Verkehrswirtschaft und öffentliche Wirtschaft
der Universität für Betriebswirtschaftslehre
Ludwigstraße 28, München 8

(117)   Institut für Verkehrswissenschaften e.V. an der Universität für
wirtschaftliche Staatswissenschaften
Universitätsstr. 22, 5 Köln 41

(118)   Institut für Verkehrswissenschaften an der Universität
Am Stadtgraben 9, 44 Münster

(119)   Institut für Wirtschafts- und Finanzpolitik
Hauptmarkt 20, 85 Nürnberg

(120)   Institut für Wirtschaftspolitik und Wirtschaftsforschung
Universität Karlsruhe
75 Karlsruhe

(121)   Kernforschungsanlage Jülich
Programmgruppe Systemforschung und Technologische
Entwicklung, Postfach 365, 517 Jülich 1

(122)   Verein Deutscher Ingenieure VDI, Fahrzeugtechnik
Graf-Recke-Str. 84, 4 Düsseldorf

(123)   Verein Deutscher Ingenieure
VDI-Gesellschaft Energietechnik
Postfach 1139, 4 Düsseldorf 1

(124)   Verkehrswissenschaftliches Institut der RWTH
Aachen

(125)   Versuchsabteilung Volkswagenwerk
3180 Wolfsburg

(126)   Zentrale Informationsstelle für Verkehr,
         Deutsche Verkehrswissenschaftliche Gesellschaft e.V.
         Cäcilienstraße 20/24, 5 Köln

(127)   Landschaftsverband Westfalen-Lippe
         Prüfanstalt für Straßenbaustoffe
         44 Münster

(128)   Universität Dortmund, Verkehrswesen und Verkehrsplanung
         August-Schmidt-Str. 10, 46 Dortmund-Eichtinghofen

(129)   ADAC Allgem. Deutscher Automobil Club
         Hauptabteilung Verkehr
         Baumgartnerstr. 35, 8 München 70

(130)   Präsidium des Bundes der Steuerzahler
         Burgstr. 1 u. 3, 62 Wiesbaden

(131)   Kommunikation und Marketing Volker Stolz GmbH. & Co. KG.
         Venusbergweg 35, 53 Bonn

FRANKREICH

(132)   Agence pour les Economies d'Energie
         Rue Cambronne, 75015 Paris

(133)   Institut de Recherche des Transports
         2 Avenue du General Malleret-Joinville
         B.P. 28, 94110 Arcueil

(134)   Laboratoire Central des Ponts et Chaussées
         58 Boulevard Lefèvre, 75732 Paris Cedex 15

(135)   Ministère de l'Equipment
         246 Boulevard St. Germain, Paris 7^e

(136)   Ministère de l'Industrie
         Délégation Générale à l'Energie
         35 Rue St. Dominique, 75700 Paris

(137)   S.A.E.I.
         Department „Statistiques des Transports"
         55 – 57 Rue Brillat-Savarin, 75001 Paris

(138)   UTAC Union Technique de l'Automobile, du Motocycle
         et du Cycle
         157 Rue Lecombe, 75001 Paris

GROSSBRITANNIEN

(139)   Department of Energy
        Thames House South, Millbank, London SWI P45S

(140)   Department of Engineering Science
        University of Oxford, Oxford

(141)   D O E, Department of the Environment
        Economics, Highways and Freight Division
        Marsham Street, London

(142)   Dundee College of Technology,
        Dundee, Scotland

(143)   Ford Motor Company, Research and Engineering Center
        Laindon
        Basildon
        Essex

(144)   Friends of the Earth Ltd.
        9 Poland Street, London WIV 3DG

(145)   London Borough of Croydon, London

(146)   Loughborough University of Technology
        Loughborough, Leicestershire LEII 3TU

(147)   Oxley Philip
        12 Hogarth Hill, London NW 11

(148)   The Greater London Council, Transport Department
        County Hall, London

(149)   The Institution of Mechanical Engineers
        1 Birdcage Walk, Westminster, London SWIH 9JJ

(150)   The Open University
        Milton Keynes, Bucks

(151)   The University
        Stephenson Building,
        Claremont Rd., New Castle Upon Tyne NEI 7RU

(152)   Traffic Research Center
        41 Cloth Fair, London ECIA 75H

(153)   Transport and Road Research Laboratory
        Old Wokingham Road, Crowthorne, Berks

(154)   University of Cambridge
         Department of Physics, Cavendish Laboratory
         Free School Lane, Cambridge CB2 3RQ

(155)   University of Strathclyde
         Energy Analysis Unit
         C.I.I. Building, 100 Montrose Street
         Glasgow G4 OLZ

(156)   The Institute of Fuel
         18 Devonshire Street, London W 1

INTERNATIONALE ORGANISATIONEN

(157)   Conférence Européenne des Ministres des Transports
         33, Rue de Franqueville, F 75775 Paris Cedex 16

(158)   Economic Commission for Europe, Transport Division
         Palais des Nations, CH-1211 Genève 10

(159)   International Energy Agency
         2 Rue André Pascal, F-75775 Paris Cedex 16

(160)   International Road Federation
         1023 Washington Building   63, Rue de Lausanne
         Washington D.C. 20005, USA   CH-1202 Genf

(161)   Kommission der Europäischen Gemeinschaften
         Generaldirektion Forschung, Wissenschaft und Bildung
         Forschungsprogramm im Energiebereich
         200 Rue de la Loi. B-1049 Bruxelles

(162)   Organisation de Coopération et de Dévelopment Economiques
         Programme de Recherche Routière
         19 Rue de Franqueville, F-75775 Paris Cedex 16

(163)   United Nations Centre for Natural Resources Energy
         and Transport
         New York, USA

(164)   International Institute for Applied Systems Analysis
         Schloß Laxenburg, A-2361 Laxenburg

2.2. Literatur

Ein Verzeichnis über die gesichtete Literatur ist im Anschluß an diese
Studie angegeben [1] bis [288].

2.3. Vorgeschlagene Maßnahmen zur Energieeinsparung im Straßenverkehr

Die in der Literatur vorgeschlagenen Maßnahmen zur Energieeinsparung können im wesentlichen nach Maßnahmen des Gesetzgebers und der öffentlichen Stellen sowie nach Maßnahmen der Hersteller, der Fahrzeuglenker und der Fahrzeughalter differenziert werden. Nachfolgend ist eine Übersicht über die spezifischen Maßnahmen gegeben.

Maßnahmen des Gesetzgebers und der öffentlichen Stellen:

Allgemein.

Gesetzlich vorgeschriebene Automobiltechnologie [175]

Programme, um die staatliche Forschung und Entwicklung bezüglich Energiesparen zu intensivieren [159]

Eine Einrichtung mit ausreichender Kapazität und Fachkenntnis, die sich auf Dauer nur dem Energiesparen widmet [159]; Konsulenten und Regierungsbeamte, die einen großen Teil ihrer Arbeitszeit den Problemen des Energiesparens widmen [159]

Änderungen an den Bestimmungen und Grenzwerten für die Destillation von Dieselöl [127]

Verflüssigung des Verkehrs:

Optimierung der Verkehrssysteme (Güter- und Personenverkehr) [118]

Untersuchung Verkehrsfluß/Straßenführung [114]

Erweiterung von Kreuzungen [166]

Einbahnen [166]

Reduzierung der Anzahl der Haltevorgänge pro km bei Nutzfahrzeugen [186]

Bessere Abstimmung des Schaltens der Ampeln [96] [72]

Fußgänger- und busbetätigte Ampeln(für Orte mit einer Bevölkerungszahl von 50 000 bis 250 000) [166]

Abschaffung von unnötigen Verkehrskontrolleinrichtungen [166]

Funktionellere Verkehrsregelung [66]

Parken auf der Straße reduzieren [75]

Parken in den Stadtzentren reduzieren [50]

Parkplätze in der Nähe von Endstationen (Bahnhöfe, Bus) einrichten [72] [50] [162]

Förderungsmaßnahmen:

Förderung von Gleitzeiten [166]

Förderung von Dieselfahrzeugen:

Entwicklung von leichteren, preisgünstigeren und geräuschärmeren Dieselmotoren [171]

Förderung von öffentlichen Verkehrsmitteln und Reduzierung der Nachfrage im Individualverkehr:

Finanzielle Subventionierung von öffentlichen Verkehrsmitteln [14]

Werbekampagnen, um zur Benützung von öffentlichen Verkehrsmitteln anzuregen [75]

Reduzierung der Benützung von Privat-KFZ und Verbesserung der öffentlichen Verkehrsmittel [137]

Erhöhung des prozentualen Anteiles der Stadtfahrten mit öffentlichen Verkehrsmitteln [154] [169]

Stadtfahrten mit elektrisch betriebenen öffentlichen Verkehrsmitteln statt mit privatem Fahrzeug [23]

Priorität für die staatliche Förderung von öffentlichen Verkehrsmitteln mit einer hohen Energieausnutzung gegenüber weniger effizienten Verkehrsmitteln [159]

Beschleunigtes Programm für eine Stadtplanung mit einem elektrischen öffentlichen Verkehrsmittelnetz [239]

Leistungen der öffentlichen Verkehrsmittel verbessern [166]

Verbesserung der Taxileistungen [166]

Fahrpreise senken [166]

Tagesfahrscheine [96]]77]

Übergang von privaten Fahrzeugen zum Bus [76]

Übergang zu Verkehrsmitteln mit einer höheren Energieausnutzung [144]

Zwischenstädtische LKW-Fahrten auf Bahn übertragen [159]

Verbesserung der Effizienz des Güterverkehrs [166]

Sonderspuren [4] [114]

Sonderspuren für Busse [75] [50] [166] [186] [176]

Maßnahmen, um Bussen den Vorrang zu geben [166] [96] [186]

Begünstigung von stark besetzten Fahzeugen (Busse oder Fahrgemeinschaften z.B. freie Fahrt bei Mautstrecken) [162]

Kurze Strecken mit PKW unterlassen (zu Fuß gehen oder mit Fahrrad fahren) [87] [143] [76] [166]

Fahrschein für das KFZ [77]

Eintrittspreise für bestimmte Stadtviertel [96] [77]

Bestimmte Stadtteile für den Verkehr sperren [14] [166]

Förderung von Maßnahmen, die der KFZ-Benützer treffen kann:

Einfluß auf die Kaufgewohnheiten und auf die Fahrgewohnheiten ausüben [139]

Unabhängige Untersuchung der auf dem Markt befindlichen Kraftstoffspargeräte [139]

Tests und Überprüfungen zwecks einer besseren Wartung von Ottomotoren [139]

Förderung einer besseren Auslastung von Transportmitteln mit noch
freier Kapazität [159] [137]

Legistische Maßnahmen:

Gesetzliche Verpflichtung zu technologischen Änderungen [170]

Preis und Steuerpolitk:

Finanzielle Unterstützungen [71]
Forschung unterstützen [97]
Änderungen der Preis- und Steuerpolitk, um den Letztverbraucher für
Energieeinsparungen zu belohnen [159]
Höhere Treibstoffsteuer [14] [76] [78] [206] [141] [154] [142] [170]
[207]
Günstige Auslegung der KFZ-Steuer [11]
Steuerbemessungsgrundlage abhängig vom Energieverbrauch des KFZ
[28] [30]
Gewicht als progressive Grundlage für die KFZ-Steuer [125]
Leistung, Hubraum, Gewicht oder Energieverbrauch als Steuerbemessungs-
grundlage [159] [166]
KFZ-Preise erhöhen [170]
KFZ-Verkaufssteuer erhöhen [170]
Erhöhung der Gebühren bei Neuzulassungen [170]
Parkgebühren [96]

Abgas- und Sicherheitsvorschriften:

Gleichgewicht erreichen zwischen Sicherheit, Umweltschutz und Energie [139]
Verzögerung der Annahme von neuen Abgasnormen [89] [95]
Berücksichtigung des vermehrten Energieverbauches bei der Verab-
schiedung von Sicherheitsmaßnahmen [89] [95]
Berücksichtigung des vermehrten Energieverbrauches bei der Festlegung
eines maximalen Bleigehalts im Kraftstoff [75]

Geschwindigkeitsbegrenzungen:

Erhöhung der mittleren Stadtgeschwindigkeiten, Senkung der mittleren
Autobahngeschwindigkeiten [144]
Geschwindigkeitsbegrenzungen auf allen Autobahnen [159]
Beachtung der Geschwindigkeitsbegrenzungen bei der Konzeption des
KFZ [97] [14]
Geschwindigkeitsbegrenzungen nicht reduzieren [103]

Erhöhung der zulässigen Höchstgeschwindigkeit von LKW von 80 km/h auf 90 km/h [172]

Gewichts-, Zuladungs-, Größen- und Leistungslimitierungen:

Optimierung beim LKW (Abmessungen, zulässiges Gesamtgewicht, Nutzlasten) [114]
Längen- und Nutzlastbeschränkungen erhöhen [26] [172] [173] [174] [176]
Leistungslimitierungen [14]
Gewichtsgrenze [175]
Erhöhung des Lastwagen- bzw. des Lastzugzuladungsgewichtes [186]
Normgewicht für PKW-Neuzulassungen [170]
Umschichtung der Gewichtsverteilung der verkauften Modelle, um das durchschnittliche Gewicht zu reduzieren [131]

Verbrauchsbestimmungen:

Verbrauchsgrenzwerte für neue Modelle [78] [170]
Gesetzliche Verpflichtungen zur Angabe des Verbrauchs [30] [159]
Verbrauchsnormen nach Produktion gewichtet [30]
Verbrauchsnormen nach Fahrzeugklassen gewichtet [30]
Senkung des Energieverbrauches von neuen Modellen [169] [154]
Meßmethode für den Kraftstoffverbrauch (für Angaben bei Werbung) [68] [72]
Einheitliche Meßmethode [72]
Entwicklung einer praxisnahen Verbrauchsmeßmethode [94]

Dirigistische Maßnahmen:

Reduzierung der Kraftstoffverfügbarkeit [170]
Einschränkung der Automobilverkäufe [166]
Vier-Tage-Woche [166]
Rationierung [75] [142] [166]
Wochenendfahrverbot [75]

Aufklärungskampagnen:

Aufklärung der Öffentlichkeit bezüglich Fahrgemeinschaften [166]
Einfluß auf das Werbematerial für KFZ und KFZ-Zubehör ausüben [139]
Informations- und Beratungsbüro [71]

Maßnahmen des Herstellers

Allgemein:

Verbrauchsverbesserungen an LKW und Bussen [139]

Ersatz von Eisen und Stahl im KFZ-Bau durch Aluminium und Kunst-
stoffe [131]
Verbesserungen bei der Fahrzeugkonstruktion [64]
Forschung nach einer optimalen KFZ-Größe [91] [97] [114]

Karosserie:

Gewicht reduzieren [14] [26] [30] [60] [67] [69] [70] [75] [94[[97]
[102] [114] [176] [139]
Leichtere Werkstoffe [30] [54] [91] [170]
Verringerung des Luftwiderstandes [14] [26] [30] [56] [60] [67] [69]
[70] [88] [91] [94] [97] [114] [173] [174] [176] [177] [139] [140]
[186] [170]
Kleinere Fahrzeuge [170]

Fahrwerk:

Optimierung in der Antriebsabstufung [186]

Rollwiderstand/Reifen:

Rollwiderstand verringern [56] [67] [69] [70] [94] [114] [140]
Gürtelreifen verwenden [26] [30] [54] [60] [175] [176] [217]
Gürtelreifen als Pflichtausstattung [72] [97] [174] [186] [170]

Getriebe:

Substitution handgeschalteter Getriebe durch Automatik [60]
Übersetzung verbessern [26] [30] [176]
Antrieb entsprechend der Zuladung auslegen [26]
Verbesserung des mechanischen handgeschalteten Getriebes [94] [114]
Overdrive [97] [174]

Motor:

Verbesserung am Ottomotor, Einspritzung, Teillastverhalten [139]
Leichtere Dieselmotoren [139] [170]
Entwicklung von Dieselmotoren mit Fremdzündungsunterstützung [139]
Entwicklung von Vielstoff-Motoren [139]

Konstruktiv.

Kleinerer Motor mit Turboaufladung [54] [60] [75]
Motor mit veränderlichem Hubraum [60]
Motorgröße reduzieren (bei großen KFZ) [30]
Optimierung von Motor/Belastung [140]
Motoren mit kleinerer Leistung [170]
Verbesserungen am Zündsystem [139]
Entwicklung einer Abschalt- und Startautomatik [114]

Absenkung der Reibleistung (Material/Schmierstoff) [114]
Wirkungsgrad des Motors verbessern [14] [97]
Erhöhung des thermischen Wirkungsgrades (Brennraum/Zündanlage) [114]
Wärmerückführung [176]

Gemischaufbereitung:

Motor auf mageres Gemisch auslegen [60]
Vergaser verbessern [94] [114] [171]
Weiterentwicklung der Kraftstoffeinspritzung [60] [114]
Neuartige Gemischaufbereitungssysteme entwickeln [114]

Warmlauf:

Warmlaufverhalten verbessern [94] [114]

Brennstoffe.

Andere Treibstoffe (insbesondere Methanol) [114] [139] [170]
Wasserstoff einsetzen [139] [170]
Lagerprobleme des Wasserstoffes lösen [139]

Andere Verbrennungsverfahren:

Schichtlademotoren weiterentwickeln [54] [60] [114] [139] [170] [171]
Schichtlade-/Wankelmotor [170]
Aufgeladene Ottomotoren [170]
Entwicklung der Abgasturboaufladung (Otto/Diesel) [114] [176]
Viertaktverfahren günstiger für Mopeds als Zweitakt [171]

Alternative Antriebssysteme:

Stirling-Motor weiterentwickeln [75] [170] [139]
Gasturbine (Rankine) weiterentwickeln [170] [139]
Elektrischen Antrieb weiterentwickeln [170] [139]
Hybrid-Antrieb [139]

Zusatzgeräte:

Verbesserung des Wirkungsgrades der Hilfseinrichtungen [94] [114]
Reduzierte Anwendung von Hilfsantrieben (z.B. Klimaanlage) [56] [170]
Reduzierte elektrische Belastungen [56]
Regelbarer Kühlerventilator [127]
Viskos-gekuppelter Lüfter statt starrgekuppelter Lüfter [186]
Kühlerjalousien [127]
Verbesserung an elektrischen Komponenten [139]
Einbau von Istrumenten, die den Benzinverbrauch anzeigen [68] [70]
[72]

Maßnahmen des Fahrzeughalters und des Fahrzeuglenkers

Fahrweise:

Homogene Fahrweise [171]
Abstellen des Motors [83]
Planung der Fahrt [94]

Zuladung und Belastung des Fahrzeuges:

Fahrgemeinschaften [14] [66] [76] [78] [84] [96] [22] [154] [170] [166] [143] [138]
Höhere Zuladung von LKW [87]

Wartung:

Richtiger Reifendruck [83] [138]
Keilriemenspannung kontrollieren [56]
Wahl des Motoröls [83] [175]
Bessere Zünd- und Vergasereinstellung [64] [65] [66] [138] [68] [69] [70] [72] [83] [176]
Genaue Einstellung des Gemischaufbereitungssystems [83] [94] [138]
Genaue Einstellung des Warmlaufsystems [83]
Kontrolle des Treibstoffverbrauches [138]

Wahl des Fahrzeuges und der Ausstattung:

Wahl eines kleinen Fahrzeuges [87] [102] [210] [22]
Wahl eines leichteren Autos [138]
Wahl eines dieselbetriebenen Fahrzeuges [138]
Wahl von Gürtelreifen bei der Erstausstattung [138]
Fahrzeug nach Kraftstoffverbrauch aussuchen [50] [95]

Wahl des Verkehrsmittels:

Fahrt mit privatem Fahrzeug und anschließend mit öffentlichen Verkehrsmitteln [75]
Übergang von einem Transportmittel zu einem anderen [137] [154] [171]

2.4. Durchgeführte Maßnahmen zur Reduzierung des Energieverbrauches im Straßenverkehr

Wenn von den Maßnahmen, die kurzzeitig während der „Energiekrise" des Winters 1973 – 1974 eingeführt worden sind, abgesehen wird, so ergibt sich eine Reihe von Beschlüssen, die von den verschiedenen Ländern getroffen worden sind, um den Energieverbrauch zu senken. Nachstehend werden diese Maßnahmen, sofern sie den Straßenbau betreffen, differenziert nach den Ländern, in denen sie verabschiedet worden sind, angeführt (Stand Ende des Jahres 1976).

2.4.1. Belgien [75] [137] [97]

Der Straßenverkehr in Belgien verbrauchte 10 % der insgesamt verbrauchten Energie des Landes bzw. 15,7 % des verbrauchten Erdöls des Landes (Werte 1973).

1. Geschwindigkeitsbegrenzungen [km/h]

Überland	Autobahn	
90	frei	vor der „Energiekrise"
80	100	während der „Energiekrise"
90	120	nach der „Energiekrise"

2. Selektive Besteuerung der Fahrzeuge: Berechnungsgrundlage, wonach Fahrzeuge mit schwacher Leistung weniger stark besteuert werden als Fahrzeuge mit hoher Leistung.

3. Steuer zugunsten Dieselmotoren.

4. Große Mühe wird der Gestaltung eines schnellen und attraktiven öffentlichen Verkehrssystems gewidmet.

5. Sonderspuren für Autobusse sind eingeführt worden; der Autobus, der eine Haltestelle verläßt, hat Vorrang gegenüber dem übrigen Verkehr.

6. In den größeren Städten sind entlang den wichtigen Verkehrsachsen und auf wichtigen Kreuzungen adaptierbare Ampelregelungen installiert worden. Diese sollen einen flüssigen Verkehr und dadurch eine Senkung des Energieverbrauches ermöglichen.

7. In den Stadtzentren wird eine Reduzierung der Parkflächen und Schaffung von Fußgängerzonen die Benützung von Massenverkehrsmitteln fördern.

8. Aufklärungskampagnen und Informationsaktionen für die breite Öffentlichkeit.

9. Ein interministerielles Komitee um Energieverschwendung zu verhindern und ein Energie-Informations-Büro sind geschaffen worden.

10. Eine Rationierung wird außer bei Eintreten einer Notstandssituation nicht in Erwägung gezogen.

2.4.2. Bundesrepublik Deutschland [75] [9] [97]

Der Straßenverkehr in Deutschland verbraucht 11,4 % der gesamten Energie des Landes (Werte von 1973).

1. Geschwindigkeitsbegrenzungen [km/h]

Einführung von Richtgeschwindigkeiten auf Autobahnen (Bundesgesetzblatt I S. 685 vom 13. März 1974):

Überland	Autobahnen	
100	frei	vor der „Energiekrise"
80	100	während der „Energiekrise"
100	130 empfohlen	nach der „Energiekrise"

2. Erlaß des Bundesministers für Wirtschaft vom 21. Juni 1974 zur Energieeinsparung im Bereich der öffentlichen Hand insbesondere durch Absenkung der Raumtemperatur und sparsamen Verbrauch von Vergaser- und Dieselkraftstoffen.

3. Eine Stärkung des Schienenverkehrs sowie des öffentlichen Personennahverkehrs wird von der Bundesregierung befürwortet.

Beim Individualverkehr im Nahbereich spricht sich die Bundesregierung für die Bildung von Fahrgemeinschaften aus. Zusätzlich ergibt sie Empfehlungen, wie durch situationsgerechtes Fahrverhalten und richtige technische Behandlung des Motors Treibstoff gespart werden kann.

4. Im Rahmen der integrierten Bundesverkehrswegeplanung kommt der rationelleren Energieverwendung bei der Bewertung der einzelnen Investitionen große Bedeutung zu [270].

5. Forschungsaufträge auf dem Gebiet des Energiesparens werden von der Bundesregierung erteilt.

6. BDI/VDA
Arbeitskreis ‚Sinnvoller Energieeinsatz' [109] bis [119]
Unter dem Eindruck der Verknappung des Erdöls im Winter 1973/74 wurde vom Bundesverband der Deutschen Industrie e.V. (BDI) ein Arbeitskreis ins Leben gerufen, der die Möglichkeiten prüfen sollte, den bisherigen Energieverbrauch einzuschränken und Maßnahmen erarbeiten sollte, um Energie „sinnvoll" einzusetzen.

Im Juni 1974 konstituierte sich der Unterausschuß „Kraftfahrzeuge und Treibstoffe" unter der Schirmherrschaft des VDA aus Fachleuten der Automobil-, Mineralöl- und Automobilzubehörindustrie.

Im November 1975 wurde das Arbeitsergebnis des Unterausschusses in Form von drei Programmen über Möglichkeiten, die Energieversorgung der Verbraucher im Straßenverkehr auch künftig sicherzustellen, der Öffentlichkeit vorgestellt:

– Langfristiges Programm
– Mittelfristiges Programm
– Sofortprogramm.

Das Sofortprogramm läuft darauf hinaus, durch

– das Faltblatt „Auto – Kraftstoff – Mehr Kilometer für weniger Geld"
– die textlich ausführliche, farblich illustrierte Broschüre „Mehr Kilometer
   für weniger Geld"

der Öffentlichkeit aufklärende Tips zur Kraftstoffeinsparung durch bessere
Fahrzeugpflege und Änderung des Fahrverhaltens zu geben [109].

Das mittelfristige Programm weist Möglichkeiten zur Kraftstoffeinsparung
durch Anwendung neuer, übersehbarer Entwicklungen und Technologien
auf.

Das langfristige Programm behandelt die Optimierung und Neugestaltung
des Transportwesens sowie die Entwicklung alternativer Antriebssysteme
und -kraftstoffe.

7. Im Juni 1976 hat das Bundesministerium für Wirtschaft unter Mitwirkung
   des ADAC und des Institutes für Wirtschaftsinformation eine Aktion durchgeführt, um durch individuelle Computerberatung Autofahrer zum Kraftstoffsparen anzuleiten.

   72.000 Autofahrer haben an der Aktion teilgenommen; es ist festgestellt
   worden, daß 63 % dieser Autofahrer Benzin für durchschnittlich 186 DM im
   Jahr sparen könnten [157].

2.4.3. Frankreich [97] [75]

Der Straßenverkehr in Frankreich verbraucht 12,6% der gesamten
Energie des Landes (Werte von 1973).

1. Geschwindigkeitsbegrenzungen [km/h]

Überland	Autobahn	
100 (110/120)	frei	vor der „Energiekrise"
90	120	während der „Energiekrise"
90 (120)	140	1974

2. Agence pour les Economies d'Energie [50] [51] [52] [53]

Am 29. November 1974 ist die „Agence pour les Economies d'Energie"
unter der Leitung des Direktors Jean Syrota und mit dem Leitmotiv „En

France on n'a pas de petrole mais on a des idées" (In Frankreich haben wir kein Erdöl dafür aber Ideen) enststanden. Diese Organisation hat Broschüren herausgebracht „I.N.F. Economies d'Energie" [52] [53], von denen eine zu einer besseren Wartung des privaten KFZ anregt.

Durch die „Circulaire du 7 mars 1975" und den „Arrêté du 21 avril 1975" [51] [53] [193] [192]¹ sind die KFZ-Erzeuger verpflichtet worden, den Benzinverbrauch (gemessen im Europatestfahrzyklus, bei 90 km/h und bei 120 km/h) anzugeben. Durch den „Arrêté du 6 décembre 1974" [51] [189] ist Werbung, die zum höheren Energieverbrauch anregt, verboten.

Verstärkte Kontakte mit der Presse und mit der Öffentlichkeit sind angestrebt worden; eine Auskunftsstelle (telefonisch) wurde errichtet, um Informationen über die Möglichkeiten Energie einzusparen zu erteilen [51].

Die Agence hat eine Aktion durchgeführt [53], um eine objektive Beurteilung von kraftstoffverbrauchssenkenden Geräten durch den Käufer zu ermöglichen. Ein Testverfahren ist entwickelt worden, um die Geräte zu überprüfen. 140 Geräte von 7 verschiedenen Typen sind in Dienstkraftwagen installiert worden, um deren Verhalten kennenzulernen.

Im Frühjahr 1976 wurde eine Aufklärungsaktion [53] mit den Schwerpunkten bessere Fahrweise und Auswahl eines verbrauchsarmen Fahrzeuges durchgeführt.

Im übrigen [68] sind die Benzinsteuer, die Parkgebühren und die Strafen erhöht und die Besteuerung der öffentlichen Verkehrsmittel gesenkt worden.

2.4.4. Großbritannien [75] [96] [97]

Der Straßenverkehr in Großbritannien verbraucht 32,6 % des insgesamt verbrauchten Erdöls des Landes (Werte von 1973).

1. Geschwindigkeitsbegrenzungen [km/h]

Überland	Autobahn	
112	112	vor der „Energiekrise"
80	80	während der „Energiekrise"
80/96	112	1974

2. Werbekampagnen

Das Energieministerium hat im Jänner 1975 eine Werbekampagne durchgeführt, um zum Energiesparen anzuregen (diese Aktion war allerdings nicht auf den Straßenverkehr beschränkt).

3. Kraftstoffsteuererhöhung

Die Mehrwertsteuer ist für Benzin auf 25 % erhöht worden; für Diesel-treibstoff wurde sie bei 8 % belassen, um den Absatz von Dieselfahr-zeugen zu fördern.

4. KFZ-Steuererhöhung

Eine Erhöhung von £ 25 auf £ 40 pro Jahr wurde vorgenommen.

5. Fahrgemeinschaften

Fahrgemeinschaften sind gefördert worden — allerdings mit begrenztem Erfolg.

6. Eine vorgesehene weitere Reduzierung des Bleigehaltes des Kraftstoffes ist im Dezember 1974 bis auf weiteres aufgeschoben worden.

7. Eine Anzahl von Maßnahmen wurde eingeführt, um die Attraktivität der öffentlichen Verkehrsmittel zu steigern und den Gebrauch des privaten Fahrzeuges einzuschränken.

8. Eine Reihe von Verkehrsablaufplänen wurde in mehreren Städten einge-führt, um die Flüssigkeit des Verkehrs zu erhöhen (optimale Schaltung der Verkehrsampeln etc.).

9. Bei Kosten-Nutzen-Analysen von neuen Verkehrsplänen, alternativen Stras-sentrassierungen usw. muß der Energieverbrauch berücksichtigt werden [247].

2.4.5. Kanada [159]

1. Geschwindigkeitsbegrenzungen:

Geschwindigkeitsbegrenzungen im Geschwindigkeitsintervall von 80 — 97 km/h gelten in 5 von 10 Provinzen.

2. Kraftstoffverbrauchsverbesserungsnorm:

Ein Kraftstoffverbrauchsverbesserungs-Standard für neue Fahrzeuge ist ein-geführt worden. Minimum-Grenzwerte sind für 1980 und 1985 festgelegt worden.

3. KFZ-Beschilderungsprogramm:

Ein freiwilliges Beschilderungsprogramm zur Angabe des Kraftstoffver-brauches von neuen KFZ ist eingeführt worden.

4. KFZ-Steuern:

Es gibt keine progressive Steuergrundlage für die KFZ-Steuer. Es gibt allerdings eine Zusatzsteuer für Fahrzeuge über 4500 lbs (d.s. 2041 kg).

5. Kraftstoffsteuer

Die Kraftstoffpreise sind erhöht worden; allerdings nicht nur mit der Absicht, Energie zu sparen.

6. Eine Broschüre „Fuel Economy: What **you** can do!" ist vom Federal Department of Energy, Mines and Resources, Environment Canada and Transport Canada unter Mitwirkung der Motor Vehicle Manufacturers Association und der Automobile Importers of Canada herausgebracht worden. Diese Broschüre beinhaltet Informationen, um dem Käufer bei der Wahl des für ihn ökonomischsten Fahrzeuges und bei der Erzielung des geringsten Kraftstoffverbrauchs zu helfen [129].

7. Die Regierung der Provinz Saskatchewan hat ein Komitee unter der Verantwortung des Energiesekretariates ins Leben gerufen. Dieses Komitee soll die Arbeit von den fünf Gruppen (Landwirtschaft / Bau / Industrie / Information-Erziehung / Verkehr) überwachen bzw. koordinieren und die vorgeschlagenen Maßnahmen durchführen. In der Gruppe Verkehr sind drei Ziele gesetzt worden:

– Beförderung von mehr Passagieren mit Verkehrsmitteln mit einem hohen Wirkungsgrad
– Senkung der mittleren Autobahngeschwindigkeit
– Erhöhung der mittleren Stadtgeschwindigkeit

Bis dato sind folgende Maßnahmen getroffen worden [144]:

– Eine Geschwindigkeitsbegrenzung von 55 mph (88 km/h) ist empfohlen worden; eine Analyse der daraus resultierenden Folgen wird derzeit durchgeführt.

– Vorbesprechungen haben stattgefunden, um auf Computerbasis ein synchronisiertes Verkehrskontrollsystem in den größeren Städten einzuführen.

– Eine Studie wird derzeit durchgeführt, um die Folgen sowie Nutzen und Kosten einer Änderung der jetzigen Verteilung an großen und kleinen Dienstfahrzeugen zu analysieren.

– Das Benützen von öffentlichen Verkehrsmitteln ist gefördert worden; in der Stadt Regina sind mit Erfolg Telebusdienste eingeführt worden.

– Eine Studie über eine KFZ-Steuer mit Fahrzeuggewicht und -verbrauch als Bemessungsgrundlage wird derzeit durchgeführt.

– Studien werden erarbeitet, um den erhöhten Verbrauch abzuschätzen, der aus der geplanten Schließung einiger Eisenbahnlinien resultieren würde.

2.4.6. Norwegen [137] [159]

1. Geschwindigkeitsbegrenzungen:

Die Geschwindigkeitsbegrenzungen liegen bei 90 km/h auf Autobahnen und 80 km/h auf Überlandstraßen.

2. Im Jahre 1974 ist dem Parlament ein Energie-Bericht vorgelegt worden, der die Notwendigkeit einer Senkung des Energieverbrauchsanstiegs hervorhebt. Die Hauptmaßnahmen, die zu diesem Zweck vorgesehen wurden, sind erhöhte Energiepreise und ein Verbot von bzw. Steuern auf energieintensive (n) Artikel (n) oder Verkehrsmittel (n). Im Jahre 1975 hat die Regierung das Programm, das in dem oben erwähnten Bericht enthalten ist, angenommen.

Maßnahmen sind gesetzt worden, um die Preise von Erdölprodukten zu kontrollieren, um öffentliche Verkehrsmittel attraktiver zu gestalten und um weitere Vorschläge zum Problem des Energiesparens in einer Regierungssonderkommission zu untersuchen.

3. Treibstoffsteuer:

Treibstoff wird in Norwegen hoch besteuert.

4. Eine Importsteuer von 100 % gilt für KFZ

5. In Oslo sind im Jahre 1976 Fahrgemeinschaften bei zwei großen Firmen organisiert worden. Diese zwei Projekte sowie allgemeine Betrachtungen zum Thema Fahrgemeinschaften, Durchführungsmethoden und Förderungsmöglichkeiten sind im Detail in „Organisert kameratkjøring", Projektbericht vom Transportokonomiskinstitutt, beschrieben [145]

2.4.7. Schweden [75] [159]

Der Straßenverkehr in Schweden verbraucht 14,9 % der insgesamt verbrauchten Energie des Landes (Werte von 1973).

1. Geschwindigkeitsbegrenzungen:

Die Geschwindigkeitsbegrenzungen von 70 bzw. 90 km/h und 110 km/h auf Autobahnen haben sich seit dem Zeitraum vor der „Energiekrise" nicht verändert.

2. Öffentliche Verkehrsmittel

Die öffentlichen Verkehrsmittel werden stark gefördert (insbesondere in Stockholm). Die Swedish Road Federation schätzt, daß 75 % der Berufsfahrten in den Stoßzeiten mit Massenverkehrsmitteln erfolgen. Eine Monats Netzkarte zum Preis von 50 sKrs (160,– öS) für unbegrenzte Benützung von U-Bahn und Bus ist eingeführt worden. was allerdings nur mit einer geringen Zunahme der Fahrgäste verbunden war.

3. Kraftstoffsteuer

Die Kraftstoffpreise sind seit 1973 mehrmals erhöht worden.

4. KFZ-Steuer

Das Gewicht wird als progressive Steuerbemessungsgrundlage herangezogen.

5. Wochenendfahrverbot

Die Möglichkeit, ein Wochenendfahrverbot einzuführen, ist in Erwägung gezogen worden, wurde aber wegen den zu erwartenden geringfügigen Einsparungen (1% ges. Erdölverbrauch) abgelehnt.

6. Eine Untersuchung zum Thema Fahrgemeinschaften ist geplant.

2.4.8. Schweiz (schriftliche Mitteilung [59] und [97])

Von der Schweizer Regierung wurden keine Maßnahmen ergriffen, um den Energieverbrauch zu senken.

1. Geschwindigkeitsbegrenzungen [km/h]

Die Einführung von Geschwindigkeitsbegrenzungen aus Sicherheitsgründen hat jedoch möglicherweise zu einer Energieverbrauchssenkung beigetragen.

Überland	Autobahn	
100	frei	vor der „Energiekrise"
100	100	während der „Energiekrise"
100	130	1974

2. Kraftstoffsteuererhöhung

Die Kraftstoffsteuer ist seit der „Energiekrise" erhöht worden.

2.4.9. USA [87] [78] [159]

Der Straßenverkehr in den Vereinigten Staaten verbraucht 19,6 % der insgesamt verbrauchten Energie des Landes (Werte von 1972) [30]

1. Geschwindigkeitsbegrenzungen

Die zulässigen Höchstgeschwindigkeiten sind herabgesetzt worden.

2. Kraftstoffsteuer

Kraftstoffpreise sind erhöht worden, allerdings nicht nur mit der Absicht, Energie zu sparen.

3. KFZ-Steuer

Es gibt eine durchschnittliche jährliche KFZ-Steuer von S 140/KFZ und keine progressive Steuerbemessungsgrundlage.

4. Norm zur Verbesserung des Kraftstoffverbrauchs   [30]

Der Abschnitt 10 des Energy Supply and Environmental Coordination Act of 1974 (Public Law 93 – 319) hat das Department of Transportation und die Environmental Protection Agency beauftragt, eine Studie zur Durchführbarkeit eines Kraftstoffverbrauchsverbesserungs-Standards von 20 % für neue Fahrzeuge (erzeugt im und nach dem Modell-Jahr 1980) durchzuführen.

Im Anschluß an diese Studie ist der Energy Policy and Conservation Act (Pl 94 – 163 94th Congress 1975) verabschiedet worden, wodurch ein Minimum von 20 mpg für das Jahr 1980 und 27,5 mpg für das Jahr 1985 festgelegt wird.

5. The Office of Conservation of the Federal Energy Administration

Das „Office of Conservation", das zur „Federal Energy Administration" gehört, hat insbesondere die Aufgabe, auf eine rationellere Energieverwendung in den verschiedenen Verbrauchssektoren hinzuwirken, Forschungsvorhaben zu diesem Zweck durchzuführen und durch breite Öffentlichkeitsarbeit ein neues Energiebewußtsein zu schaffen.

6. KFZ Beschilderung   [159] [202]

Im Jahr 1973 hat die EPA mit einem freiwilligen Beschilderungsprogramm begonnen, um die Modelle des Jahres 1974 mit Schätzwerten für den Energieverbrauch zu kennzeichnen.
Ab dem Jahr 1974 liegt eine gesetzliche Verpflichtung zur Beschilderung von allen neuen Modellen mit dem nach den Vorschriften der EPA/FEA gemessenen Kraftstoffverbrauch vor.
Im Jahre 1974 ist die Broschüre „The Gas Mileage Guide for New Car Buyers" erstmals erschienen, die anschließend im Jahr 1975 und im Jahr 1976 revidiert wurde.
Diese Broschüre beinhaltet vergleichbare Informationen, geordnet nach Hersteller und Fahrzeugtyp (mit und ohne Zubehör) über den Kraftstoffverbrauch in der Stadt und auf Überlandstraßen, über die Motorgröße, die Zylinderzahl, das Getriebe, den Vergaser und den Katalysator.
Die FEA hat Werbekampagnen für dieses Beschilderungsprogramm und diese Broschüre in Rundfunk und Fernsehen durchgeführt.

7. Staatliche Zuschüsse für öffentliche Verkehrsmittel sind stark erhöht worden.

8. Eine Broschüre „Gasoline: more miles per gallon" [135] ist im Jänner des Jahres 1974 vom „Department of Transportation" herausgebracht worden.

9. Die „Shell Oil Company" hat Broschüren veröffentlicht, um den Autofahrern Wege zum Energiesparen aufzuzeigen; zwei davon behandeln sparsame Fahrweisen und gute Wartung,

- The Gasoline Mileage Book [124]
- Confessions of a Mileage Champion [168],
  eine hat Fahrgemeinschaften zum Inhalt:
- Secrets of a Successful Car Pool . [161].

10. Fahrgemeinschaften werden in mehr als der Hälfte der städtischen Gebiete organisiert.

11. In Kalifornien sind mehrere Programme (für Sonderspuren) zur Förderung von stark besetzten Fahrzeugen durchgeführt worden. Drei Programme sind allein für Busse eingeführt worden, fünf für Busse und Fahrgemeinschaften. Diese Projekte sind in „Preferrential Lanes for High-Occupancy Vehicles, A Final Report to the California Legislature" [162] beschrieben.

2.4.10. Europäische Gemeinschaften [64] bis [72]

Die E.G. Kommission hat in Zusammenarbeit mit Vertretern der Mitgliedsstaaten ein Aktionsprogramm der Gemeinschaft im Bereich der rationellen Energienutzung erarbeitet. Wesentliche Ziele dieses Programms sind die Verringerung des Wachstums des Energiebedarfs und die Einschränkung der Öleinfuhren. Das Programm soll zu Energieeinsparungen in einer Größenordnung von etwa 15 v.H. des Inlandsverbrauchs der Gemeinschaft im Jahre 1985 führen. Dieses Ziel soll durch eine Reihe von Maßnahmen erreicht werden, die in dem Aktionsprogramm unter den Gesichtspunkten zusammengestellt worden sind, die Nutzungsgrade der eingesetzten Energie zu verbessern und den nicht nutzbringenden Anteil des Energieverbrauchs zu verringern.

Am 18. September 1974 wurde ein Aktionsprogramm der Gemeinschaft im Bereich der rationellen Energienutzung (Aktionen im Bereich Verkehr) festgelegt. Am 17. Dezember 1974 hat der Rat der E.G. eine Entschließung zu dem Aktionsprogramm verabschiedet.

Am 31. Jänner 1975 wurden die kurzfristigen Ziele [66] zur Energieeinsparung (auch Aktionen im Bereich des Straßenverkehrs) festgelegt. Am 26. Juni 1975 wurde eine Entschließung über die Festlegung eines künftigen Zieles im Bereich der Verringerung des Erdölverbrauchs angenommen.

Ende des Jahres 1975 wurde eine Entschließung des Rates betreffend die Festlegung eines kurzfristigen Zieles im Bereich des Energiesparens für die Jahre 1976 und 1977 angenommen [71].

Ende 1975 liefen folgende Sparmaßnahmen:

1. Information und indirekte Aktionen
Unterrichtung der Öffentlichkeit
Gründung von Beratungszentren
Gründung eigener staatlicher Dienststellen

2. Finanzielle Anreize
Steuererleichterungen

3. Abschreckung oder Einschränkung
Besteuerung von Mineralölerzeugnissen
Beschränkung und Begrenzung im Verkehrsbereich

2.4.11. Internationale Energieagentur

Der Rat der OECD hat am 15. November 1974 beschlossen, im Rahmen der Organisation eine Internationale Energieagentur zu schaffen. Von insgesamt 24 OECD Mitgliedstaaten haben 16 ihre Bereitschaft bekundet, an den Aktivitäten der Agentur teilzunehmen: Deutschland, Österreich, Belgien, Kanada, Dänemark, Spanien, die Vereinigten Staaten, Irland, Italien, Japan, Luxemburg, Holland, Großbritannien, Schweden, Schweiz und Türkei.

Die erste Veröffentlichung der IEA ist Ende 1976 erschienen und beinhaltet die Ergebnisse der Energiesparmaßnahmen in den IEA-Ländern im Jahre 1976 [159].

2.4.12. Economic Commission For Europe [137]

Die ECE hat eine Studie über Maßnahmen, die durchgeführt worden sind oder die durchgeführt werden können, um Wirtschaftlichkeit sowie Nutzungsgrad bei der Gewinnung, Umwandlung, beim Transport und bei der Nutzung von Energie in den Ländern der ECE zu erhöhen, ausgearbeitet. Diese Studie ist unter dem Titel „Increased Energy Economy and Efficiency in the ECE Region" im Jahre 1976 erschienen.

2.5. Nutzen-Kosten Untersuchung

Ziel der vorliegenden Studie ist die Erarbeitung von Empfehlungen für eine Energiesparpolitik im Bereich Straßenverkehr in Österreich.

In den Kapiteln 2.3. und 2.4. sind die vom Ausland vorgeschlagenen und durchgeführten Maßnahmen zur Reduzierung des Kraftstoffverbrauches im Straßenverkehr erläutert worden. Sie sollen als Anregung für die Erstellung eines Maßnahmenkataloges für Österreich herangezogen werden.

Alle diese Maßnahmen haben die Erzielung eines sinnvollen Energieeinsatzes im Straßenverkehr zum Zweck; es erscheint daher sinnvoll, ihr „Energiesparpotential" zu bewerten. Mit der Einführung und Aufrechterhaltung dieser Maßnahmen sind jedoch Kosten verbunden, denen Rechnung getragen werden muß. Weiters sind eine Reihe von Auswirkungen z.B. auf die Sicherheit oder auf die Umwelt bei der Einführung der einzelnen Maßnahmen zu erwarten und daher ebenfalls zu berücksichtigen.

Ein Bewertungsschema wird entwickelt werden müssen, das es erlaubt, aus einer Reihe von vorgeschlagenen möglichen Maßnahmen zur Energieeinsparung eine Entscheidung in bezug auf deren Durchführbarkeit und Priorität unter Berücksichtigung der soeben erwähnten Randbedingungen „Energiesparpotential", Kosten und sonstige Auswirkungen zu treffen. Eine Nutzen-Kosten-Untersuchung erscheint für diesen Zweck geeignet. Sie impliziert die Erfassung relevanter Kosten- und Nutzenelemente und ermöglicht eine Entscheidung durch die Aufstellung einer Präferenz-Reihung mehrerer Maßnahmen.

Im Hinblick auf die geplante Untersuchung von Energiesparmaßnahmen im Straßenverkehr wurde daher bei der Literaturrecherche insbesondere auf durchgeführte Nutzen-Kosten-Untersuchungen geachtet.

Die studierten Nutzen-Kosten-Untersuchungen sind im Literaturverzeichnis unter [244] bis [288] angegeben. Sie lassen sich aufgliedern nach:

— Sicherheit:
[246] [248] [250] [251] [257] [259] [264] [273]

— Verkehr — Verkehrswegeplanung:
[244] [247] [249] [252] [253] [255] [260] [261] [262] [263] [266] [267] [274] [276] [277] [279]

— Umweltschutz
[245] [254] [258] [275]

— Automobiltechnologie
[268] [271] [282] [283]

— Energie
[280] [284]

— Allgemeines
[281] [285] [286]

Es liegen keine vollständigen Nutzen-Kosten-Untersuchungen von Energiesparmaßnahmen auf dem Sektor Straßenverkehr vor. Die zwei Literaturstellen aus dem Bereich Energie [280] und [284] behandeln zwar das Problem einer Bewertung von Energiesparmaßnahmen mit Hilfe einer Nutzen-Kosten-Analyse, die Frage des Nutzens und der Nutzenberechnung wird dabei eingehend behandelt, auf die Frage der Kosten wird allerdings nicht näher eingegangen.

2.6. Zusammenfassung der Literaturrecherche

Nach Studium der verfügbaren Literatur und Kontaktaufnahmen mit
16 zuständigen Stellen in 13 Ländern sind die zusammengekommenen Unterlagen studiert und ausgewertet worden.

Nach dem Stand der Ermittlungen am Ende des Jahres 1976 gibt es
weder im In- noch im Ausland eine vollständige Nutzen-Kosten-Untersuchung von Energiesparmaßnahmen im Straßenverkehr. Es erwies sich somit
als erforderlich, eine eigene Untersuchung im vorgesehenen Umfang durchzuführen. (Auch eine fortgeführte Sichtung der Literatur hat ergeben,
daß bis dato keine vollständige Nutzen-Kosten-Untersuchung von Energiesparmaßnahmen im Straßenverkehr veröffentlicht wurde).

Für den Vorgang bei einer Nutzen-Kosten-Untersuchung von Energiesparmaßnahmen im Straßenverkehr wird vorgeschlagen, sich nach [252]
[275] [280] [284] zu orientieren. Aus den Kapiteln 2.3. und 2.4. sollen
Anregungen für die Erstellung eines Maßnahmenkataloges gewonnen werden.

3. ENERGIEVERBRAUCH IM BEREICH DES INDIVIDUALVERKEHRS IN ÖSTERREICH

3.1. Energiesituation in Österreich

3.1.1. Energieverbrauch und Importe [313], [314]

D er Energieverbrauch in Österreich steigt stetig. Die dem Verbraucher zugeführte Energie betrug im Jahre 1976 $28,23.10^6$t SKE*; das entspricht einer Verdoppelung gegenüber dem Jahre 1960.

Der Energiebedarf wird durch feste Brennstoffe, Erdölprodukte, Naturgas und Wasserkraft gedeckt. Während die festen Brennstoffe im Jahre 1960 53 % des Bedarfes gedeckt haben und die Erdölprodukte 27 %, so decken heute die Erdölprodukte 53 % des Gesamtbedarfes und die festen Brennstoffe nur mehr 19,5 %. Der Anteil an festen Brennstoffen nimmt stetig ab, der Anteil an Erdölprodukten scheint sich stabilisiert zu haben, der Anteil an Naturgas nimmt zu und der Anteil, der durch Wasserkraft gedeckt wird, bleibt in etwa konstant.

Die Deckung des Energieverbrauches in Österreich im Jahre 1976 ist in **Bild 1** dargestellt.

Bei den Erdölprodukten wird unterschieden nach Motorenbenzin (Normalbenzin und Superbenzin), nach Gasöl mit dem Straßenverkehr als Hauptabnehmer, ferner nach Heizöl für die Industrie und für Wärme- und Fernheizzwecke, nach Gasöl für Heizzwecke (Ofenheizöl) und nach Flugbenzin und Petroleum (Sonstiges).

Der Straßenverkehr ist mit einem Anteil von etwa einem Drittel des Gesamtverbrauches an Erdölprodukten einer der wichtigsten Erdölverbraucher in Österreich und ist zur Zeit zur Gänze von einer Versorgung mit Erdöl abhängig.

Die Deckung des Bedarfes an Erdölprodukten im Jahre 1976 ist in **Bild 2** dargestellt.

---

* Als Vergleichsbasis für die einzelnen Energieträger wird die Steinkohleneinheit (SKE) mit einem Energieinhalt von 29 308 kJ/SKE angenommen.

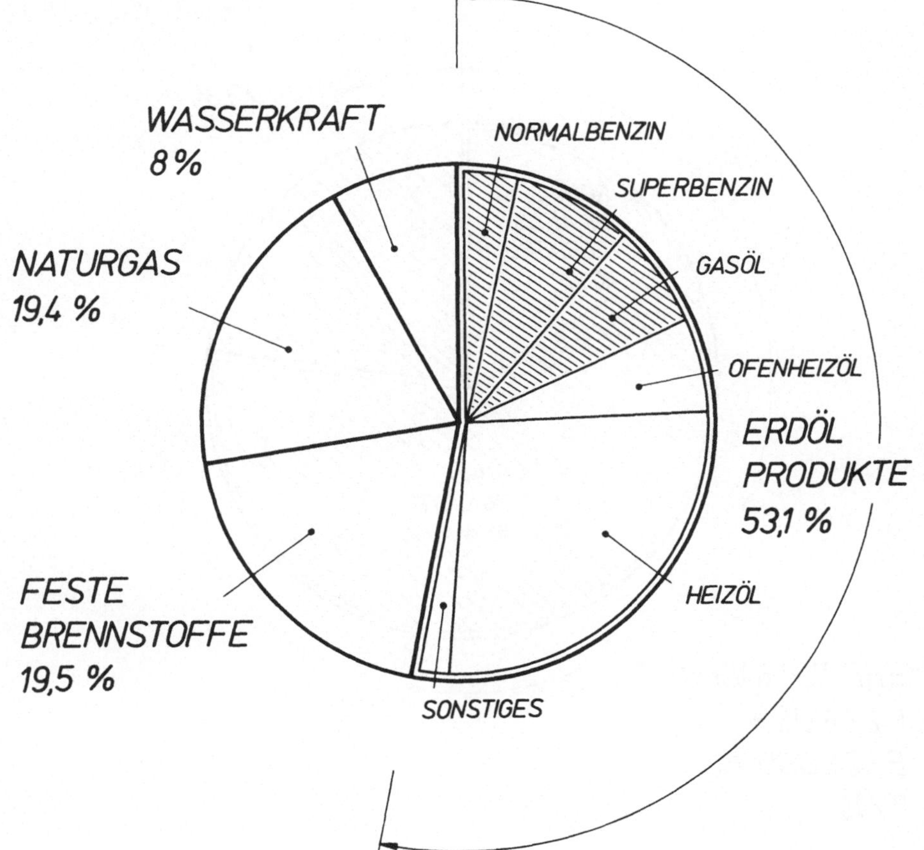

Bild 1: Die Deckung des Energieverbrauches in Österreich im Jahre 1976

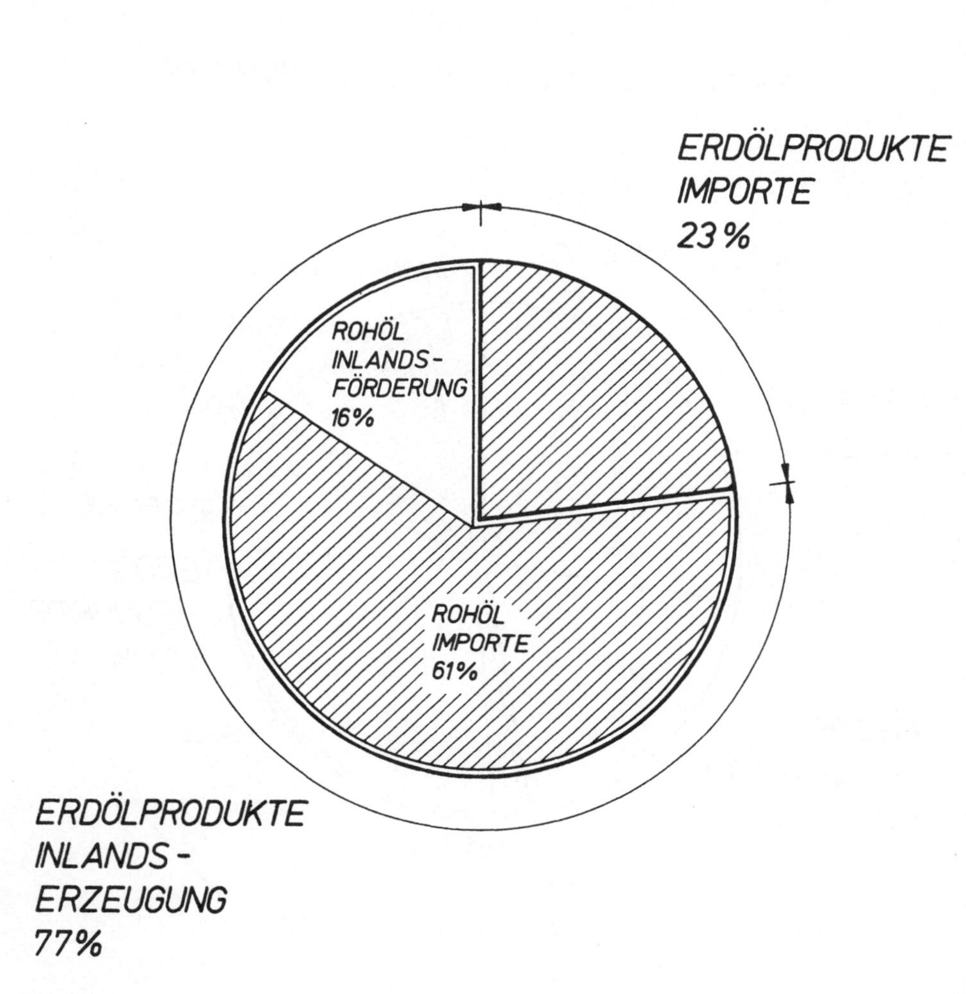

Bild 2: Die Deckung des Bedarfes an Erdölprodukten in Österreich im Jahre 1976

Der Bedarf an Erdölprodukten wurde zu 77 % durch die Destillation in der Schwechater Raffinerie gedeckt, der Rest wurde importiert. Die Eigenförderung von Rohöl entspricht einem immer kleiner werdenden Anteil des Bedarfes. Im Jahre 1976 wurde das Rohöl für die Inlandserzeugung von Erdölprodukten zu 21 % durch Eigenförderung und zu 79 % durch Importe aufgebracht. Insgesamt mußten 84 % des Bedarfes an Rohöl und Erdölprodukten importiert werden.

Die sehr große Abhängigkeit Österreichs von den Erdölexportländern zeigt die mögliche Gefährdung der österreichischen Energiewirtschaft.

Die Importe an Rohöl und Erdölprodukten belasten in einem nicht zu vernachlässigenden Maß die Handelsbilanz des Landes. Ein Überblick über die Importe nach Österreich im Jahre 1976 ist in **Bild 3** gegeben.

Die Importe an Energie nahmen 12 % der Gesamtaufwendungen für Importe in Anspruch, zwei Drittel davon zur Deckung der Importe an Rohöl und Erdölprodukten.

3.1.2. KFZ-Bestand und Kraftstoffverbrauch

Der Kraftstoffverbrauch im Straßenverkehr in Österreich ist im **Bild 4**, differenziert nach dem Verbrauch an Normal- und Superbenzin bzw. nach dem Verbrauch an Gasöl ab dem Jahre 1955 bis zum Jahr 1976 dargestellt.

Die Entwicklung des gesamten Kraftfahrzeugbestandes in Österreich ist ab dem Jahr 1953 bis zum Jahr 1976 in **Bild 5** angegeben. Die Motorfahrräder und Krafträder (einspurige KFZ), die Personenkraftwagen und Kombis (in der Folge mit PKW bezeichnet) sowie die Lastkraftwagen und Zugmaschinen (LKW) sind getrennt dargestellt. Eine stetige Zunahme von etwa 110 000 KFZ pro Jahr ist festzustellen. Die Anzahl der PKW und die Anzahl der LKW hat über den gesamten Zeitraum stetig zugenommen. Die einspurigen KFZ haben einen maximalen Bestand in den Jahren 1960 bis 1964 erreicht, dessen Größe dem PKW-Bestand im Jahre 1964 entsprach. Ab dem Jahr 1964 hat die Zahl der einspurigen KFZ abgenommen, im Jahr 1973 einen Minimalwert erreicht und nimmt seitdem wieder geringfügig zu.

3.1.3. Prognosen

Das Österreichische Institut für Wirtschaftsforschung (WIFO) hat eine Energieprognose bis zum Jahr 1990 erarbeitet [315]. Danach würde der Gesamt-Brutto-Energieverbrauch im Jahre 1990 49 127 bis 49 940 · 10^3 t SKE betragen; dies entspräche einer Erhöhung um 58 % gegenüber dem Jahr 1976. Die prognostizierte Deckung des Bruttoenergieverbrauches des Jahres 1990 ist in **Bild 6** angegeben und zeigt die weiterhin dominierende Rolle des Erdöls.

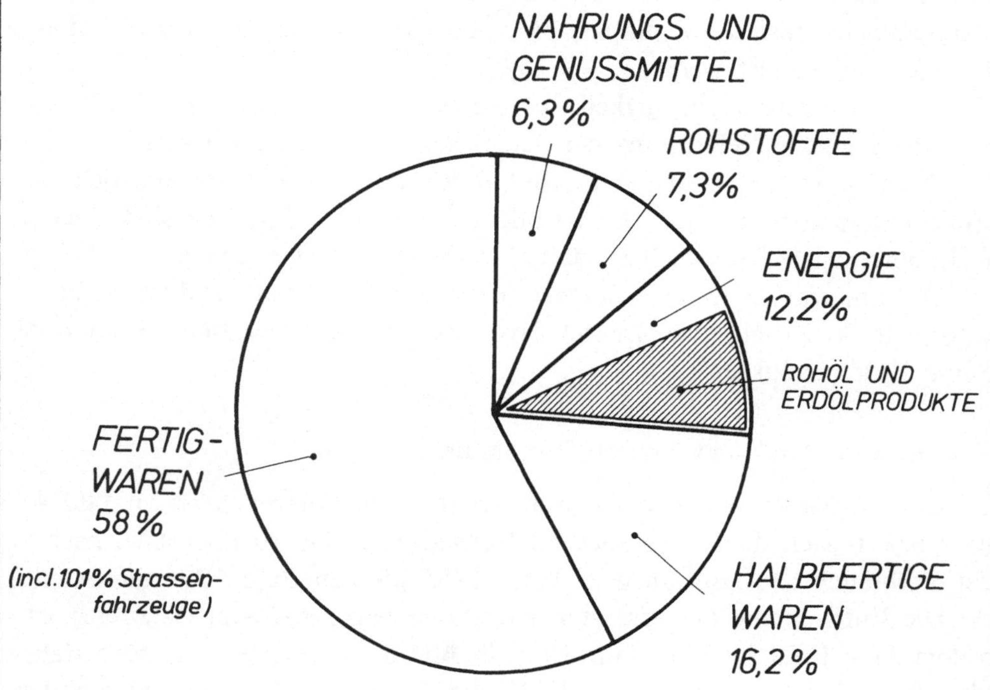

Bild 3: Importe nach Österreich im Jahre 1976

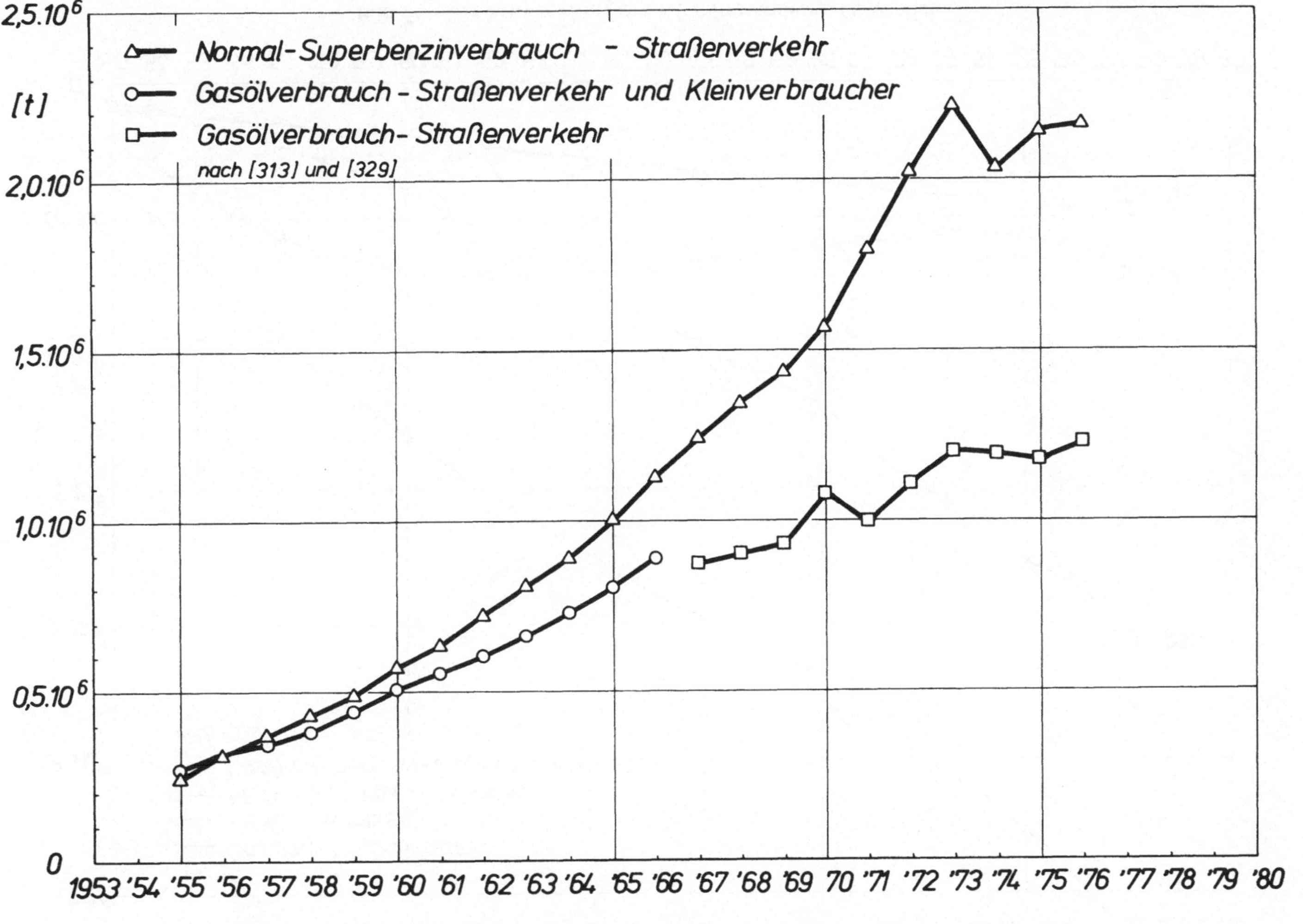

Bild 4: Die Entwicklung des Kraftstoffverbrauches im Straßenverkehr in Österreich.

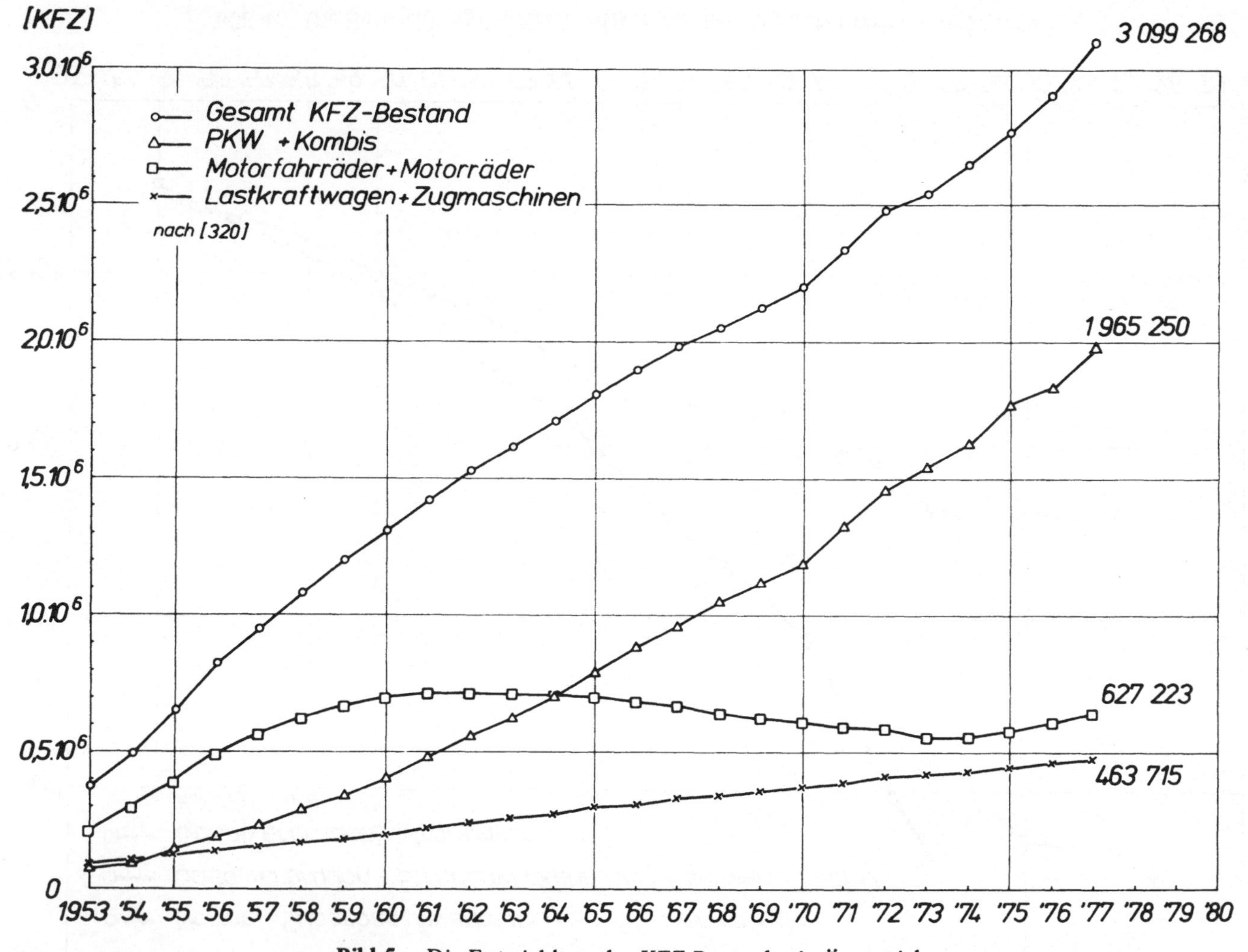

Bild 5: Die Entwicklung des KFZ-Bestandes in Österreich

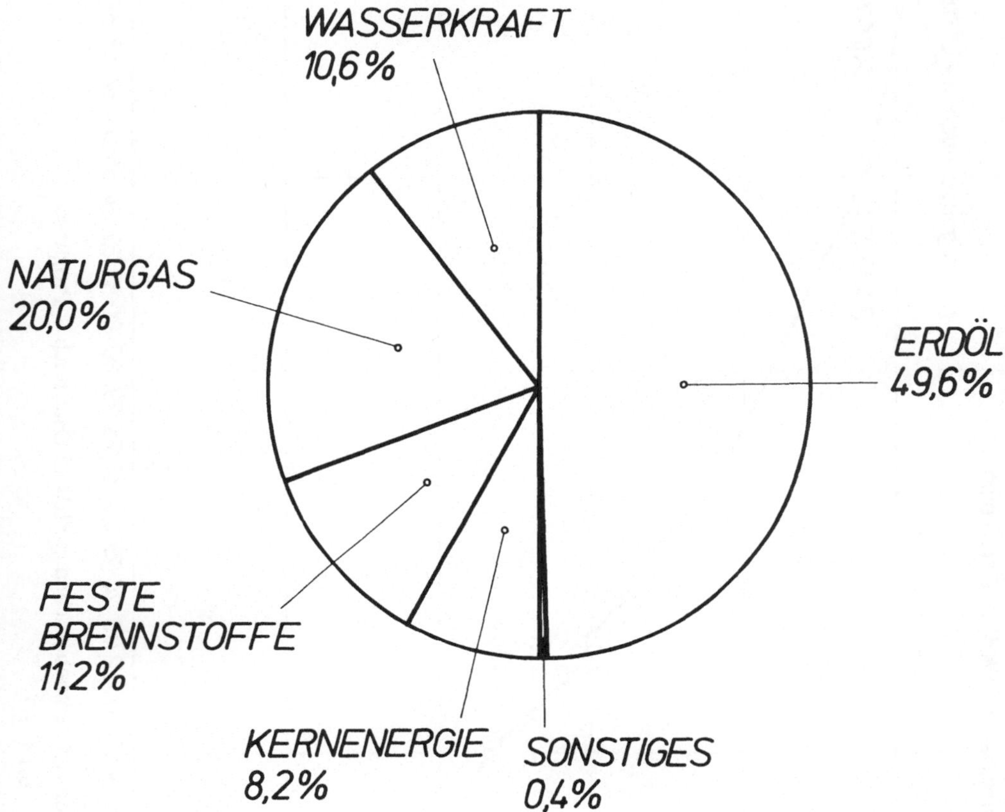

Bild 6: Die Deckung des Bruttoenergieverbrauches in Österreich im Jahre 1990 –
Prognose nach [315]

Alternativ wurde prognostiziert, daß der Bruttoenergieverbrauch in
Österreich im Jahre 1990 zu 11,2 % durch Wasserkraft, zu 20,3 % durch Naturgas, zu
11,3 % durch feste Brennstoffe, zu 3,2 % durch Kernenergie, zu 53,6% durch
Erdöl und zu 0,4 % durch sonstige Brennstoffe gedeckt wird [315].

Aufgrund des Ergebnisses der Volksabstimmung vom 5.November 1978
und des Bundesgesetzes vom 15.Dezember 1978 (BGBl. 676/1978) über das
Verbot der Errichtung und des Betriebes von Kernenergieanlagen wird jedoch
der Energieanteil, dessen Deckung durch Kernenergie vorgesehen war, durch
konventionelle Energieträger zu decken sein. Eine diesbezügliche Revision
der Energieprognose bis 1990 wird wahrscheinlich vom WIFO bis Anfang
Herbst 1979 fertiggestellt sein.

Ein steigender Bestand an PKW wird nach [315] erwartet. Die Entwicklung des PKW-Bestandes bis zum Jahre 1990 ist in **Bild 7** dargestellt.

Die nach [315] prognostizierte Entwicklung des Kraftstoffverbrauches
im Straßenverkehr ist in **Bild 8** gezeigt.

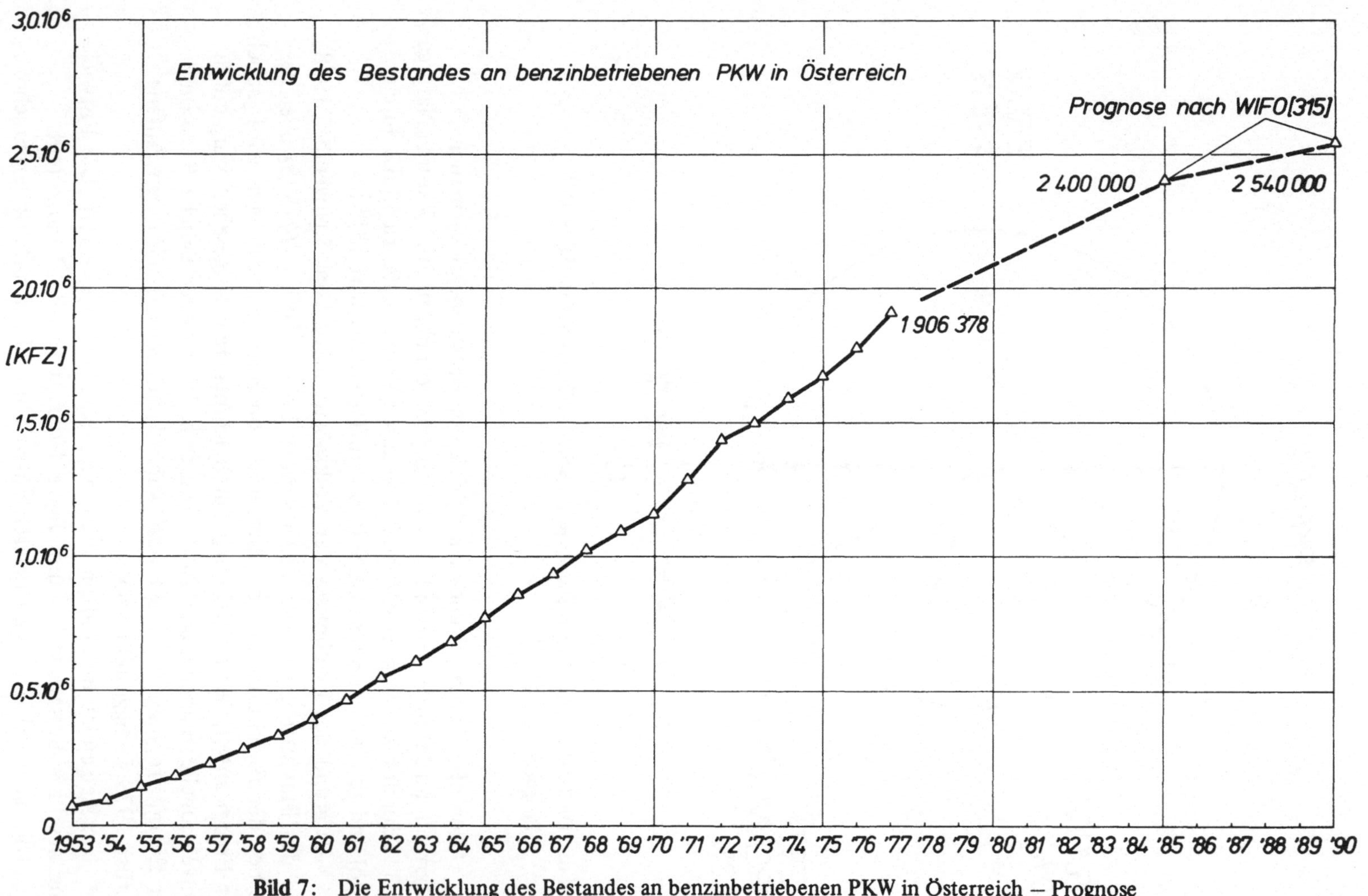

Bild 7: Die Entwicklung des Bestandes an benzinbetriebenen PKW in Österreich — Prognose bis 1990

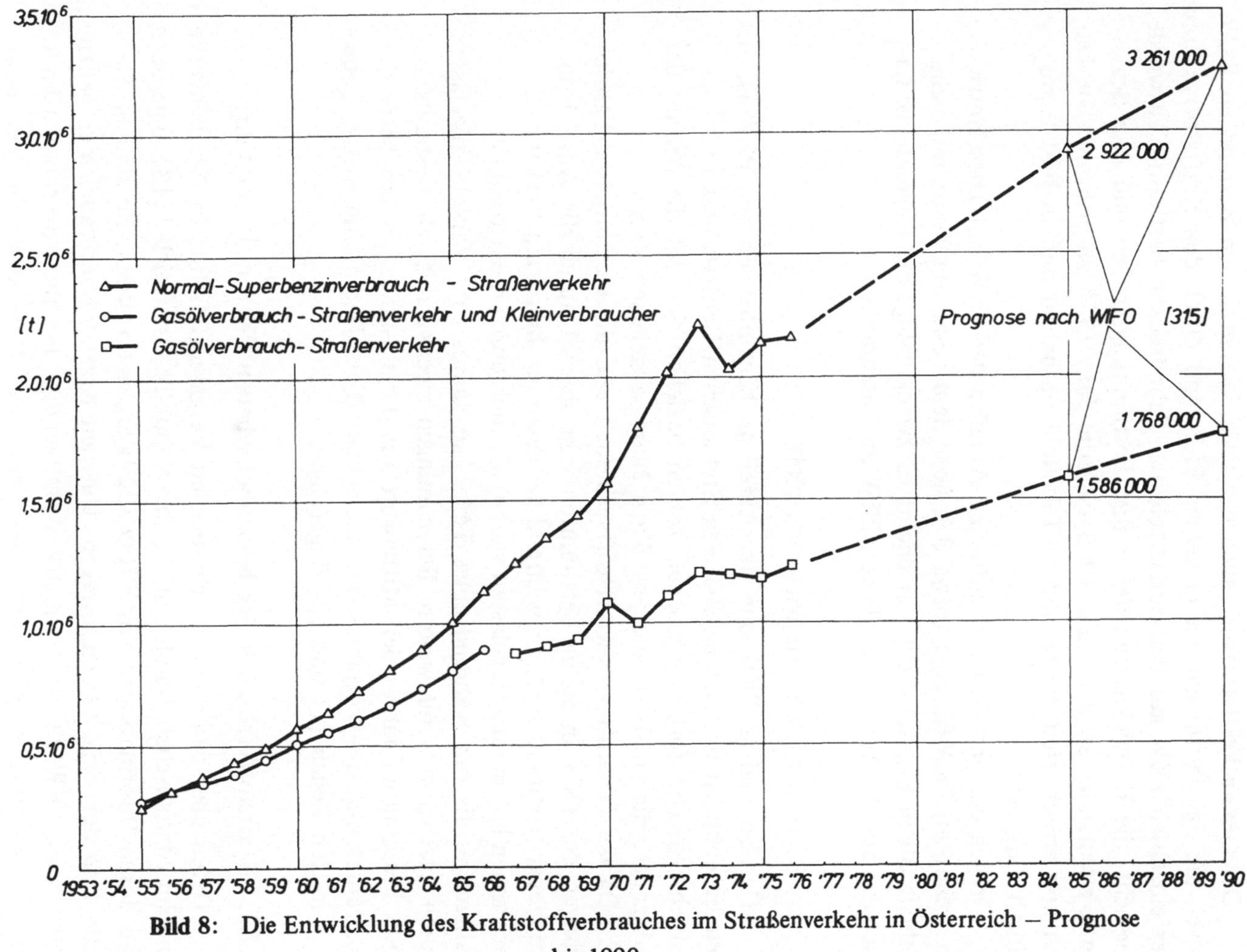

Bild 8: Die Entwicklung des Kraftstoffverbrauches im Straßenverkehr in Österreich — Prognose bis 1990

3.2. PKW-Bestand, -Kraftstoffverbrauch und -Fahrleistungen

Der Gesamtkraftstoffverbrauch der PKW ist durch den Bestand an PKW, durch die Fahrleistungen der einzelnen PKW und durch den Kraftstoffverbrauch der einzelnen PKW auf den zurückgelegten Fahrstrecken bestimmt. Es wurde versucht, die Entwicklungen dieser drei Bestimmungsgrößen und ihre Beziehung zueinander ab dem Jahr 1965 bis zum Jahr 1976 zu erfassen. Die Daten und errechneten Werte sind in **Tabelle 1** enthalten und in **Bild 9** graphisch dargestellt.

Wegen des geringen prozentuellen Anteiles der PKW mit Dieselantrieb am gesamten PKW-Bestand (etwa 3 % über dem gesamten Zeitraum, siehe Tabelle 38 in Kapitel 4.6.1.) erscheint es zweckmäßig, die folgende Untersuchung auf die benzinbetriebenen PKW zu beschränken.

3.2.1. Bestand an benzinbetriebenen PKW

Der Bestand an PKW und der Anteil an benzinbetriebenen PKW ist aus den Erhebungen des Österreichischen Statistischen Zentralamtes [320] zu entnehmen. Die dort angegebenen Zahlen beziehen sich auf die Anzahl der Fahrzeuge, die am Ende des jeweiligen Jahres zugelassen waren.

Da der Gesamtjahres-Kraftstoffverbrauch und die Gesamtjahres-Fahrleistungen der PKW in einem bestimmten Jahr sowohl durch die Anzahl der Fahrzeuge bestimmt sind, die während des gesamten Jahres am Verkehr teilgenommen haben (also zugelassen waren) als auch durch die Anzahl der Fahrzeuge, die nur während eines Teiles des Jahres zum Verkehr zugelassen waren, erscheint es für weitere Berechnungen zweckmäßig, als Bestandszahl eines bestimmten Jahres den Mittelwert aus der Bestandszahl des betrachteten Jahres und des Vorjahres heranzuziehen. Diese Daten sind in der Tabelle 1 in den **Zeilen (1) und (2)** eingetragen.

3.2.2. Kraftstoffverbrauch der benzinbetriebenen PKW in [Liter/Jahr].

Daten über den Gesamtverbrauch an Vergaserkraftstoff im Straßenverkehr sind im Statistischen Handbuch für die Republik Österreich [313] angegeben und durch Informationen des WIFO [329] ergänzt worden; sie sind in Tabelle 1 in der **Zeile (3)** eingetragen. Um den Kraftstoffverbrauch der benzinbetriebenen PKW zu ermitteln, ist es notwendig, den Benzinverbrauch anderer KFZ zu erfassen. In diesem Zusammenhang ist es notwendig, den Benzinverbrauch der einspurigen KFZ und den der LKW mit Otto-Motoren zu berücksichtigen; hingegen kann der Benzinverbrauch von Omnibussen, Zugmaschinen und „sonstigen KFZ" (inkl. Mähdrescher und selbstfahrender Arbeitsmaschinen) mit Otto-Motoren vernachlässigt werden.

Der Bestand an einspurigen KFZ und an benzinbetriebenen LKW läßt sich mit der Zulassungsstatistik [320] erfassen, die Werte sind in Tabelle 1 in den **Zeilen (4) und (5)** enthalten. Daten über die Fahrleistungen der einspurigen KFZ in den Jahren 1965, 1970 und 1975 sind in [316] ermittelt worden; durch Interpolation ist es möglich, die Fahrleistungen in den anderen Jahren anzugeben: Tabelle 1, **Zeile (6)**. Daten über die Fahrleistungen benzinbetriebener LKW liegen nicht vor; da es sich aber vor allem um kleine Transporter handelt, werden Fahrleistungen von 150 % der Fahrleistungen der PKW angenommen. Der Kraftstoffverbrauch der einspurigen KFZ wird mit 2,5 [Liter/100 km] angenommen, der wegbezogene Kraftstoffverbrauch der benzinbetriebenen LKW wird mit 150 % des Kraftstoffverbrauches der PKW festgelegt. Der Gesamtkraftstoffverbrauch der einspurigen KFZ ist in Tabelle 1 in der **Zeile (7)** enthalten, der Gesamtkraftstoffverbrauch der benzinbetriebenen LKW ist in Tabelle 1 in der **Zeile (8)** als prozentueller Anteil des zunächst noch unbekannten Benzinverbrauches der PKW angegeben.

Der Kraftstoffverbrauch der in Österreich zugelassenen PKW entspricht dem Gesamt-Benzinverbrauch in Österreich abzüglich des Anteiles, der durch die einspurigen KFZ und die benzinbetriebenen LKW konsumiert wird. Ferner müßte die Kraftstoffmenge, die im Ausland von den österreichischen PKW getankt wird, und die Kraftstoffmenge, die von ausländischen KFZ in Österreich getankt wird, in Rechnung gestellt werden. Stützt man sich auf die Gesamtzahl der Auslandsreisen der Österreicher, so erweist es sich, daß der Benzinverbrauch österreichischer PKW im Ausland vernachlässigbar ist. Gemessen am Gesamtbenzinverbrauch in Österreich beträgt er maximal 2 %. Der Verbrauch der ausländischen PKW in Österreich kann hingegen nicht unberücksichtigt bleiben. Ausgehend von den Straßenverkehrszählungen der Jahre 1970 und 1975 [319], [331], in denen der Ausländerverkehr gesondert erhoben wurde, weiters ausgehend von der Aufteilung der Fahrleistungen der PKW nach Straßenart [316] (siehe auch Bild 11) und von der Entwicklung der Grenzübertritte im Personenverkehr an Straßenstellen [313] ist für den Verbrauch der ausländischen PKW in Österreich ein durchschnittlicher Anteil von 10 % des Verbrauches der österreichischen PKW ermittelt worden.

Mit den vorhin angegebenen Daten läßt sich der Gesamtverbrauch der österreichischen benzinbetriebenen PKW berechnen. Dieser ist in Tabelle 1 **Zeile (9)** eingetragen. Der durchschnittliche Jahresverbrauch des einzelnen PKW ist aus den Zeilen (3) und (2) errechnet worden und in Tabelle 1 in der **Zeile (10)** enthalten.

3.2.3. Jahresfahrleistungen der benzinbetriebenen PKW und durchschnittlicher Benzinverbrauch des einzelnen PKW in [Liter/100 km]

Die Gesamtfahrleistung der PKW betrug im Jahre 1970 nach den Erhebungen des Mikrozensus 16 344 · 10⁶ km [317]. Nach Tabelle 1 **Zeile (12)** entspricht dieser Wert einer durchschnittlichen Jahresfahrleistung des einzelnen PKW in der Höhe von 14 085 km.

Aus den Ergebnissen der Verkehrszählungen auf Bundesstraßen im Jahre 1965 und im Jahre 1970 [318], [319] kann ein Verhältnis von 1 : 0,965 für die durchschnittliche Belastung des Straßennetzes durch das Einzelfahrzeug im Jahr 1965 zu der im Jahr 1970 berechnet werden. Die durchschnittlichen Jahresfahrleistungen des einzelnen PKW betrugen somit im Jahr 1965 14 596 km.

Der durchschnittliche Kraftstoffverbrauch des einzelnen PKW läßt sich für das Jahr 1965 und das Jahr 1970 aus dem durchschnittlichen Jahreskraftstoffverbrauch und aus den durchschnittlichen Jahresfahrleistungen dieser Jahre zu 10,2 [Liter/100 km] bzw. 11,0 [Liter/100 km] errechnen. Die Ursache für den Anstieg des durchschnittlichen Verbrauches des einzelnen PKW vom Jahr 1965 zum Jahr 1970 ist eine eindeutige Verlagerung des PKW-Bestandes in diesen Zeiten zu größeren Fahrzeugen. Eine stetige Zunahme des wegbezogenen Verbrauches wird zwischen dem Jahr 1965 und dem Jahr 1970 vorausgesetzt. In Anlehnung an die aus [323] und [332] errechneten durchschnittlichen Kraftstoffverbräuche der einzelnen PKW in der Bundesrepublik Deutschland wird angenommen, daß der durchschnittliche Kraftstoffverbrauch der einzelnen PKW in Österreich bis 1973 gestiegen und anschließend etwa konstant geblieben ist. Der durchschnittliche wegbezogene Kraftstoffverbrauch der einzelnen PKW ist in Tabelle 1 in der **Zeile (11)** eingetragen.

Die durchschnittlichen Jahresfahrleistungen der benzinbetriebenen PKW lassen sich aus den Werten der Zeilen (10) und (11) errechnen und sind in Tabelle 1 in der **Zeile (12)** angegeben.

3.2.4. Analyse der Entwicklung des Bestandes, des Kraftstoffverbrauches und der Fahrleistungen der PKW in Österreich ab dem Jahre 1965 bis zum Jahr 1976.

Die Daten der Tabelle 1 ermöglichen eine Analyse der Entwicklung des Bestandes, des Kraftstoffverbrauches und der Fahrleistungen der PKW in Österreich und sind in **Bild 9** in graphischer Form wiedergegeben. Die Werte sind auf das Jahr 1965, wo sie mit 100 % angegeben sind, bezogen.

Ein Vergleich der Entwicklung des PKW-Bestandes mit der Entwicklung der durch die PKW insgesamt verbrauchten Benzinmenge zeigt den zu erwartenden Einfluß der Fahrleistungen und des durchschnittlichen Kraftstoffverbrauches auf die Entwicklung des Gesamtbenzinverbrauches.

	1965	1966	1967	1968	1969	1970	1971	1972	1973	1974	1975	1976	1977
(1) x 10^3	746,4	836,2	923,2	1010,6	1090,2	1160,4	1260,9	1392,7	1500,5	1588,3	1678,3	1774,6	1896,7
(2) x 10^3	725,5	811,4	895,2	979,1	1055,4	1123,7	1222,9	1359,8	1464,7	1542,3	1628,5	1721,0	1839,8
(3) x 10^3	998,3	1128,2	1241,2	1347,4	1435,8	1573,8	1797,9	2023,8	2218,4	2030,5	2140,0	2160,0	
(4) x 10^3	698,8	685,8	666,8	642,9	620,2	603,5	590,6	582,3	562,7	547,0	557,6	582,6	612,6
(5) x 10^3	40,3	42,2	43,8	44,9	47,0	51,1	55,5	59,5	62,0	63,3	64,5	65,7	67,7
(6) x 10^9	4,6	4,2	3,82	3,43	3,05	2,657	2,7	2,7	2,7	2,7	2,788	2,8	2,8
(7) x 10^3	8,63	7,88	7,16	6,44	5,72	4,98	5,02	5,02	5,06	5,06	5,23	5,25	5,25
(8)	12,5	11,7	11,0	10,3	10,0	10,2	10,2	9,8	9,5	9,2	8,9	8,6	8,3
(9) x 10^3	807,9	920,6	1019,9	1114,7	1191,7	1305,2	1491,6	1685,1	1852,2	1699,2	1795,4	1816,8	
(10)	1485	1513	1519	1518	1506	1549	1626	1652	1686	1469	1470	1408	
(11)	10,2	10,36	10,52	10,68	10,84	11,00	11,16	11,32	11,48	11,48	11,48	11,48	
(12)	14596	14604	14439	14213	13893	14085	14570	14594	14686	12796	12805	12265	

(1)   Gesamt-PKW-Bestand — Jahresdurchschnitt

(2)   Gesamt-Bestand an benzinbetriebenen PKW — Jahresdurchschnitt

(3)   Gesamt-Benzinverbrauch in [t]

(4)   Gesamt-Bestand an Einspurigen-KFZ — Jahresdurchschnitt

(5)   Gesamt-Bestand an benzinbetriebenen LKW — Jahresdurchschnitt

(6)   Gesamt-Fahrleistungen der Einspurigen-KFZ in [km]

(7)   Gesamt-Benzinverbrauch der Einspurigen-KFZ in [t]

(8)   Prozentueller Gesamt-Benzinverbrauch der LKW ausgedrückt in [%] Verbrauch der PKW

(9)   Gesamt-Benzinverbrauch der österreichischen PKW in [t] $(9) = 100 \cdot [(3) - (7)] \ [100 + (8) + (10)]$

(10)   Durchschnittlicher jährlicher Benzinverbrauch des einzelnen PKW in Liter $(10) = 100 \cdot (9) \div [(2) \cdot 0,75]$

(11)   Durchschnittlicher Benzinverbrauch des einzelnen PKW in Liter/100 km

(12)   Durchschnittliche Jahresfahrleistungen des einzelnen PKW in km $(12) = 100 \cdot (10) \div (11)$

Tabelle 1: Entwicklung des PKW-Bestandes des Kraftstoffverbrauches und der Fahrleistungen der PKW in Österreich ab dem Jahr 1965 bis zu dem Jahr 1976.

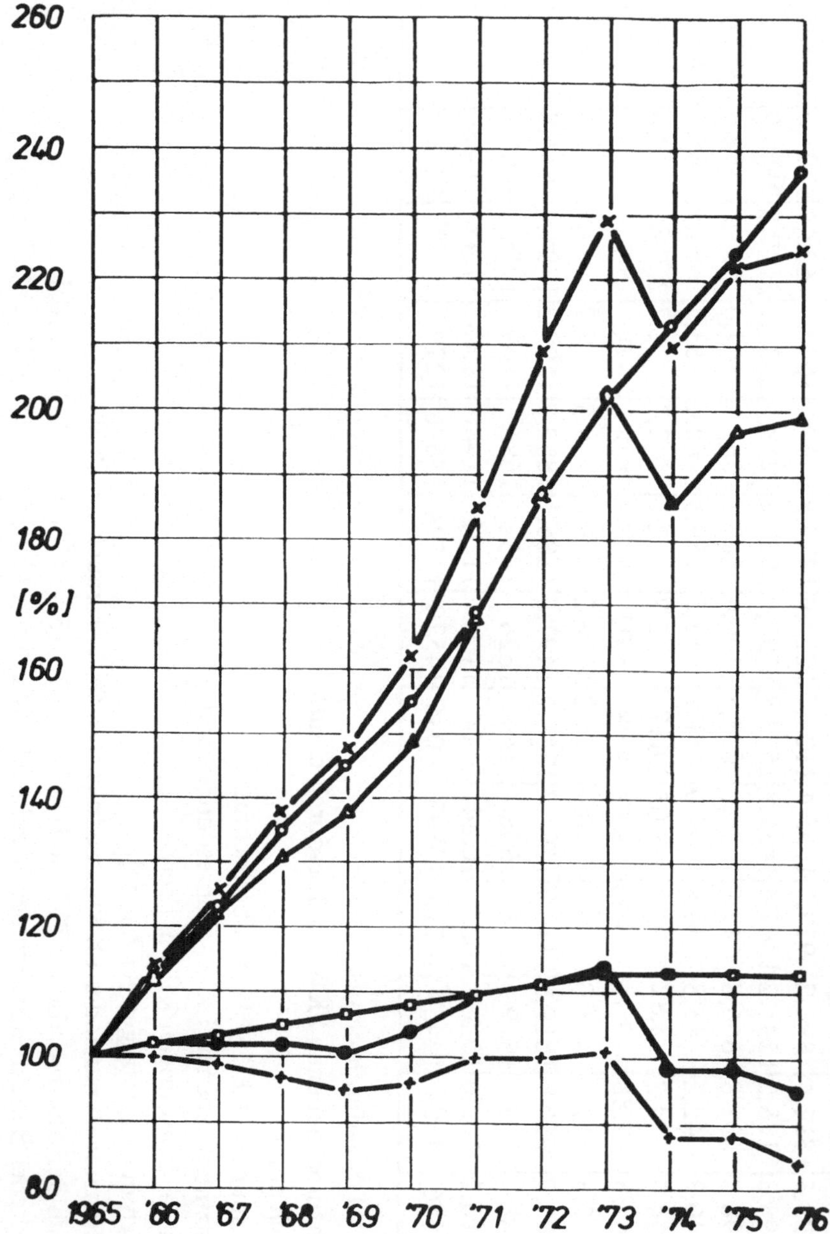

Bild 9: Entwicklung des PKW-Bestandes, des Kraftstoffverbrauches und der Fahrleistungen der PKW in Österreich ab dem Jahr 1965 bis zu dem Jahr 1976.

Vom Jahr 1965 bis zum Jahr 1969 stieg der Gesamtkraftstoffverbrauch
konform mit dem PKW-Bestand. Der zunehmende durchschnittliche Kraftstoffverbrauch des einzelnen PKW, der mit einer Verlagerung des PKW-Bestandes zu
größeren Fahrzeugen erklärt werden kann, wurde durch eine abnehmende durchschnittliche jährliche Fahrleistung etwa ausgeglichen.

Ab dem Jahre 1970 verhielt sich die Entwicklung des Gesamtkraftstoffver-
brauches nicht mehr konform mit der des Bestandes. Vom Jahr 1970 bis zum
Jahr 1973 stieg der Gesamtkraftstoffverbrauch um 55 %, hingegen nahm der
Bestand im selben Zeitraum nur um 30 % zu. Ein steigender durchschnittlicher
Verbrauch und steigende durchschnittliche Fahrleistungen waren hierfür die
Ursache.

Am Gesamtkraftstoffverbrauch und an den durchschnittlichen Fahrleistungen des Jahres 1974 sind die Konsequenzen der „Energiekrise" und der anschließend ergriffenen Maßnahmen zu erkennen (auf die Kraftstoffpreiserhöhungen wird in Kapitel 4.6.1. näher eingegangen). Trotz einer gleichbleibenden Steigerung des PKW-Bestandes sank der Gesamtverbrauch im Jahre 1974 auf den
Wert des Jahres 1972 zurück. Dies ist auf einen markanten Rückgang der durchschnittlichen Fahrleistungen um 14 % gegenüber denen des Vorjahres zurückzuführen.

Im Jahre 1975 stieg der Gesamtkraftstoffverbrauch wieder ähnlich wie der
Bestand; die durchschnittlichen Fahrleistungen blieben etwa konstant.

Im Jahr 1976 stieg der Gesamtverbrauch weiter an, allerdings weniger stark
als im Vorjahr. Die Steigerung des Kraftstoffverbrauches betrug einen Bruchteil
der Zunahme des Bestandes. Die durchschnittlichen Fahrleistungen gingen um
3 % auf einen Tiefstwert zurück (auf die Kraftstoffpreiserhöhungen in diesem
Zeitraum wird ebenfalls im Kapitel 4.6.1. näher eingegangen werden).

3.3. Verkehrsverflechtungen im Individualverkehr

Es liegen wenig Daten über die Verkehrsverflechtungen im Individualverkehr in Österreich vor. Anhand der Verkehrserhebung von 1970 [327] ist es
allerdings möglich, für die Bundeshauptstadt die wesentlichsten Daten zusam-
menzustellen. Mangels anderer Daten für Österreich sollen für die weiteren Beziehungen Daten aus der Bundesrepublik Deutschland herangezogen werden.
Weiters sollen Daten aus den USA zwecks eines informativen Vergleiches angegeben werden.

3.3.1. Fahrleistungen der PKW innerhalb und außerhalb von Ortsgebieten, dif-
ferenziert nach Straßenart

Die Aufteilung der jährlichen Fahrleistungen der PKW in solche innerhalb
von Ortsgebieten und solche auf Freilandstraßen ist wegen des Einflusses der un-

terschiedlichen Verkehrsverhältnisse auf den Kraftstoffverbrauch der PKW (siehe Bilder 23 und 26) von besonderem Interesse. In den USA ist eine Aufteilung der Fahrleistungen von 55 % innerorts zu 45 % außerorts festgestellt worden [321]. Von allgemeinen Daten über die Personen-Fahrleistungen im PKW-Verkehr in Europa [322] ausgehend, läßt sich unter Berücksichtigung der unterschiedlichen Besetzungsgrade der PKW eine Aufteilung von 42 % der Fahrleistungen, die innerhalb von Ortsgebieten zurückgelegt werden,zu 58 % auf Überlandstraßen und Autobahnen berechnen. Eine Studie in der Bundesrepublik Deutschland hat eine Aufteilung der Fahrleistungen von 42,5 % innerorts zu 57,5 % außerorts [324] ergeben. Die Aufteilung der Fahrleistungen der PKW in solche innerorts und solche außerorts ist für die USA, für Europa und für Deutschland in **Bild 10** dargestellt.

Den nachfolgenden Berechnungen wird für Österreich eine Aufteilung der Fahrleistungen der PKW von 42 % innerhalb zu 58 % außerhalb von Ortsgebieten zugrunde gelegt.

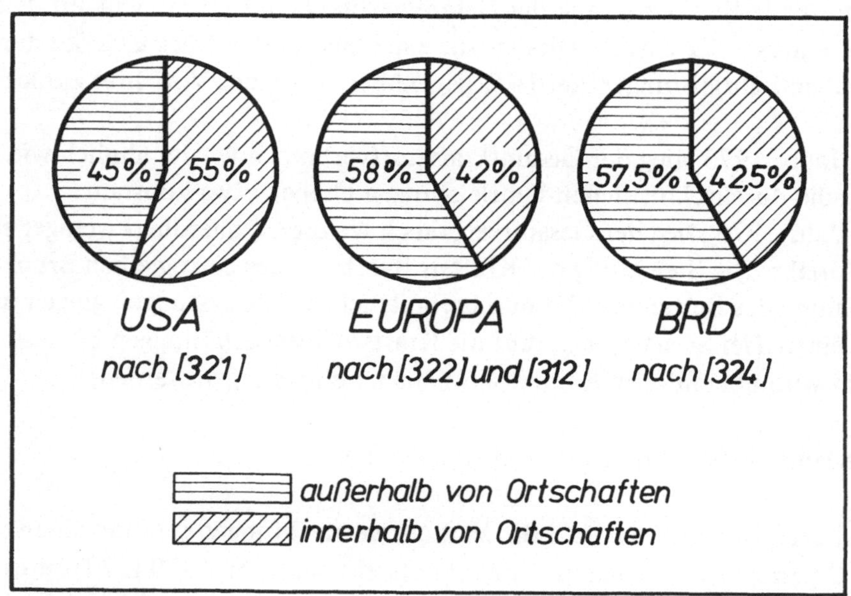

Bild 10: Die Aufteilung der Fahrleistungen im PKW-Verkehr innerhalb und außerhalb von Ortschaften.

Die Aufteilung der Fahrleistungen der PKW auf Autobahnen, Bundesstraßen, Landesstraßen und Gemeindestraßen in Österreich ist in [316] untersucht worden. Die Werte sind für das Jahr 1970 errechnet worden und sind in **Tabelle 2** und **Bild 11** wiedergegeben.

	Straßenlänge [km]	Anteil [%]	Jährliche Fahrleistungen [%]	
			außerorts	innerorts
Autobahn	385	0,46	4,79	0,00
Bundesstraßen	9.260	11,16	39,26	4,36
Landesstraßen + Gemeindestraßen	73.297	88,38	13,95	37,64
Gesamt	82.942	100,00	58,00	42,00

Tabelle 2: Die Aufteilung der Fahrleistungen der PKW nach Straßenart in Österreich im Jahre 1970

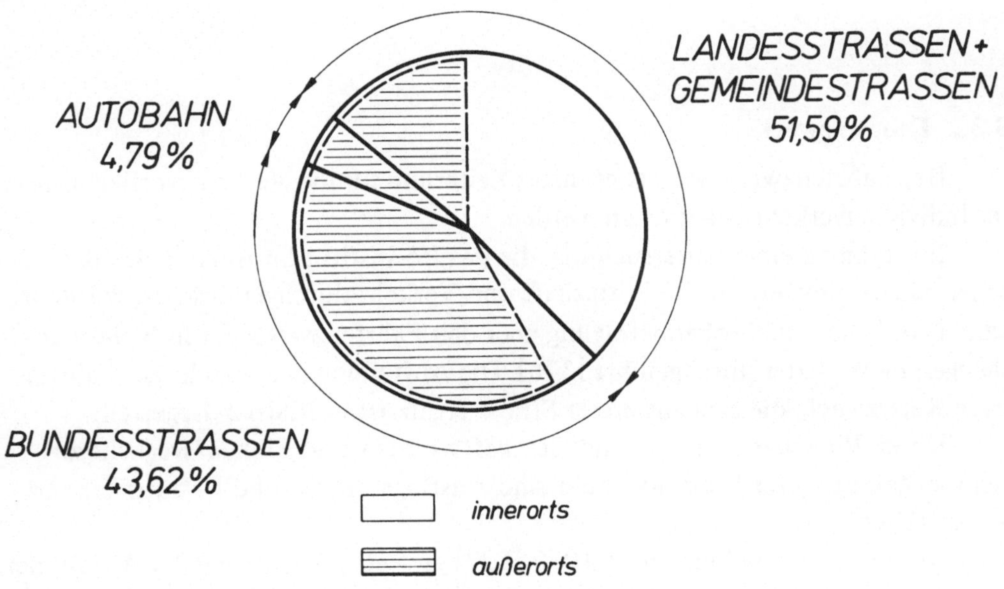

Bild 11. Die Aufteilung der Fahrleistungen der PKW nach Straßenart in Österreich im Jahre 1970

Nach dem Stand des 1. Jänner 1978 [399] betrugen die Straßenlängen:

<table>
<tr><td>Autobahn</td><td>780 km</td></tr>
<tr><td>Schnellstraßen</td><td>114 km</td></tr>
<tr><td>Bundesstraßen</td><td>10 017 km</td></tr>
<tr><td>Landesstraßen</td><td>25 708 km (inkl. Gemeindestraßen in Wien)</td></tr>
<tr><td colspan="2">Gemeindestraßen keine Angaben</td></tr>
</table>

Es wird angenommen, daß die Aufteilung der Fahrleistungen in solche innerorts und in solche außerorts sich zwischen 1970 und 1978 kaum verändert hat. Ferner wird angenommen, daß die Fahrleistungen auf Autobahnen entsprechend dem Ausbauzustand zugenommen haben. Folgende Aufteilung der Fahrleistungen: 42 % innerorts und 58 % außerorts − davon 48 % Bundes-, Landes- und Gemeindestraßen, 10 % Autobahn − wird den weiteren Berechnungen zugrundegelegt.

3.3.2. Fahrtenzweck

Der Fahrtenzweck soll als nächstes Kriterium für die Verkehrsverflechtungen im Individualverkehr besprochen werden.

Im Rahmen einer Untersuchung, die das Ifo-Institut im Auftrag des Bayerischen Staatsministeriums für Wirtschaft und Verkehr durchgeführt hat, wurde in Jahr 1969 eine Stichprobenbefragung über den Fahrtenzweck der in Bayern ansässigen PKW-Halter durchgeführt [326]. Die Aufteilung der Anzahl der Fahrten nach Reisezweck, die sich aus dieser Studie ergab, ist in **Bild 12** dargestellt.

Unter Wirtschaftsverkehr sind Geschäftsverkehr und Einkaufsverkehr zusammengefaßt, unter Freizeitverkehr sind Ausflugsverkehr und Urlaubsverkehr zu verstehen.

Die Verkehrserhebung Wien 1970 [327] gibt eine Aufteilung der Anzahl der Fahrten nach Zweck der Fahrten im Individualverkehr an. Diese Daten sind ebenfalls in Bild 12 enthalten. Die Übereinstimmung der Daten über den Zweck einer Fahrt für den Individualverkehr in Wien bzw. den PKW-Verkehr in Bayern berechtigt zu der Annahme einer gleichen Aufteilung der Fahrtenzwecke im PKW-Verkehr in Gesamt-Österreich.

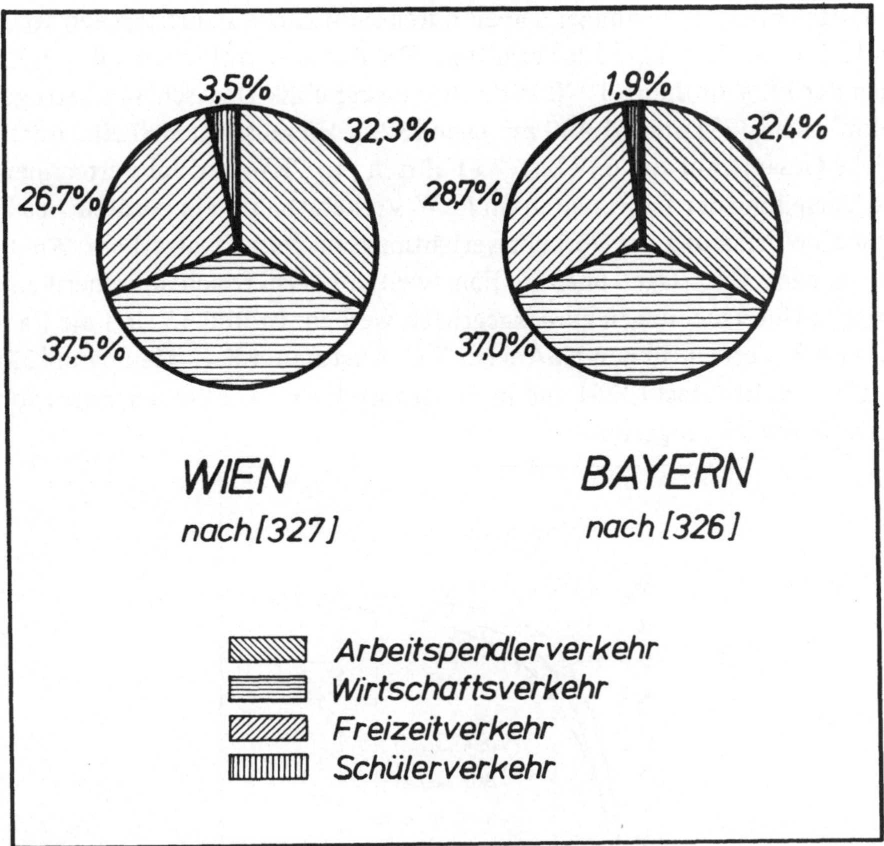

Bild 12: Die Aufteilung der Anzahl der Fahrten nach Reisezweck im Individualverkehr in Wien im Jahre 1970 und im PKW-Verkehr in Bayern im Jahre 1969.

3.3.3. Fahrtenhäufigkeit und Fahrtweiten

Die auf die Werktage bezogene Fahrtenhäufigkeit der in Wien betriebenen
PKW wurde aus Daten der Verkehrserhebung Wien 1970 [327] unter Berücksichtigung des KFZ-Bestandes desselben Jahres [320] zu durchschnittlich 2,9 Fahrten pro Werktag und PKW errechnet. Bei 5 Werktagen pro Woche und 48 Ar-
beitswochen pro Jahr ergeben sich 696 Fahrten, die pro PKW an Werktagen innerhalb von Wien getätigt werden. Da in dieser Zahl weder die Fahrten, die über die
Stadtgrenze von Wien unternommen wurden, noch die Fahrten, die während des
Wochenendes oder des Urlaubes innerhalb von Wien stattfanden, berücksichtigt
sind, kann die Gesamtzahl der Fahrten, die mit Wiener PKW zurückgelegt werden,
mit etwa 800 Fahrten pro Jahr und PKW angenommen werden.

Untersuchungen des Infratest in der Bundesrepublik Deutschland im Jahre
1970 [325] haben eine Häufigkeit von 3,15 Fahrten pro PKW und Werktag ergeben. Bei einer entsprechenden Erhebung des Ifo in Bayern im Jahre 1969
[326] wurde eine Anzahl von 2,9 Fahrten pro PKW und Tag ausgewiesen. Die

beiden deutschen Untersuchungen haben durchschnittliche Fahrtstrecken von 20,3 km [325] und 22,6 km [326] ermittelt. Die durchschnittlichen Jahresfahrleistungen der PKW im Jahre 1970 in der Bundesrepublik Deutschland betrugen 15 700 km nach [325] und 14 400 km nach [323]. Hieraus läßt sich eine durchschnittliche Gesamtzahl von 637 bis 773 Fahrten pro PKW und Jahr errechnen.

Die Verteilung der Fahrtweiten im PKW-Verkehr bietet ein zusätzliches Kriterium für eine Erfassung der Verkehrsverhältnisse im Individualverkehr. Auch hier muß mangels Unterlagen über die Fahrtweiten in Österreich auf amerikanische und deutsche Untersuchungen zurückgegriffen werden. In **Bild 13** sind die Fahrtweiten im PKW-Verkehr in den USA nach T.C. Austin und K.H. Hellmann [328], in der BRD nach Infratest [325] und in Bayern nach Ifo [326] in der Form von Summenverteilungen dargestellt.

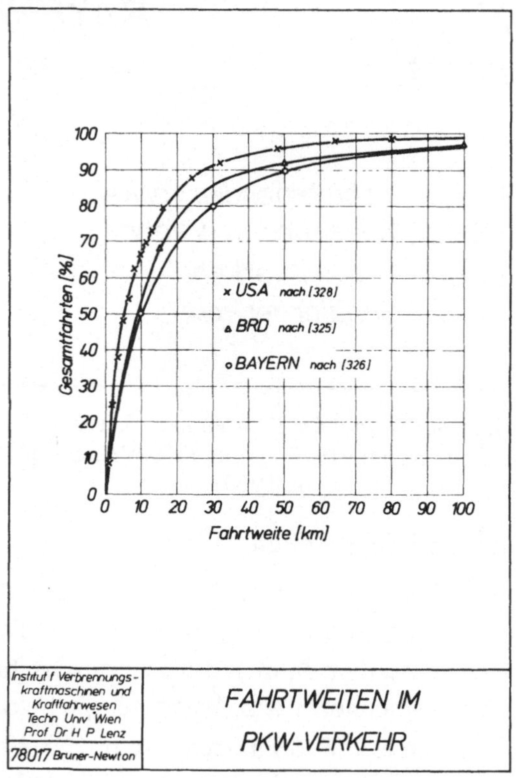

Bild 13: Fahrtweiten im PKW-Verkehr

Eine große Anzahl von kurzen Fahrten läßt sich auf dem Bild eindeutig erkennen: in der BRD sind 68 % der Fahrten kürzer als 15 km. Ähnliche Verhältnisse können für Österreich angenommen werden.

Anhand von Datenmaterial aus der Verkehrserhebung Wien 1970 [327] war es möglich, die Fahrtweiten im Individualverkehr in Wien zu analysieren. Ein

Überblick ist in **Bild 14** gegeben. Die kurzen Distanzen, die bei jeder Fahrt zurückgelegt werden, sind für Wien zu erkennen.

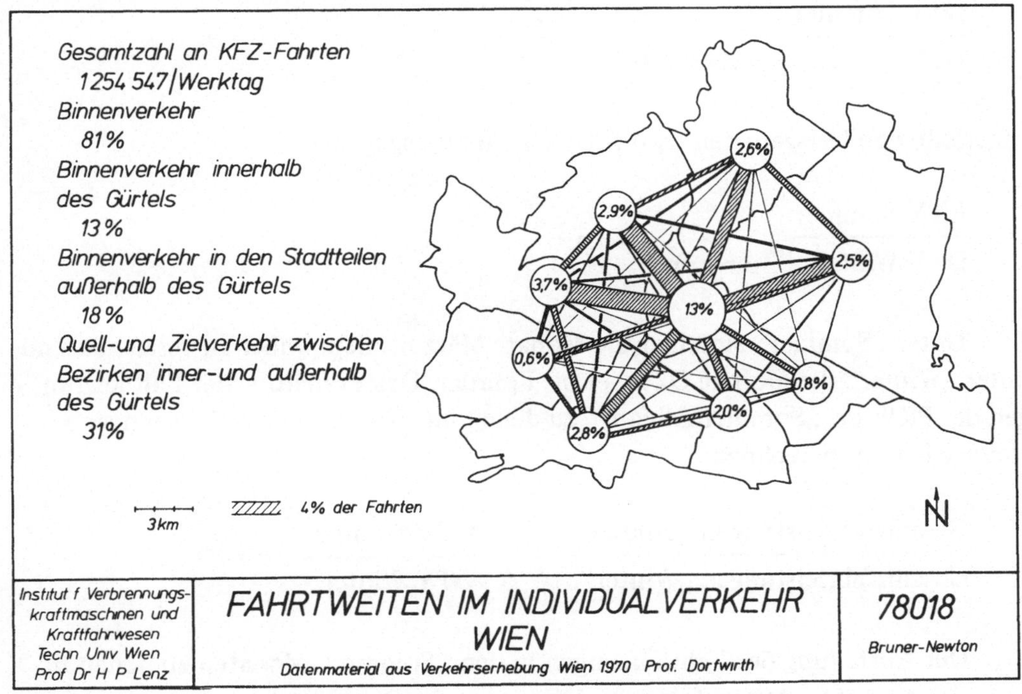

Bild 14: Fahrtweiten im Individualverkehr in Wien

Die durchschnittliche Länge der in Wien zurückgelegten Fahrten läßt sich zu etwa 8 km errechnen und liegt erwartungsgemäß unter dem Bundesdurchschnitt.

Die Strukturdaten, die für das Verkehrsmodell Wien im Straßennetz des Jahres 1985 erstellt worden sind [334], weisen für 155 974 KFZ 1 577 880 Personen-KFZ-Kilometer auf. Unter Berücksichtigung des derzeitigen durchschnittlichen Besetzungsgrades im Individualverkehr (siehe Kapitel 3.3.5.) ergibt sich eine für das Jahr 1985 zu erwartende Durchschnittsfahrtstrecke von 8,16 km je Fahrt.

3.3.4. Zeitliche Schwankungen des PKW-Verkehrs

3.3.4.1. Saisonale Schwankung

Die saisonale Schwankung des PKW-Verkehrs ist aus den Verkehrszählungen des Jahres 1975 [331] in [316] abgeleitet worden. Gewichtet nach der Anzahl der Zählstellen in den einzelnen Bundesländern ergibt sich für Gesamtösterreich auf Straßen außerhalb der Ortsgebiete ein durchschnittliches Verhältnis des durchschnittlichen täglichen PKW-Verkehrs (DTV) im Sommer zu dem durchschnittlichen täglichen PKW-Verkehr im Winter von:

$$\frac{\text{DTV Sommer}}{\text{DTV Winter}}\bigg|_{\text{außerorts}} = 1,5$$

Innerhalb von Ortsgebieten wird folgender Wert angegeben:

$$\frac{\text{DTV Sommer}}{\text{DTV Winter}}\bigg|_{\text{innerorts}} = 1,1$$

Unter „Sommer" sind hier die Monate März bis September zu verstehen und unter „Winter" die Monate Oktober bis Februar. Das Verhältnis der Fahrleistungen der PKW im „Sommerhalbjahr" zu denen im „Winterhalbjahr" lassen sich somit wie folgt berechnen:

$$\frac{\text{Gesamtfahrleistungen „Sommer"}}{\text{Gesamtfahrleistungen „Winter"}} = \frac{7}{5}\cdot\frac{\text{DTV Sommer}}{\text{DTV Winter}} = 1,86$$

Der Aufteilung der Fahrleistungen in den „Sommer"-Monaten zu denen in den „Winter"-Monaten ist folgende Aufteilung des Benzinverbrauches gegenüberzustellen:

$$\frac{\text{Gesamtbenzinverbrauch „Sommer"}}{\text{Gesamtbenzinverbrauch „Winter"}} = 1,68$$

Der in den „Winter"-Monaten um 10 % höhere durchschnittliche wegbezogene Benzinverbrauch als in den „Sommer"-Monaten ist durch den erhöhten Kraftstoffverbrauch während der im Winter längeren Betriebsphase bis zur Erreichung des betriebswarmen Zustandes des Motors begründet.

3.3.4.2. Tagesschwankungen

In **Bild 15** ist das Verkehrsaufkommen an den einzelnen Tagen einer Woche an verschiedenen Zählstellen in Wien eingetragen. Die Daten sind der Straßenverkehrszählung in Wien im Jahre 1975 [333] entnommen worden.

Einem an den Werktagen etwa gleichbleibenden Verkehrsaufkommen steht ein an den Wochenendtagen auf durchschnittlich die Hälfte reduziertes Verkehrsaufkommen gegenüber.

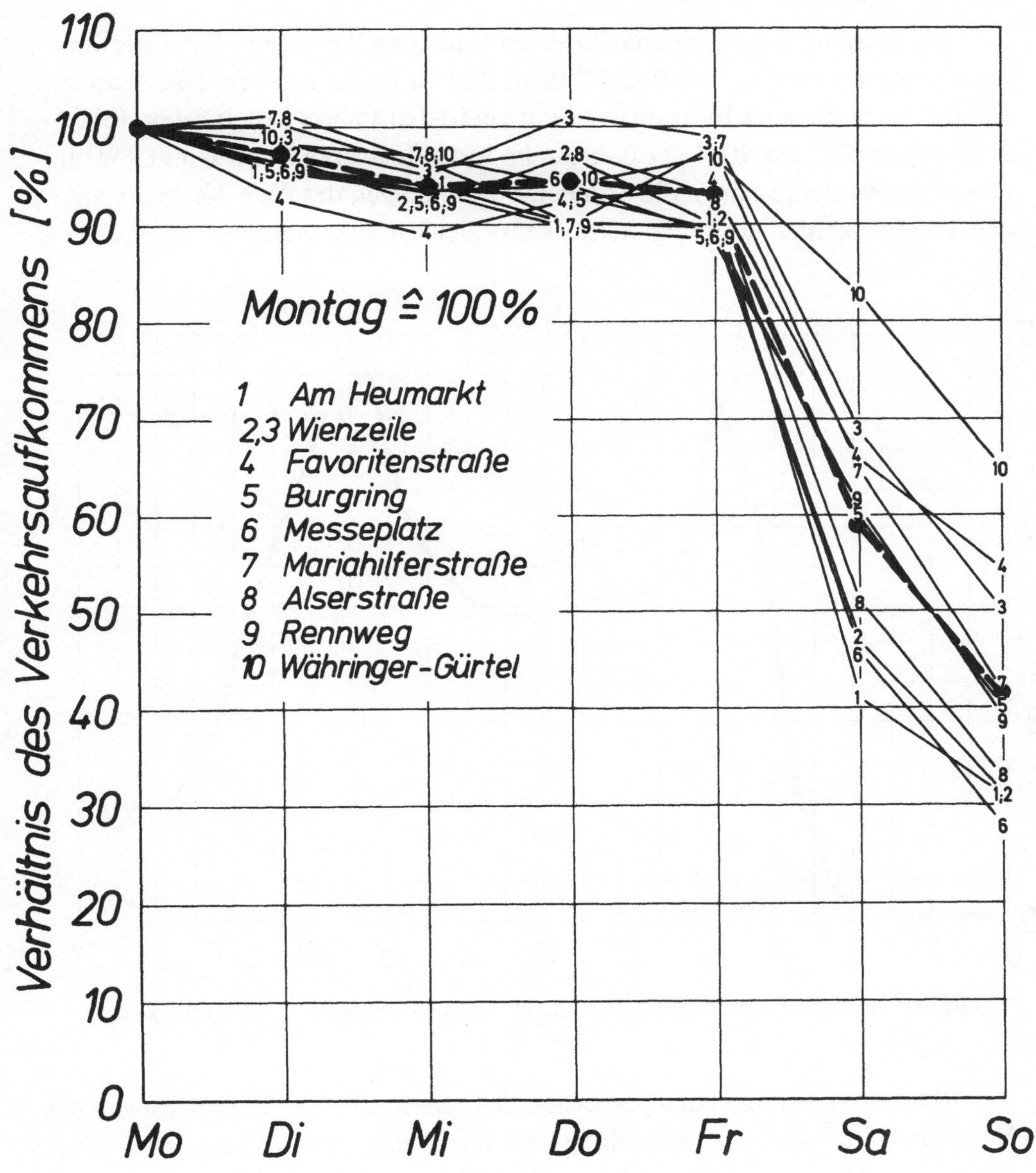

Bild 15: Das Verkehrsaufkommen an den Wochentagen der Juniwoche 1975-06-09 bis 1975-06-15 an verschiedenen Zählstellen in Wien

3.3.4.3. Stundenschwankungen

Die absolute Tagesganglinie für einen typischen Werktag in Wien aus der Verkehrserhebung Wien 1970 [327] ist in **Bild 16** wiedergegeben. Die gesamte Anzahl der in Wien im Individualverkehr getätigten Fahrten ist auf dem Bild aufgetragen. Da über 90 % der Fahrten im Individualverkehr mit dem PKW zurückgelegt werden, können die Stundenschwankungen des PKW-Verkehrs mit den Tagesganglinien des Individualverkehrs gleichgesetzt werden.

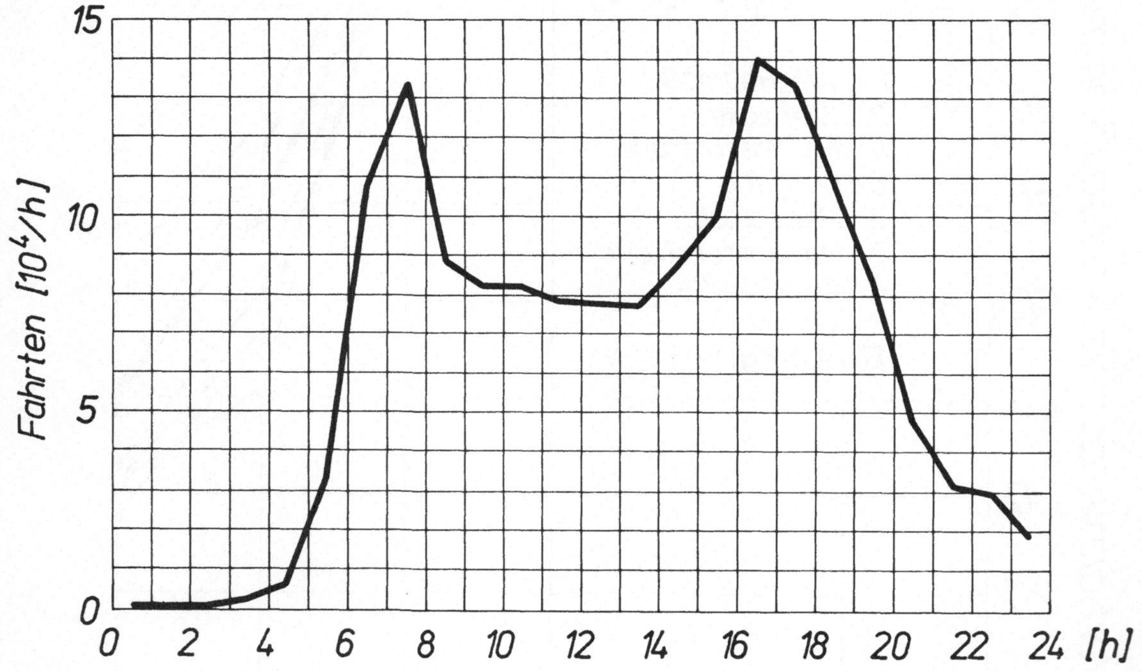

Bild 16: Absolute Tagesganglinie des Individualverkehrs in Wien an einem Werktag aus [327]

Der enge Zusammenhang zwischen den tageszeitlichen Schwankungen des Verkehrs und dem Zweck der getätigten Fahrten läßt die Darstellung der absoluten Tagesganglinien – differenziert nach Arbeitspendlerverkehr, Wirtschaftsverkehr, Freizeitverkehr und Schülerverkehr – als sinnvoll erscheinen, siehe **Bild 17**. Die Daten für dieses Bild sind [327] entnommen worden.

3.3.5. Besetzungsgrad

Der Besetzungsgrad der PKW in Österreich ist im Rahmen des Mikrozensus im Jahre 1977 erhoben worden. Der Besetzungsgrad beträgt durchschnittlich 1,4 Personen pro PKW [400].

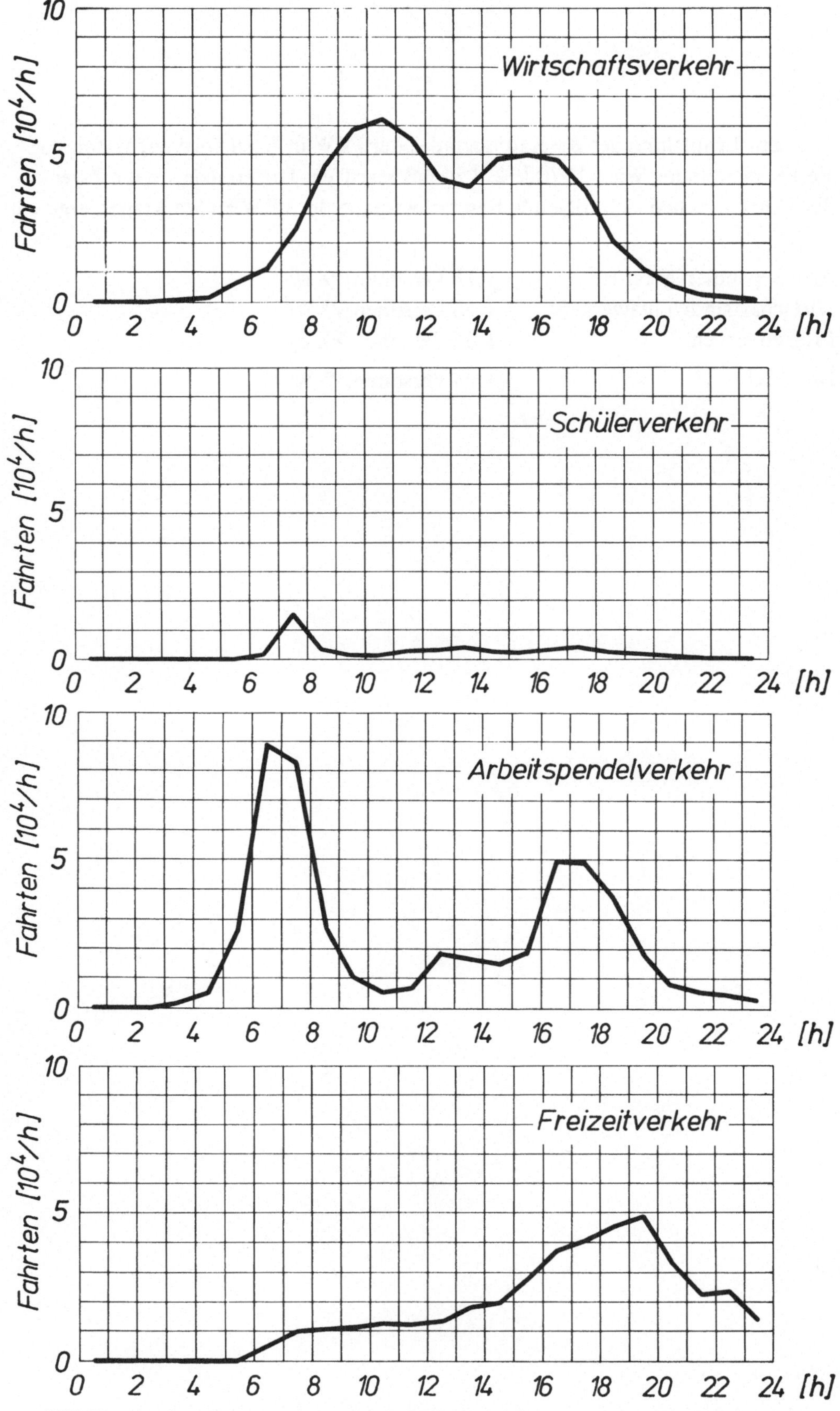

Bild 17: Absolute Tagesganglinien des Individualverkehrs in Wien an einem Werktag, differenziert nach dem Zweck der Fahrten.

Zur Ermittlung des Besetzungsgrades der PKW in Wien wird auf Daten der Verkehrserhebung Wien 1970 [327] zurückgegriffen. Differenziert nach Zweck der Fahrten haben sich folgende Besetzungsgrade der PKW an Werktagen ergeben:

Arbeitspendlerverkehr:	1,18 Personen/PKW
Wirtschaftsindividualverkehr:	1,15 Personen/PKW
Freizeitverkehr:	1,46 Personen/PKW
Durchschnitt:	1,24 Personen/PKW

4. EINFLÜSSE AUF DEN KRAFTSTOFFVERBRAUCH IM STRASSENVER-KEHR UND AKTIONEN DER ÖFFENTLICHEN HAND ZUR REDUZIE-RUNG DIESES KRAFTSTOFFVERBRAUCHES

4.1 Meßverfahren zur Ermittlung des Kraftstoffverbrauches der PKW

Bevor auf die Einflüsse auf den Kraftstoffverbrauch der Einzel-PKW einge-gangen wird, sollen die wesentlichen Merkmale von drei Verfahren zur Ermitt-lung des Kraftstoffverbrauches von PKW kurz erläutert werden. Alle drei Ver-fahren haben die Ermittlung von reproduzierbaren und vergleichbaren Werten zum Zweck.

4.1.1. Kraftstoffverbrauch nach DIN 70030

Der Kraftstoffverbrauch eines Fahrzeuges nach DIN 70030 wurde bis zum Jahr 1978 während einer Hin- und Rückfahrt bei einer möglichst gleichmäßigen Geschwindigkeit von dreiviertel der Höchstgeschwindigkeit, jedoch bei nicht mehr als 110 km/h auf einer 10 km langen, ebenen und trockenen Fahrbahn, bei Windstille, üblichem Luftdruck und einer Außentemperatur zwischen + 10° C und 30° C gemessen. Aus der tatsächlich verbrauchten Kraftstoffmenge, erhöht um den Faktor 1,1 und bezogen auf 100 km, wurde der Kraftstoffverbrauch in [Liter/100 km] errechnet.

Der Motor mußte eingelaufen sein und die normale Betriebstemperatur vor Beginn der Meßfahrt erreicht haben.

Obige Ausführungen beziehen sich auf die alte Auslegung der DIN 70030. Diese Norm ist allerdings im Jahre 1978 neu erstellt worden, um eine Anglei-chung an die ECE Empfehlung A (70) zu erreichen [336].

4.1.2. Kraftstoffverbrauch nach ECE-Empfehlung A (70) [337]

Die ECE-Empfehlung zur Messung des Kraftstoffverbrauches von PKW legt drei verschiedene Messungen fest: die Messung des Kraftstoffverbrauches im Europatest-Fahrzyklus und bei den konstanten Geschwindigkeiten von 90 [km/h] und 120 [km/h].Die Angabe des Kraftstoffverbrauches hat in [1/100 km] zu er-folgen.

Der Europatest-Fahrzyklus ist in der ECE-Regelung R15 zur Abgasgesetz-gebung festgehalten [338] und in **Bild 18** dargestellt.

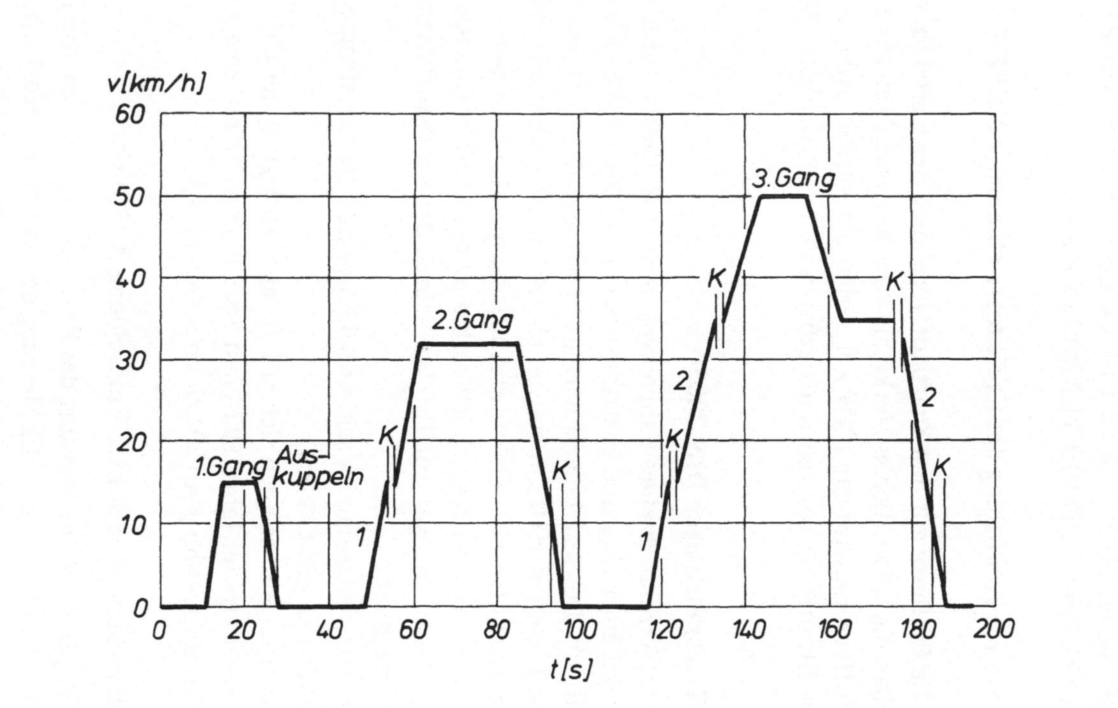

Bild 18: Europatest-Fahrzyklus nach ECE-Regelung R 15

Der Zyklus gibt die typische Fahrweise in den europäischen Großstädten wieder und ist anhand von umfangreichen Versuchen ermittelt worden. Der Europatest-Fahrzyklus besteht aus Leerlauf-, Beschleunigungs-, Konstantfahrt- und Verzögerungsphasen, er dauert 195 Sekunden und entspricht einer Fahrtstrecke von 1 013 Meter. Die Versuche werden auf einem Rollenprüfstand durchgeführt, wobei die Antriebsräder des Fahrzeuges die Trommeln des Prüfstandes antreiben. Durch die Simulation des Luft-, Roll- und Beschleunigungswiderstands entspricht die Leistungsabgabe des Fahrzeuges den auf der ebenen Straße tatsächlich auftretenden Fahrzuständen.

Die Versuche bei den konstanten Geschwindigkeiten können entweder auf der Straße oder auf einem Rollenprüfstand durchgeführt werden.

Das Fahrzeug soll eingelaufen und der Motor warmgelaufen sein. Die Messung des Kraftstoffverbrauches im Europatest-Fahrzyklus erfolgt während zwei einander folgenden Zyklen.

4.1.3. Kraftstoffverbrauch ermittelt in den TÜV-Testzyklen

Die TÜV-Testzyklen sind ursprünglich zur Ermittlung der Emissionen des Kraftfahrzeugverkehrs unter Simulierung der tatsächlichen Verkehrsbedingungen am Rollenprüfstand vom Technischen Überwachungsverein Rheinland erstellt worden [339] ; sie sind ebenfalls zur Ermittlung des Kraftstoffverbrauches im Straßenverkehr geeignet.

Erhebungen im Straßenverkehr, die mit einem Testfahrzeug durchgeführt wurden, lieferten die im **Bild 19** dargestellten Zusammenhänge zwischen Leerlauf-, Konstantfahrt-, Beschleunigungs- bzw. Verzögerungsphasen in Abhängigkeit von der durchschnittlichen Fahrgeschwindigkeit.

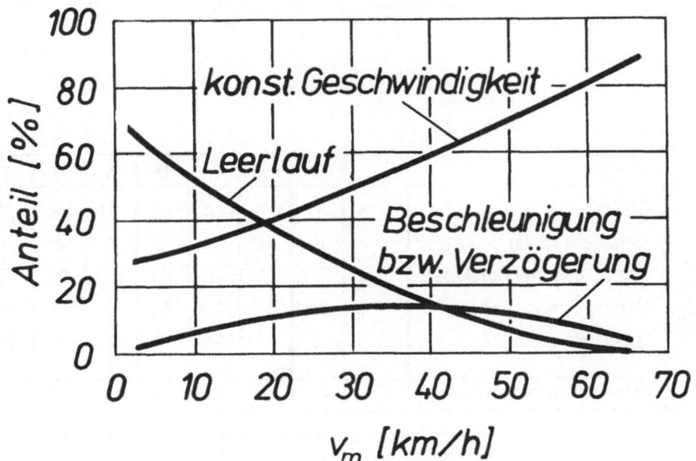

Bild 19: Charakteristische Zeitanteile der im Straßenverkehr auftretenden Fahrzustände nach [339]

Die im Bild 19 dargestellten Beziehungen lieferten die Grundlagen für die Erstellung der TÜV-Testzyklen, die im **Bild 20** wiedergegeben sind.

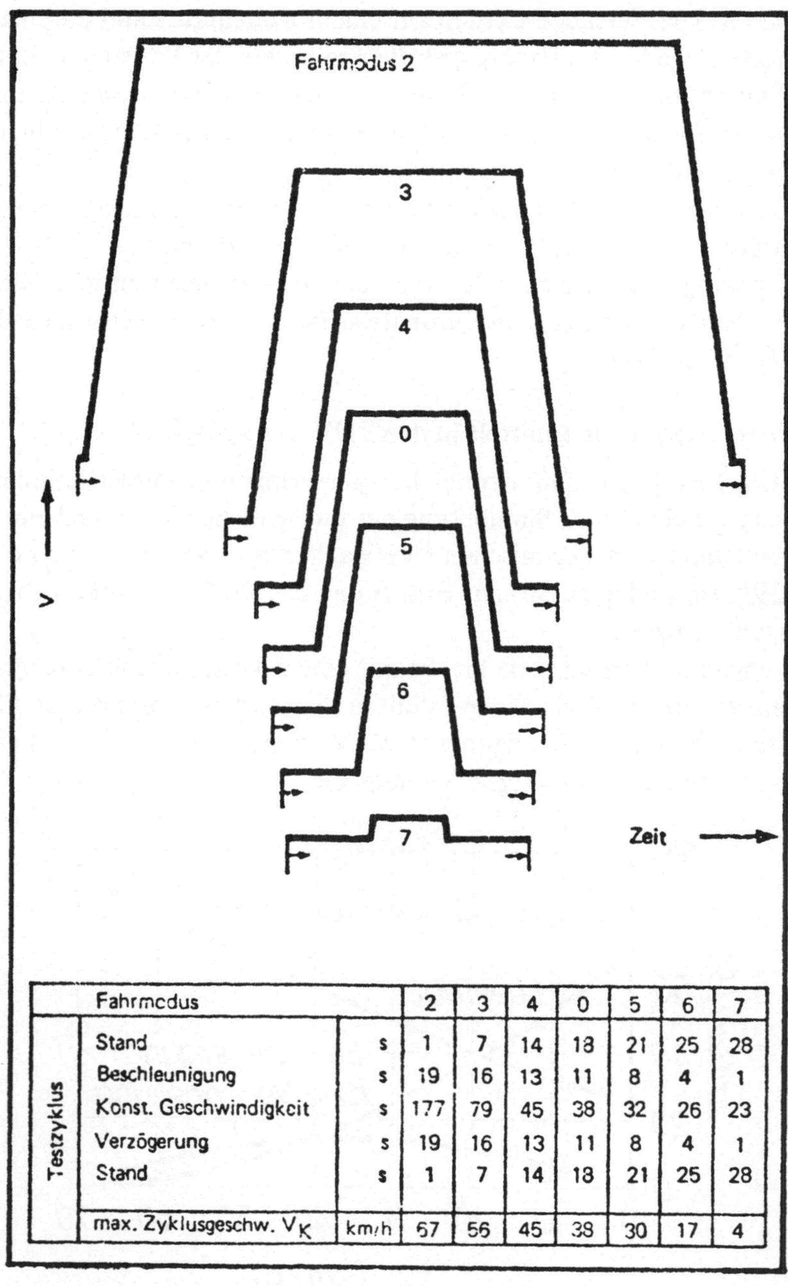

Fahrmodus		2	3	4	0	5	6	7
Stand	s	1	7	14	18	21	25	28
Beschleunigung	s	19	16	13	11	8	4	1
Konst. Geschwindigkeit	s	177	79	45	38	32	26	23
Verzögerung	s	19	16	13	11	8	4	1
Stand	s	1	7	14	18	21	25	28
max. Zyklusgeschw. V_K	km/h	67	56	45	38	30	17	4

(Zeilen-Beschriftung der linken Spalte: Testzyklus)

Bild 20: Fahrzyklen ermittelt durch den Technischen Überwachungsverein, Rheinland nach [339]

4.2. Kraftstoffverbrauch des Einzelfahrzeuges. Grundlagen

Die verbrauchte Kraftstoffmenge eines Fahrzeuges stellt ein Maß für die notwendige Energie dar, die für seinen Betrieb erforderlich ist. Ein Teil der im Kraftstoff enthaltenen Energie wird im Motor zu nutzbarer Arbeit umgewandelt, die zur Bewegung des Fahrzeuges und zum Antrieb von Hilfsaggregaten eingesetzt wird.

Um ein Fahrzeug in Bewegung zu setzen, müssen die auf das Fahrzeug einwirkenden Kräfte überwunden werden. Der Rollwiderstand, der Luftwiderstand, der Beschleunigungswiderstand und der Steigungswiderstand wirken der Bewegung des Fahrzeuges entgegen. Diese Widerstände lassen sich mit folgenden Definitionen der verwendeten Symbole

W_R	Rollwiderstand	[N]
W_L	Luftwiderstand	[N]
W_B	Beschleunigungswiderstand	[N]
W_S	Steigungswiderstand	[N]
W	Gesamtfahrwiderstand	[N]
M	Masse des Fahrzeuges	[kg]
g	Erdbeschleunigung	[m/s²]
f	Rollwiderstandsbeiwert	—
F	Stirnfläche des Fahrzeuges	[m²]
c_w	Luftwiderstandsbeiwert	—
ρ	Luftdichte	[kg/m³]
v	Fahrgeschwindigkeit	[m/s]
Σm	auf die Beschleunigung b bezogene Summe der rotierenden Massen	[kg]
b	Beschleunigung des Fahrzeuges	[m/s²]
α	Steigungswinkel	[°]
s	Steigung	[%]

wie folgt ausdrücken:

$$W_R = M \cdot g \cdot f$$
$$W_L = F \cdot c_w \cdot \frac{\rho}{2} \, v^2$$
$$W_B = (M + \Sigma m) \cdot b$$
$$W_S = M \cdot g \cdot \sin \alpha$$

Der Gesamtfahrwiderstand läßt sich als Summe der Einzelwiderstände ausdrücken:

$$W = W_R + W_L + W_B + W_S$$

Die Abhängigkeit des Roll- und Luftwiderstandes von der Fahrgeschwindigkeit, sowie die Abhängigkeit des Beschleunigungswiderstandes von der Größe der Beschleunigung und von dem gewählten Gang und die Abhängigkeit des Steigungswiderstandes von der Größe der Steigung sind im **Bild 21** für einen durchschnittlichen Mittelklasse-PKW dargestellt.

Die unterschiedlichen Auswirkungen einer Änderung eines der Fahrwiderstände auf den gesamten Fahrwiderstand lassen sich aus Bild 21 eindeutig erkennen. Wird z.B. in der Ebene mit 65 [km/h] Konstantfahrgeschwindigkeit gefahren, so muß ein Gesamtwiderstand von 335,5 [N] überwunden werden. Wird das Gewicht des Fahrzeuges um 10 % erhöht, erhöht sich der Rollwiderstand um 10 %, der Gesamtwiderstand erhöht sich allerdings um nur 5,1 % auf 352,6 [N].

Die notwendige Leistung   zur Überwindung der Fahrwiderstände ergibt sich zu:

$$N = W \cdot v \qquad\qquad [W]$$

und die zu verrichtende Arbeit lautet:

$$A = N \cdot t \qquad\qquad [Ws]$$

mit

t Zeit   [s]

Die vom Motor aufzubringende Arbeit zur Überwindung des Rollwiderstandes, des Luftwiderstandes und des Beschleunigungswiderstandes in den vier einander folgenden Europatestzyklen, d.h. über eine Fahrstrecke von 4,05 [km] bei einer mittleren Geschwindigkeit von 18,7 [km/h] wurde für einen durchschnittlichen PKW-berechnet und ist in **Bild 22** dargestellt.

Die für den Europatest-Fahrzyklus berechnete Gesamtarbeit von 0,338 [kWh] entspricht dabei der tatsächlich vom Motor abgegebenen Arbeit (Betriebszustände mit positivem, d.h. antreibendem Motordrehmoment) und enthält somit nicht die „negative" Arbeit in den Verzögerungsphasen des Fahrzyklus. Wie aus dem Bild 22 ersichtlich ist, sind für das betrachtete Fahrzeug im Europatest etwa 46 % der insgesamt aufzubringenden Arbeit zur Überwindung des Beschleunigungswiderstandes, 13 % zur Überwindung des Luftwiderstandes und 41 % zur Überwindung des Rollwiderstandes erforderlich.

Zum Vergleich sind im Bild 22 die entsprechenden Arbeiten zur Überwindung des Roll- und Luftwiderstandes bei einer konstanten Geschwindigkeit von 18,7 [km/h], 30 [km/h] und 65 [km/h] über eine Strecke von 4,05 [km] ebenfalls aufgetragen.

Das stationäre Kraftstoffverbrauchskennfeld eines typischen Mittelklasse-PKW ist im **Bild 23** dargestellt nach [340]. Die Fahrwiderstandslinien für den Betrieb des Fahrzeuges in der Ebene sind für die einzelnen Gänge des Fahrzeuges eingezeichnet.

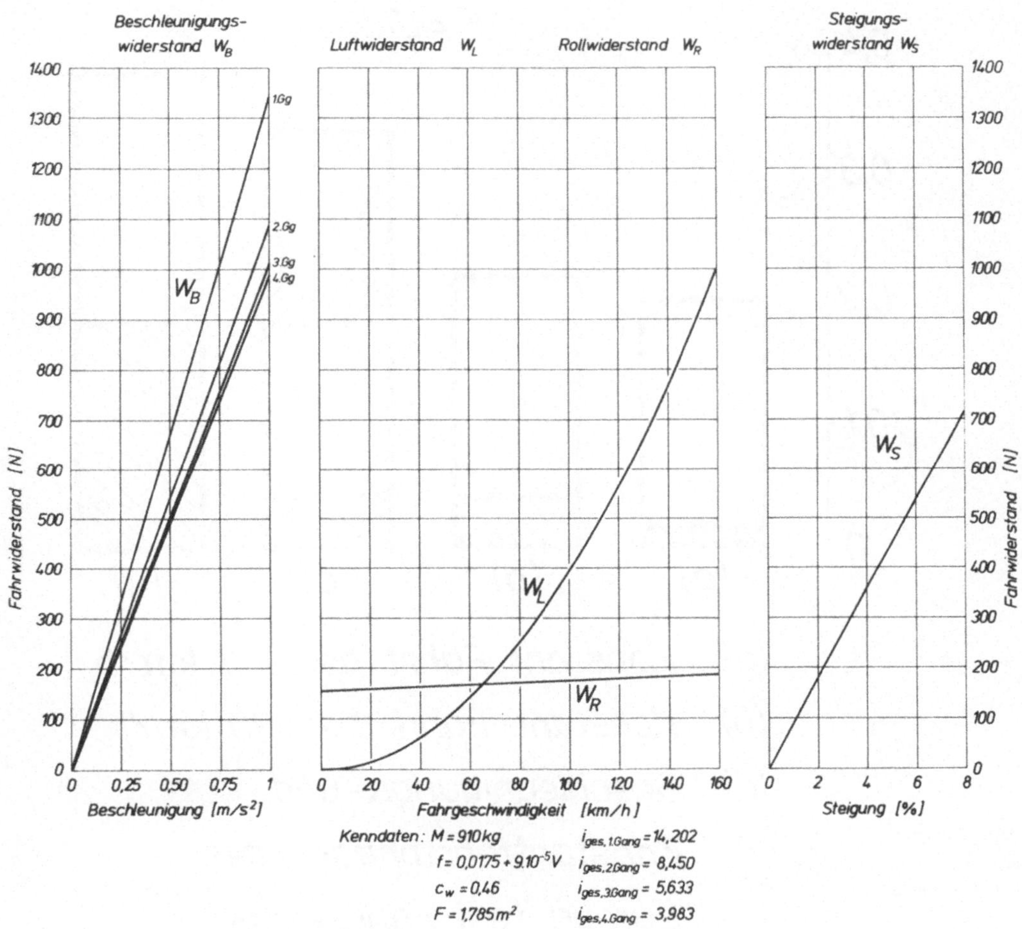

Bild 21: Darstellung der Fahrwiderstände für einen durchschnittlichen Mittelklasse-PKW

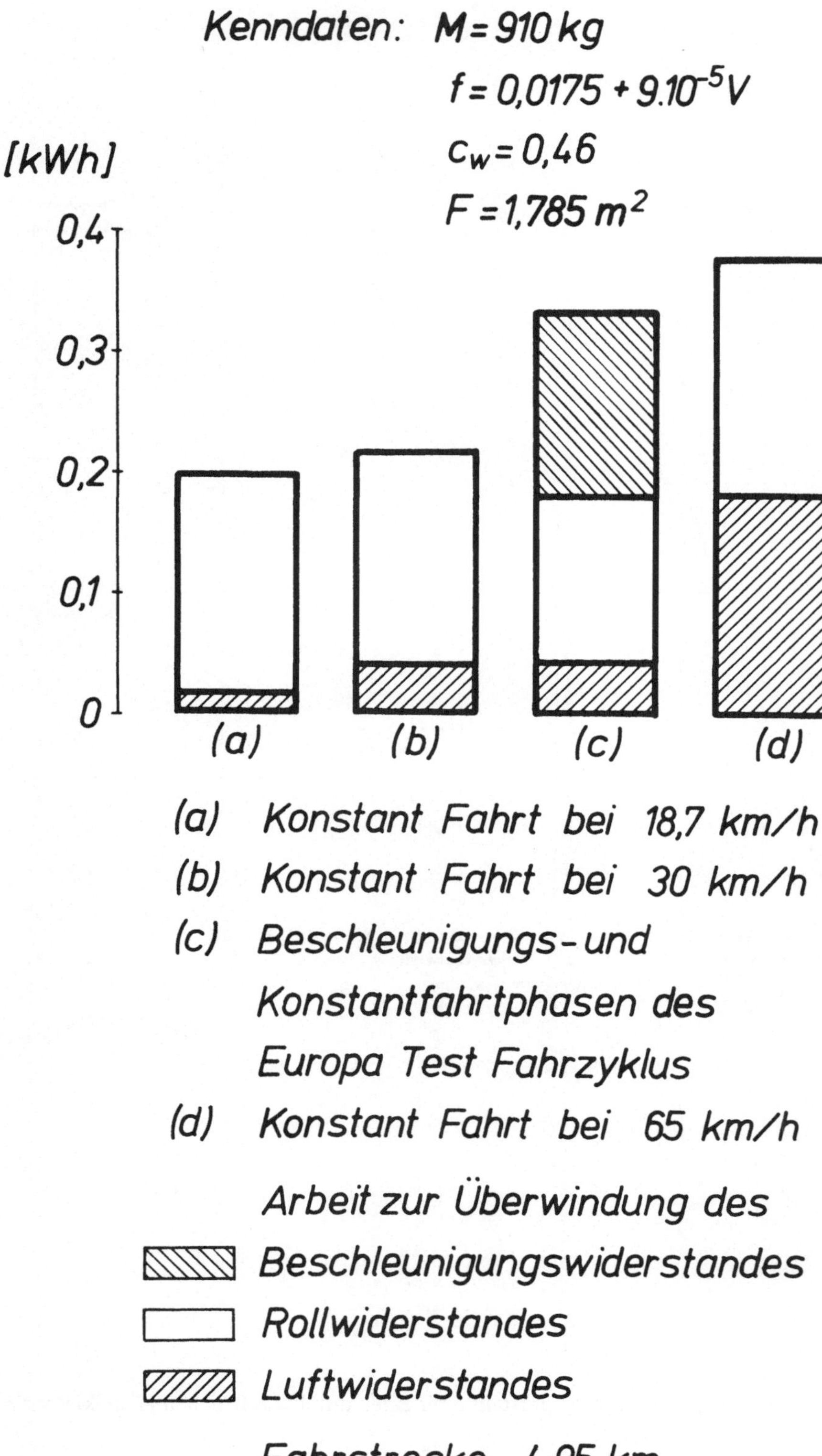

Bild 22: Motorarbeitsanteile zur Überwindung des Rollwiderstandes, des Luftwiderstandes und des Beschleunigungswiderstandes unter verschiedenen Fahrbedingungen.

Für einen Viertaktmotor gilt folgende Beziehung für den effektiven Mitteldruck:
mit

p_{me} effektiver Mitteldruck pro Arbeitsspiel   [bar]
V_H Hubraum   [cm³]
n   Drehzahl   [min⁻¹]
i_{ges} Gesamtübersetzung (im betreffenden Gang)
r_{dyn} dynamischer Rollradius des Reifens   [m]
$\eta_{ü}$ Wirkungsgrad der Übertragung

$$p_{me} = \frac{\pi \cdot 40 \cdot W \cdot r_{dyn}}{V_H \cdot i_{ges} \cdot \eta_{ü}}$$

Der Zusammenhang zwischen der zugeführten Kraftstoffmenge, dem effektiven Mitteldruck und der Drehzahl ist mit folgenden Definitionen in nachstehen-
der Gleichung

$\dot{m}_B$ die pro Zeiteinheit zugeführte Kraftstoffmenge   [kg/min]
H_u unterer Heizwert (Wärmeinhalt) des Kraftstoffes   [J/kg]
η_{mech} mechanischer Wirkungsgrad
η_i indizierter Wirkungsgrad

$$\dot{m}_B = \frac{p_{me} \cdot V_i \cdot n}{1200 \cdot H_u \cdot \eta_{mech} \cdot \eta_i}$$

angegeben und aus Bild 23 ersichtlich. Der Kraftstoffverbrauch im Leerlauf wird
mit 1,4 [Liter/h] angegeben. Der Kraftstoffverbrauch im Schubbetrieb sowie der
Kraftstoffverbrauch in den einzelnen Gängen zur Überwindung der Fahrwiderstände sind aus dem Bild abzulesen.

Der Einfluß der Wahl der Gänge auf die benötigte Kraftstoffmenge für den
Betrieb bei einer bestimmten Geschwindigkeit ist ebenfalls aus Bild 23 zu entnehmen.

Änderungen in den einzelnen Fahrwiderständen rufen andere erforderliche
Werte für den Mitteldruck hervor. Die Änderungen in der erforderlichen Kraftstoffmenge sind für stationäre Zustände aus Bild 23 zu errechnen.

Wird zum Beispiel der Gesamtwiderstand infolge von Zuladung bei einer
Fahrgeschwindigkeit von 60 [km/h] im dritten Gang um 10 % erhöht, so erhöht
sich der effektive Mitteldruck von 1,31 [bar] um ebenfalls 10 % auf 1,44 [bar].
Aus dem Verbrauchskennfeld ist zu errechnen, daß diese Erhöhung des effektiven
Mitteldruckes eine Kraftstoffverbrauchserhöhung von 8,1 [Liter/100 km] auf

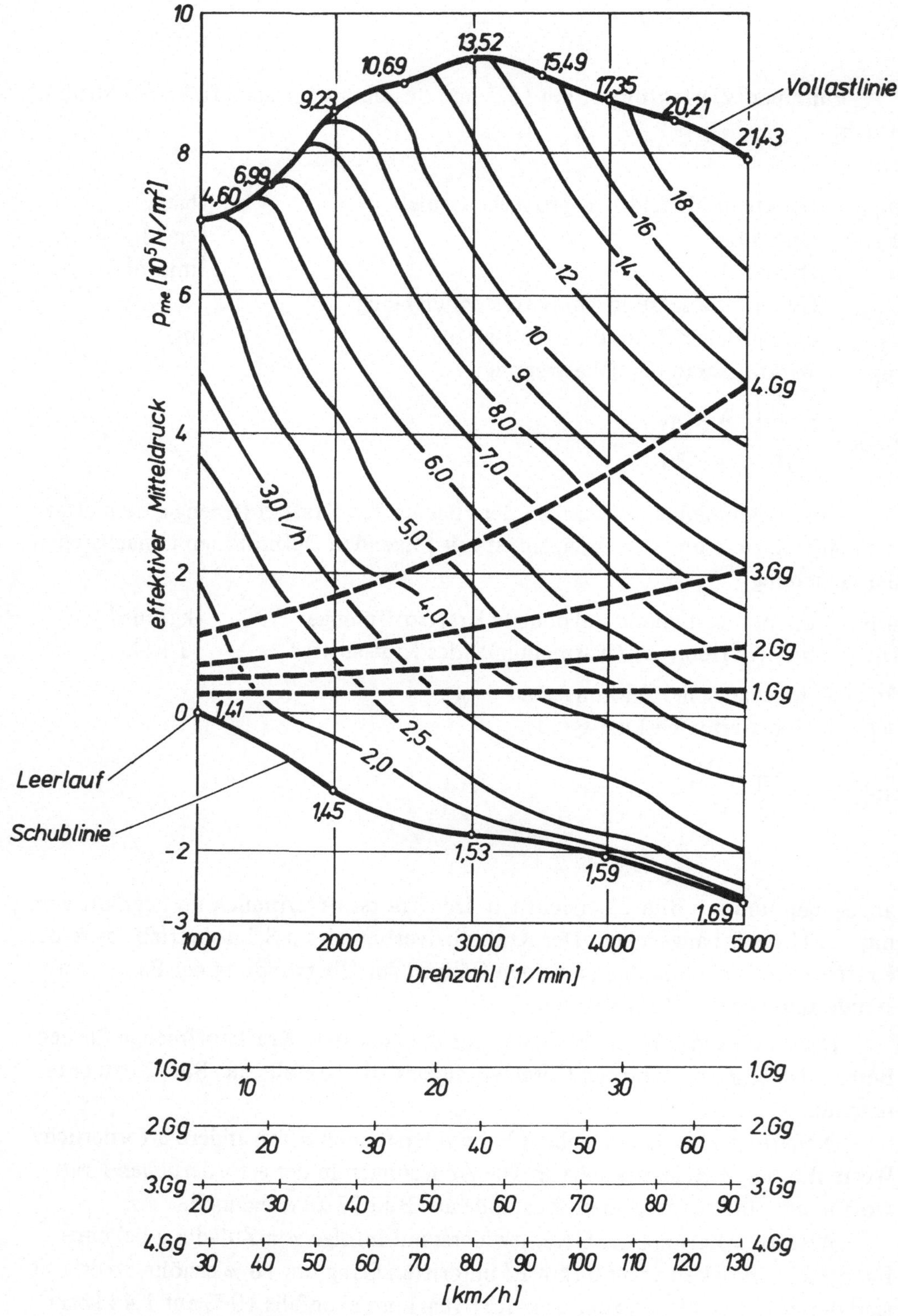

Bild 23: Kraftstoffverbrauchskennfeld eines typischen Mittelklasse-PKW mit 1,6 Liter Hubraum (in Anlehnung an [340])

8,2 [Liter/100 km] zur Folge hat. Wird auf einer Straße mit einer Steigung von
2 % mit einer Geschwindigkeit von 60 [km/h] im dritten Gang gefahren, so erhöht sich der effektive Mitteldruck gegenüber der Fahrt in der Ebene von 1,31
[bar] um 60 % auf 2,1 [bar]: der Kraftstoffverbrauch steigt von 8,1 [Liter/100 km]
um 16 % auf 9,4 [Liter/100 km].

4.3. Einflüsse auf den Kraftstoffverbrauch des Einzelfahrzeuges

Die Faktoren, die grundsätzlich den Kraftstoffverbrauch des Einzelfahrzeuges bestimmen, sind im vorigen Abschnitt beschrieben worden. Eine Reihe von
sekundären Einflüssen wirkt sich auf diese Faktoren aus und beeinflußt somit
den Kraftstoffverbrauch des Einzelfahrzeuges. Diese Einflüsse sind nach „Kom-
petenzbereichen" gruppiert und in **Bild 24** schematisch dargestellt.

4.3.1. Herstellerbedingte motor- und fahrzeugtechnische Einflüsse auf den Kraft-
stoffverbrauch des Einzelfahrzeuges.

Der Energieverbrauch des Einzelfahrzeuges wird zunächst durch die Konzeption und Ausstattung des Fahrzeuges selbst, d.h. durch den Fahrzeughersteller
bestimmt.

Die wesentlichsten Parameter bei den mit Otto- oder Dieselmotoren ausgestatteten PKW sowie die Einflußbereiche, über die sie mittelbar auf den Kraftstoffverbrauch des Einzelfahrzeuges einwirken, sind in **Tabelle 3** aufgezählt.

Karosserie Form	Einfluß auf den Luftwiderstand
Fahrzeug Gewicht	Einfluß auf den Rollwiderstand, Beschleunigungswiderstand und Steigungswiderstand
Reifen	Einfluß auf den Rollwiderstand
Getriebeabstufung	Einfluß auf das Übersetzungsverhältnis i_{ges}
Kraftübertragung (Getriebe, Kupplung, Differential, Achsen und Wellen)	Einfluß auf den Wirkungsgrad der Kraftübertragung $\eta_{ü}$
Hilfsaggregate (Lichtmaschine . . .)	Einfluß auf den mechanischen Wirkungsgrad des Motors η_{mech}
Motor Verbrennungsverfahren	Einfluß auf den indizierten Wirkungsgrad η_i
konstruktive Parameter (nach Herstellung nicht mehr veränderlich)	Einfluß direkt auf den mechanischen und indizierten Wirkungsgrad η_{mech}, η_i
Betriebsparameter (nach Herstellung veränderlich)	Einfluß auf den indizierten und mechanischen Wirkungsgrad η_i, η_{mech}

Tabelle 3: Herstellerbedingte motor- und fahrzeugtechnische Einflüsse auf den
Kraftstoffverbrauch des Einzelfahrzeuges

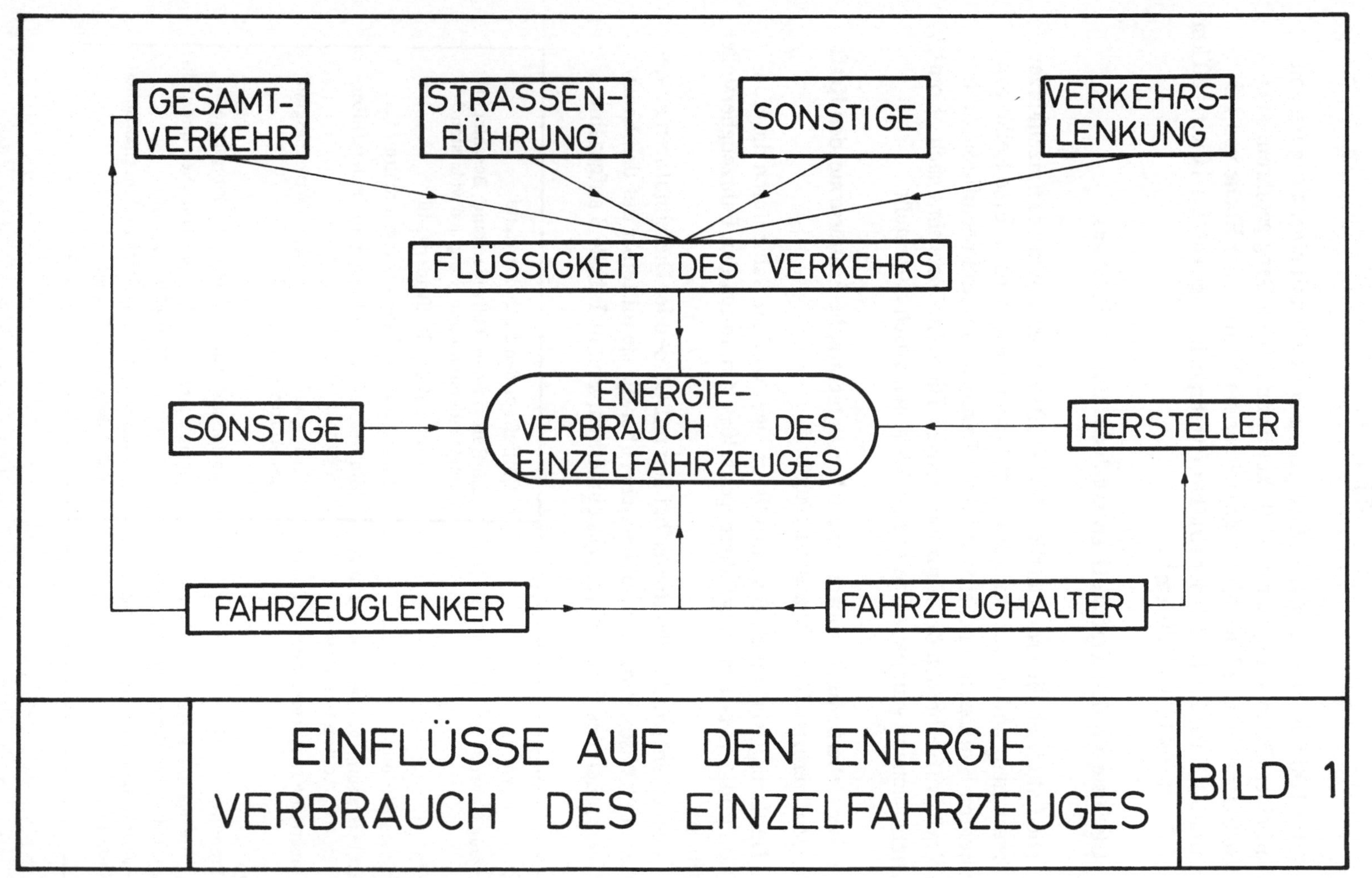

Bild 24: Einflüsse auf den Kraftstoffverbrauch des Einzelfahrzeuges

In **Bild 25** sind zur Kennzeichnung der Auswirkungen der vom Hersteller beeinflußbaren Parameter die Häufigkeitsverteilungen der Kraftstoffverbräuche der einzelnen PKW-Modelle, die bei den Neuzulassungen im Jahr 1976 in Österreich vertreten waren, gemessen im Europatestfahrzyklus und bei den Konstantfahrgeschwindigkeiten 90 [km/h] und 120 [km/h], aufgezeichnet. Die Häufigkeitsverteilungen sind aus den Kraftstoffverbräuchen der einzelnen PKW-Modelle des Jahres 1976 — 1977 [341] und aus der Neuzulassungsstatistik des Jahres 1976 [342] ermittelt worden.

Die Kraftstoffverbrauchswerte der neu zugelassenen PKW des Jahres 1976 streuen im Europatestfahrzyklus zwischen 6,0 [Liter/100 km] und 29,0 [Liter/100 km] bei einem gewichteten Mittelwert von 10,8 [Liter/100 km]. Bei der Konstantfahrgeschwindigkeit von 90 [km/h] treten Kraftstoffverbrauchswerte von 5,0 [Liter/100 km] bis 16,0 [Liter/100 km] bei einem gewichteten Mittelwert von 7,2 [Liter/100 km] und bei der Konstantfahrgeschwindigkeit von 120 [km/h] Kraftstoffverbrauchswerte von 7,0 [Liter/100 km] bis 23,0 [Liter/100 km] bei einem gewichteten Mittelwert von 9,8 [Liter/100 km] auf.

4.3.2. Fahrzeughalterbedingte Einflüsse der Wartung und des technischen Zustandes auf den Kraftstoffverbrauch des Einzelfahrzeuges.

Der Fahrzeughalter kann durch die Auswahl seines Fahrzeuges einen indirekten Einfluß auf den Kraftstoffverbrauch seines Fahrzeuges ausüben, ferner trägt er durch die Wartung und den technischen Zustand seines Fahrzeuges eine direkte Verantwortung für dessen Energieverbrauch. Die wichtigsten Parameter und deren Einfluß sind in **Tabelle 4** enthalten.

4.3.3. Fahrzeuglenkerbedingte Einflüsse des Betriebes und des Fahrverhaltens auf den Kraftstoffverbrauch des Einzelfahrzeuges.

Der Fahrzeuglenker, der mit dem Fahrzeughalter nicht unbedingt ident ist, übt einen Einfluß auf den Kraftstoffverbrauch des Einzelfahrzeuges durch die Handhabung und den Betrieb des Fahrzeuges sowie durch sein Fahrverhalten aus. Die wesentlichsten Parameter und deren Einflußbereich sind in **Tabelle 5** aufgegliedert.

4.3.4. Einflüsse des durch die Flüssigkeit des Verkehrs aufgezwungenen Fahrverhaltens auf den Kraftstoffverbrauch des Einzelfahrzeuges.

Die Wahl der Fahrgeschwindigkeit und des Fahrverhaltens können innerhalb der durch die Verkehrssicherheit bedingten Grenzen im Ermessensbereich des einzelnen Fahrzeuglenkers liegen, sie können aber auch durch

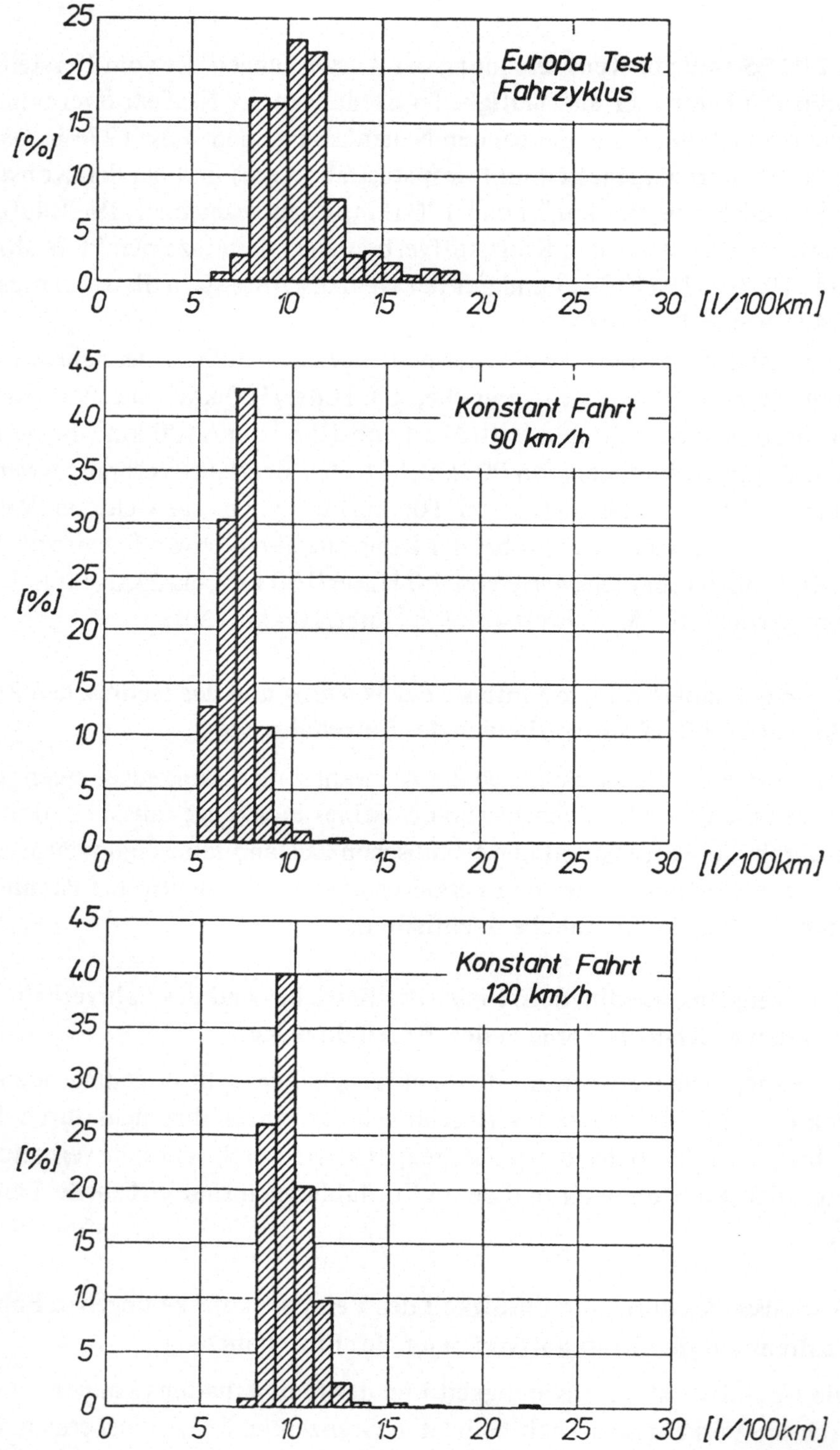

Bild 25: Häufigkeitsverteilungen der Kraftstoffverbräuche der einzelnen in Österreich im Jahre 1976 neu zugelassenen PKW

Auswahl der Fahrzeuges	Indirekter Einfluß auf den Hersteller siehe 4.3.1.
Veränderung der Außenform des Fahrzeuges (z.B. Gepäckträger)	Einfluß auf den Luftwiderstand
Veränderung des Fahrzeuggewichtes (z.B. Zuladung)	Einfluß auf den Rollwiderstand, auf den Beschleunigungswiderstand, auf den Steigungswiderstand
Bereifung Bauart und Reifendruck Dimension	Einfluß auf den Rollwiderstand
Technischer Zustand der Kraftübertragung (z.B. schleifende Bremsen oder Kupplung)	Einfluß auf den Wirkungsgrad der Kraftübertragung
Zusätzliche Nebenaggregate (z.B. Klimaanlage oder Standheizung)	Einfluß auf den mechanischen Wirkungsgrad η_{mech}
Wartung und technischer Zustand des Motors (z.B. Vergasereinstellung, Zündung)	Einfluß auf η_i
Schmierung: Motoröl (Wahl und Wechselabstände) Fett	Einfluß auf die Reibleistung des Motors und somit auf η_{mech} Einfluß auf $\eta_{\ddot{u}}$

Tabelle 4: Fahrzeughalterbedingte Einflüsse der Wartung und des technischen Zustandes auf den Kraftstoffverbrauch des Einzelfahrzeuges.

Betrieb	Fahrtenhäufigkeit, Fahrtenlänge	Einfluß auf Betriebstemperatur des Motors und somit auf η_i und η_{mech}
	Wahl der Fahrtstrecke Besetzungsgrad	Indirekter Einfluß auf die Flüssigkeit des Verkehrs siehe 4.3.4.
Fahrverhalten	Geschwindigkeit	Einfluß auf die Leistung zur Überwindung der Fahrwiderstände
	Beschleunigungsvorgang	Einfluß auf den Beschleunigungswiderstand
	Schaltvorgang	Einfluß auf i_{ges} (siehe Bild 23)

Tabelle 5: Fahrzeuglenkerbedingte Einflüsse des Betriebes des Fahrzeuges und des Fahrverhaltens auf den Kraftstoffverbrauch des Einzelfahrzeuges.

a) den gesamten Verkehr (durch die anderen Verkehrsteilnehmer, durch die Dichte und die Zusammensetzung des Verkehrs),

b) die Straßenführung (Straßenverlauf, Anzahl der Fahrspuren, Auslegung von Knotenpunkten, Steigung der Straße, Oberflächenbeschaffenheit),

c) die Verkehrslenkung (Ampelregelung, Beschilderung von Ge- oder Verboten, Überwachung durch die Exekutive) oder durch

d) sonstige Einflüsse (wie Verkehrsbehinderungen durch Baustellen) aufgezwungen werden.

Der Einfluß aller dieser unter „Flüssigkeit des Verkehrs" zusammengefaßten Faktoren soll anhand des dadurch aufgezwungenen Fahrverhaltens bzw. der Fahrgeschwindigkeit dargestellt werden. In **Bild 26** wird der Einfluß der Flüssigkeit des Verkehrs auf den Kraftstoffverbrauch des Einzelfahrzeuges am Beispiel eines typischen Mittelklasse-PKW, gemessen am Institut für Verbrennungskraftmaschinen und Kraftfahrwesen der Technischen Universität Wien [343] und am Beispiel des durchschnittlichen Verbrauches eines Kollektives von 44 PKW, gemessen beim Technischen Überwachungsverein Köln [344], aufgezeigt. Der Kraftstoffverbrauch wurde in den sogenannten TÜV-Zyklen (siehe Kapitel 4.1.3.) ermittelt und ist auf der Ordinaten-Achse sowohl in [Liter/100 km] als auch in [Liter/h] aufgetragen. Die entsprechenden Durchschnittsfahrgeschwindigkeiten in den TÜV-Testzyklen sind auf der Abszissen-Achse in [km/h] angegeben.

Der starke Einfluß der Flüssigkeit des Verkehrs auf den Kraftstoffverbrauch des Einzelfahrzeuges ist aus Bild 26 eindeutig zu ersehen. Der wegbezogene Kraftstoffverbrauch steigt mit absinkender durchschnittlicher Fahrgeschwindigkeit und beträgt bei verstopften Straßen ein Mehrfaches des Kraftstoffverbrauches im flüssigen Stadtverkehr.

4.3.5. Sonstige Einflüsse auf den Kraftstoffverbrauch des Einzelfahrzeuges

Es gibt noch andere Einflüsse auf den Kraftstoffverbrauch als die unter 4.3.1., 4.3.2., 4.3.3. und 4.3.4. angegebenen. Sie sind unter dem Begriff „Sonstige Einflüsse" zusammengefaßt und umfassen solche Faktoren, die weder vom Hersteller, Fahrzeuglenker, Fahrzeughalter oder von den Behörden beeinflußbar sind (z.B. klimatische Bedingungen).

4.4. Aktionen der öffentlichen Hand zur Erzielung eines sinnvollen Energieeinsatzes im Straßenverkehr

Die Einflüsse des Einzelfahrzeuges auf den Kraftstoffverbrauch sind in Kapitel 4.3. angegeben worden. Aus diesen Einflüssen können mögliche Aktionen der öffentlichen Hand zur Energieeinsparung im Straßenverkehr (PKW-Verkehr) abgeleitet werden.

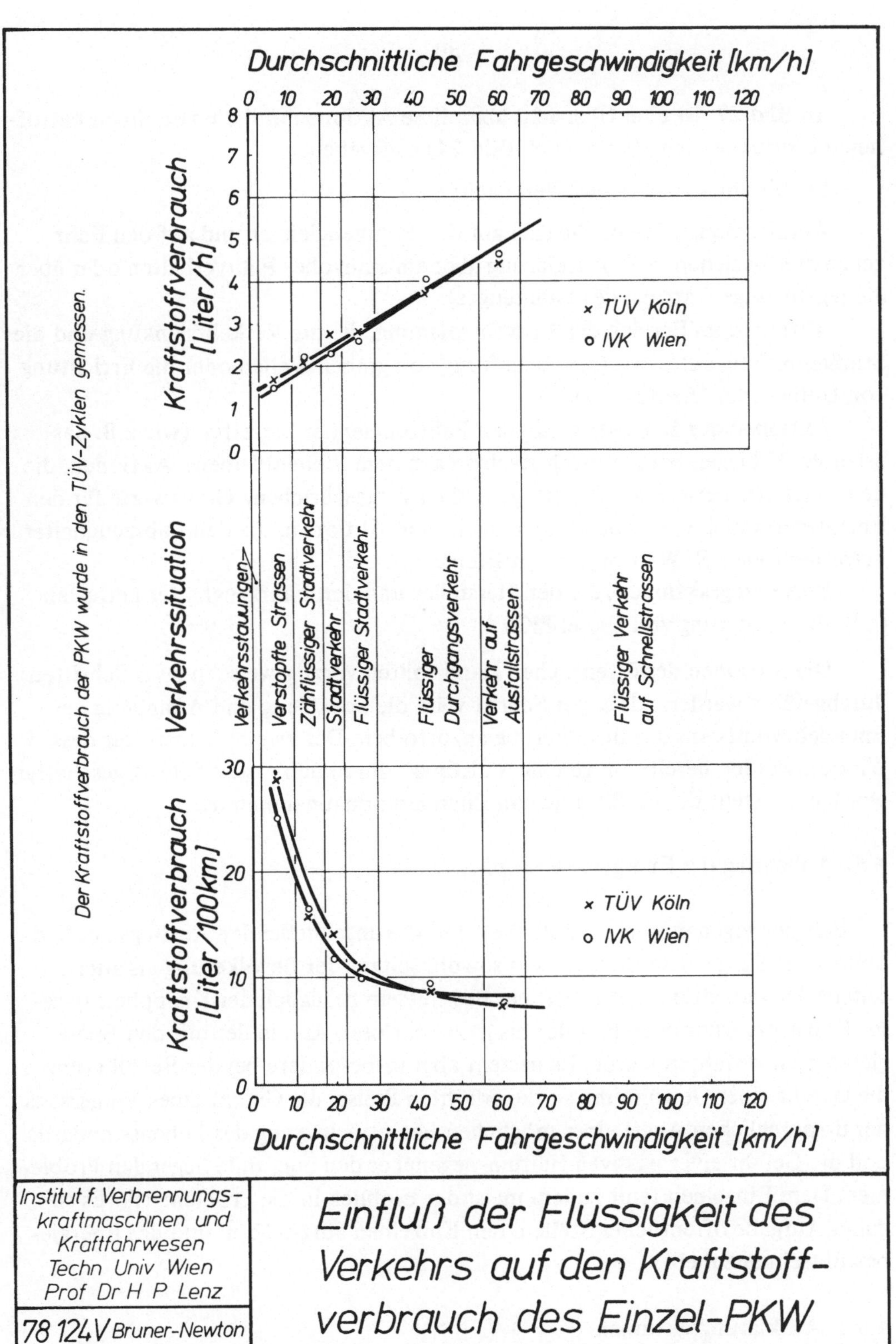

Bild 26: Einfluß der Flüssigkeit des Verkehrs auf den Kraftstoffverbrauch des Einzelfahrzeuges

In **Bild 27** ist eine Übersicht über diese Aktionen und die von ihnen betroffenen Einflußbereiche (siehe auch Bild 24) angegeben.

Es soll unterschieden werden nach:

Aufklärungsaktionen, die sich auf den Fahrzeuglenker und auf den Fahrzeughalter beziehen (z.B. Aufklärung über ein sinnvolles Fahrverhalten oder über die regelmäßige Wartung des Fahrzeuges).

Aktionen im Bereich der Verkehrsplanung, die die Verkehrslenkung und die Straßenführung betreffen (z.B. Schaffung von grünen Wellen oder die Errichtung von Unter- oder Überführungen).

Aktionen der Legislative, die den Fahrzeuglenker betreffen (wie z.B. das erlaubte Abbiegen bei Rot nach Rechts nach dem Stehenbleiben); Aktionen, die den Hersteller betreffen (wie z.B. gesetzlich vorgeschriebene Grenzwerte für den Energieverbrauch von neuen Fahrzeugen) und Aktionen, die den Fahrzeughalter betreffen (wie z.B. Wartungsvorschriften).

Förderungsaktionen, die den Hersteller und den Fahrzeughalter betreffen (z.B. die Förderung von Diesel-PKW).

Die Aktionen der öffentlichen Hand sollten vorzugsweise in zwei Schritten durchgeführt werden: als erster Schritt wäre die Schaffung und Anhebung des Energiebewußtseins der Bevölkerung anzustreben. Der zweite Schritt, für dessen Wirksamwerden bereits ein günstiges „Klima" durch den ersten Schritt geschaffen worden ist, stellt die Einführung von Energiesparmaßnahmen dar.

4.5. Anhebung des Energiebewußtseins

Seit der sogenannten „Erdölkrise" und des anschließenden Anstiegs der Erdölpreise ist ein gewisses Bewußtsein sowohl seitens der Bevölkerung als auch seitens der Industrie eingetreten: ein Bewußtsein bezüglich der Knappheit unserer Rohstoffvorkommen und der bis jetzt achtlosen Art, in der mit den Energiereserven verfahren wurde. Es besteht aber insbesondere bei der Bevölkerung die Gefahr einer Gewöhnung an die erhöhten Preise, die Gefahr eines Vergessens der ursprünglichen Angst einer möglichen Beeinträchtigung des Lebensstandards und die Gefahr einer passiven Haltung gegenüber den zugrunde liegenden Problemen. Dem Einzelnen fehlt zudem meist der Einblick in die Problematik. Es ist daher Aufgabe öffentlicher Stellen, den Einzelnen aufzuklären und das Energiebewußtsein anzuheben.

4.5.1. Aufklärungsaktionen

Eine Aufklärung im Bereich des Individualstraßenverkehrs soll sowohl die Betreiber bereits zugelassener Fahrzeuge als auch die Käufer neuer Fahrzeuge ansprechen.

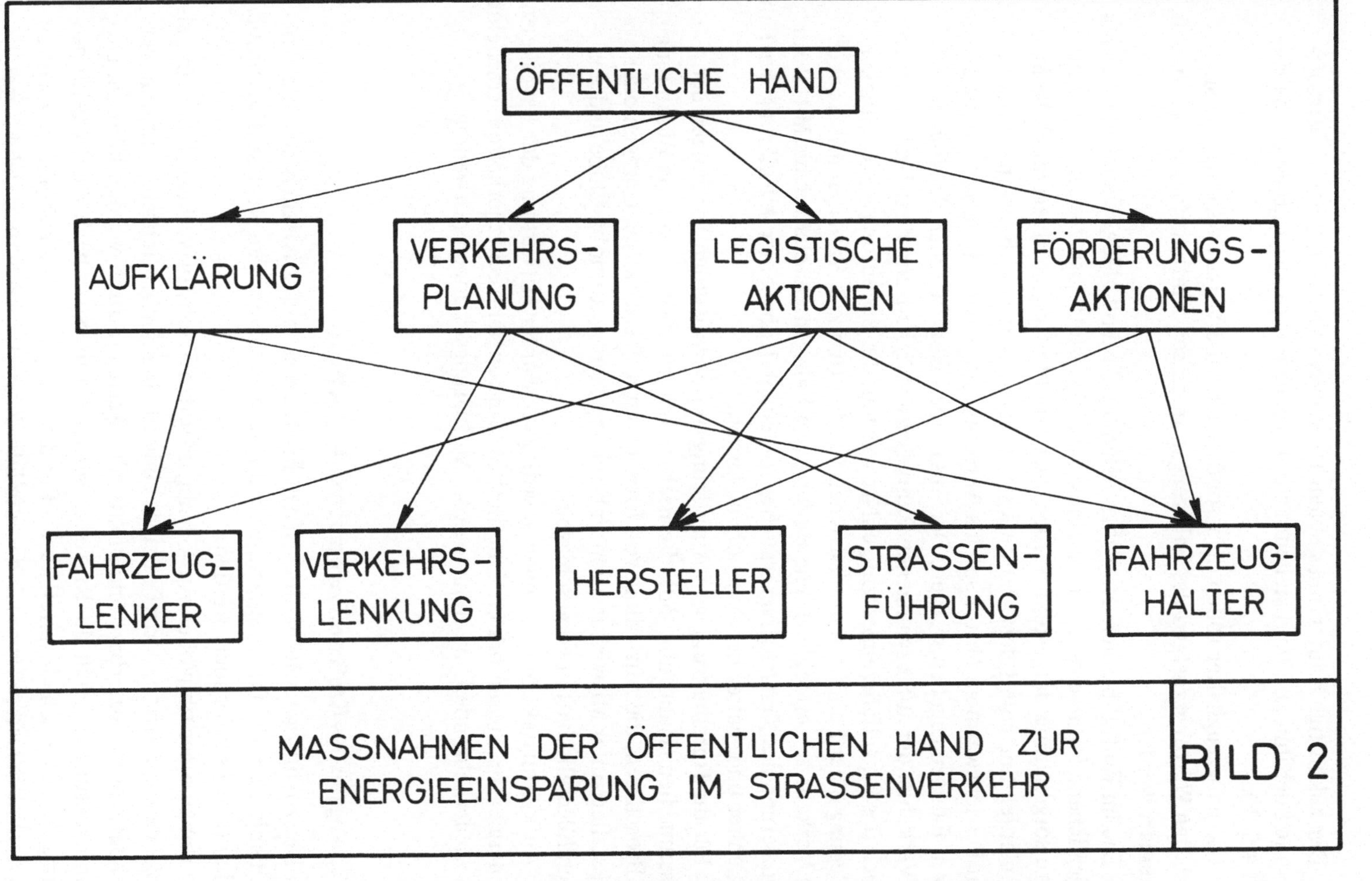

Bild 27: Aktionen der öffentlichen Hand zur Erzielung eines sinnvollen Energieeinsatzes im Straßenverkehr

Der zukünftige Käufer eines neuen Fahrzeuges sollte über den Kraftstoffverbrauch der ihm zur Wahl stehenden Fahrzeuge informiert werden (siehe Kapitel 4.5.2.).

Die Fahrzeughalter sollen insbesondere über die Verantwortung, die sie durch den Wartungszustand des Fahrzeuges an dessen Kraftstoffverbrauch tragen, aufgeklärt werden.

Die im Einflußbereich des Fahrzeuglenkers liegende Möglichkeit, durch eine ausgeglichene Fahrweise für einen sinnvollen Kraftstoffeinsatz seines Fahrzeuges zu sorgen, muß dargestellt werden. Der erhöhte Kraftstoffverbrauch beim Warmlaufen und somit der erhöhte Kraftstoffverbrauch bei Fahrten mit noch nicht betriebswarmem Motor soll als Anregung zur Vermeidung von unnötig kurzen Fahrten gegeben werden. Der Zusammenhang zwischen der Flüssigkeit des Verkehrs, der aufgezwungenen Fahrgeschwindigkeit und dem Kraftstoffverbrauch des Einzelfahrzeuges soll geklärt werden, die Bedeutung der optimalen Auslegung einer Fahrt soll unterstrichen werden (um z.B. Strecken mit stockendem Verkehr zu vermeiden). Die Bildung von Fahrgemeinschaften als Mittel zur Reduzierung des Kraftstoffverbrauches soll ebenfalls bei einer Aufklärung der Fahrzeuglenker und -halter hervorgehoben werden.

Für die Durchführung von Aufklärungsaktionen werden Sendungen der Massenmedien (Rundfunk- oder Fernsehsendungen, Zeitungen), die Zusendung von Broschüren, die Austeilung von Broschüren in Werkstätten, Garagen oder Tankstellen unter Mitwirkung von Fahrschulen, der Automobil-Clubs und der Mineralölgesellschaften vorgeschlagen.

Aufklärungsaktionen können allerdings nur unter Mitwirkung der Bevölkerung zu Energieersparnissen führen. Um diese Mitwirkung aufrechtzuerhalten, erscheint eine wiederkehrende Durchführung von Aufklärungsaktionen notwendig.

4.5.2. Angabe des Kraftstoffverbrauches der PKW

Der zukünftige Käufer eines neuen Fahrzeuges muß zusätzlich zu allen motortechnischen und fahrzeugtechnischen Daten auch über den Kraftstoffverbrauch des Fahrzeuges informiert werden.

Um zu einer sinnvollen Aufklärung über den Treibstoffverbrauch der Einzelfahrzeuge zu gelangen, bedarf es eines einheitlichen Meßverfahrens, mit dem vergleichbare, reproduzierbare und praxisnahe Werte ermittelt werden können. Diese Anforderungen erfüllt die Kraftstoffverbrauchsmessung nach der ECE-Empfehlung A (70), (siehe Kapitel 4.1.2.). Für die europäischen Kraftfahrzeugmarken wird derzeit in Österreich noch der alte DIN-Kraftstoffverbrauch siehe Kapitel 4.1.1. am häufigsten angegeben.

Nach der alten Definition des DIN-Kraftstoffverbrauches ist zu erkennen, daß er keinesfalls einem praxisnahen Kraftstoffverbrauch entspricht. Die Gegenüberstellung des DIN-Kraftstoffverbrauches und des Kraftstoffverbrauches gemessen unter den Stadtfahrbetrieb-Bedingungen des Europatestfahrzyklus für 128 PKW-Modelle (siehe **Bild 28**; erstellt anhand von Daten aus [341] [345]) unterstreicht diese Tatsache.

Die Kraftstoffverbrauchswerte im Europatestfahrzyklus liegen mit Spitzenabweichungen bis zu 80 % im Durchschnitt um etwa 25 bis 30 % höher als die DIN-Werte!

In Frankreich, also jenem Land, das die ECE-Empfehlung zur Kraftstoffverbrauchsmessung angeregt hat, müssen die Kraftstoffverbrauchswerte der neuen PKW-Modelle im Europatest-Fahrzyklus sowie bei Konstantfahrgeschwindigkeiten von 90 [km/h] und 120 [km/h] schon seit April 1976 angegeben werden [346]. In Großbritannien gelten dieselben Bestimmungen seit April 1978 [347].

Folgende Bedenken bezüglich der ECE-Empfehlung A (70) müssen angegeben werden:

1. Die Aufteilung der Fahrten im Individualverkehr nach deren Länge (siehe Bild 13) zeigt eine sehr große Anzahl kurzer Fahrten, die mit nicht betriebswarmem Motor zurückgelegt werden. Vergleichsuntersuchungen über den Kraftstoffverbrauch eines durchschnittlichen Mittelklasse-PKW im Europatestfahrzyklus bei Kaltstart des Motors (achtstündige Abkühlung auf 9° C) bzw. bei Start des Motors im betriebswarmen Zustand haben die im **Bild 29** gezeigten Ergebnisse geliefert.

Auf dem Bild 29 sind die Kraftstoffverbräuche während 40 Sekunden Leerlauf und der anschließenden vier Europatestzyklen für Kalt- und Heißtests verglichen worden. Sie entsprechen den durchschnittlichen Kraftstoffverbräuchen über etwa 4 [km] und 820 [s] Stadtfahrt und weisen einen im Kaltstart um etwa 25 % höheren Verbrauch als im betriebswarmen Zustand auf. Über diese Zeit hinaus sind kaum nennenswerte Unterschiede zwischen den Kraftstoffverbräuchen des kalt oder warm gestarteten Motors zu verzeichnen. Der erhöhte Kraftstoffverbrauch im nicht betriebswarmen Zustand des Motors gegenüber dem Kraftstoffverbrauch des betriebswarmen Motors und die große Anzahl der Fahrten mit nicht betriebswarmem Motor lassen es zweckmäßig erscheinen, den Kraftstoffverbrauch in ECE-Zyklus nach einem Kaltstart zu messen – zumindest analog zu den Bestimmungen für die Abgasmessungen durch ECE-Reglement Nr. 15, d.h. bei 20° C nach 40 [s] Leerlauf, und nicht nach einem Start mit einem warmgelaufenen Motor, wie es in den ECE-Empfehlungen zur Kraftstoffverbrauchsmessung spezifiziert ist.

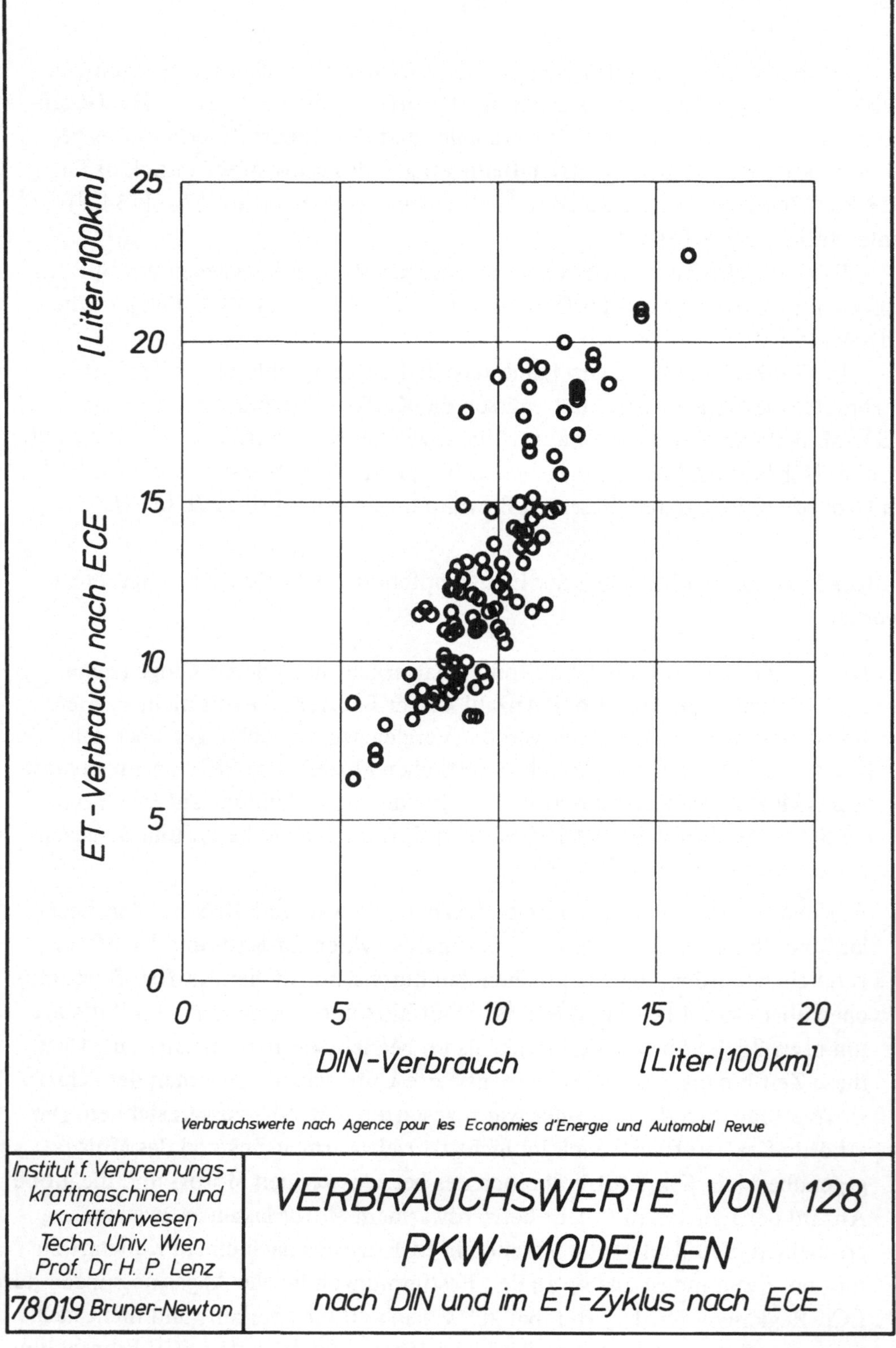

Bild 28: Kraftstoffverbrauchswerte von 128 PKW-Modellen nach DIN und im Europatest-fahrzyklus nach ECE

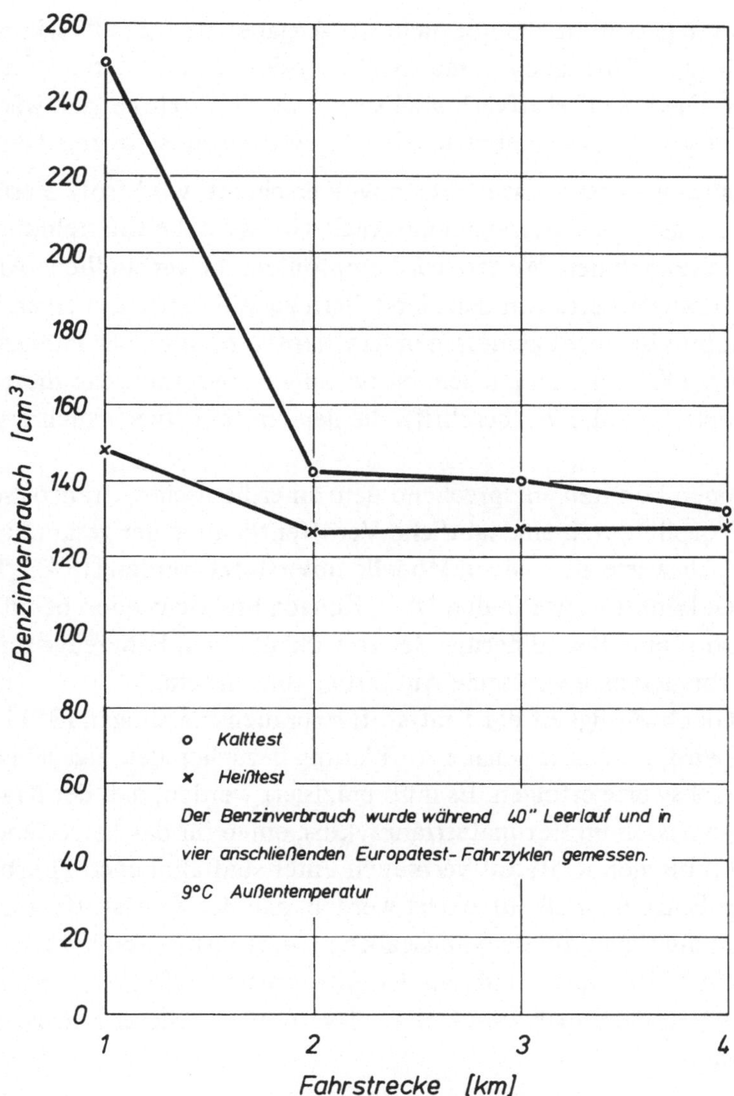

Bild 29: Benzinverbrauch eines durchschnittlichen Mittelklasse-PKW bei 9° C Außentemperatur [398]

2. Es erscheint nicht notwendig und zielführend, zusätzlich zum im Europatest-fahrzyklus gemessenen Kraftstoffverbrauch auch die Kraftstoffverbräuche bei 90 [km/h] und bei 120 [km/h] anzugeben. Ein Vergleich der Kraftstoffverbräuche mehrerer Fahrzeuge ist für den Konsumenten bei jeweils nur einer Angabe leichter als bei mehreren Angaben. Außerdem sind von Fahrzeugmodell zu Fahrzeugmodell im Europatest-Fahrzyklus die größeren Streuungen der Kraftstoffverbräuche zu verzeichnen; gerade diese Werte sind aber wegen des hohen Gesamtverbrauches im Stadtverkehr von besonderem Interesse. In den USA hat die EPA [348] eine endgültige Regelung bezüglich der Angabe von Kraftstoff-

verbrauchswerten getroffen, die nur mehr die Angabe des „Stadtverbrauches"
und nicht mehr des „Überlandverbrauches" oder des „kombinierten Verbrauches" vorsieht. Diese Kraftstoffverbrauchswerte im Stadtfahrbetrieb wären
auf einer Etikette, die auf jedem neuen PKW anzubringen ist, anzugeben.

Da ein Alleingang Österreichs nicht sinnvoll erscheint, wird trotz dieser Bedenken empfohlen, auch in Österreich eine Angleichung an die Empfehlungen
der ECE A (70) vorzunehmen. Weiters wird empfohlen, die verbindliche Angabe
der Kraftstoffverbrauchswerte von den Herstellern zu verlangen, um einen Vergleich über einen praxisgerecht gemessenen Kraftstoffverbrauch der Fahrzeuge
beim Ankauf eines PKW zu ermöglichen. Notwendig wäre ferner, daß diese Kraftstoffverbrauchswerte in jeder Werbeschrift, die den Kraftstoffverbrauch erwähnt,
aufscheinen.

Diese Aktionen könnten entsprechend dem amerikanischen, französischen
und englischen Vorbild durch eine jährliche Veröffentlichung der gesamten
Kraftstoffverbrauchswerte aller neuen Modelle unterstützt werden ([341], [349],
[350]). Zusätzlich könnte – wie in den USA, Kanada und Schweden bereits jetzt
durchgeführt wird – eine Beschilderung der zu verkaufenden Fahrzeuge mit deren Kraftstoffverbrauch eine wirksame Aufkärungsaktion sein.

Damit die Glaubwürdigkeit der Kraftstoffverbrauchsmessungen [351] nicht
in Frage gestellt wird, muß eine genaue Aufklärung bezüglich der angegebenen
Kraftstoffverbrauchswerte erfolgen. Es muß präzisiert werden, daß der Kraftstoffverbrauch, gemessen im Europatestfahrzyklus, einen für das betreffende
Fahrzeugmodell typischen Kraftstoffverbrauch unter stadtähnlichen Fahrbedingungen darstellt. Der Einzelne muß aufgeklärt werden, daß der Kraftstoffverbrauch
seines Fahrzeuges durchaus von dem angegebenen Wert differieren kann (z.B.
durch Einfluß seiner Fahrweise) und daß der angegebene Kraftstoffverbrauch
als ein objektives Vergleichsmaß zum Kraftstoffverbrauch anderer Fahrzeugty-
pen anzusehen ist.

4.6. Maßnahmen zur Koppelung des Kraftstoffverbrauches des Einzel-PKW mit finanziellen Anreizen oder Belastungen

Um Informationen über den Kraftstoffverbrauch der PKW über die verschiedenen Einflüsse auf den Kraftstoffverbrauch in der Öffentlichkeit wirksam werden
zu lassen, wird empfohlen, Maßnahmen zu setzen, die den Kraftstoffverbrauch
direkt oder indirekt mit finanziellen Anreizen oder Belastungen koppeln.

Ein Überblick über mögliche Maßnahmen ist in **Bild 30** schematisch gegeben.

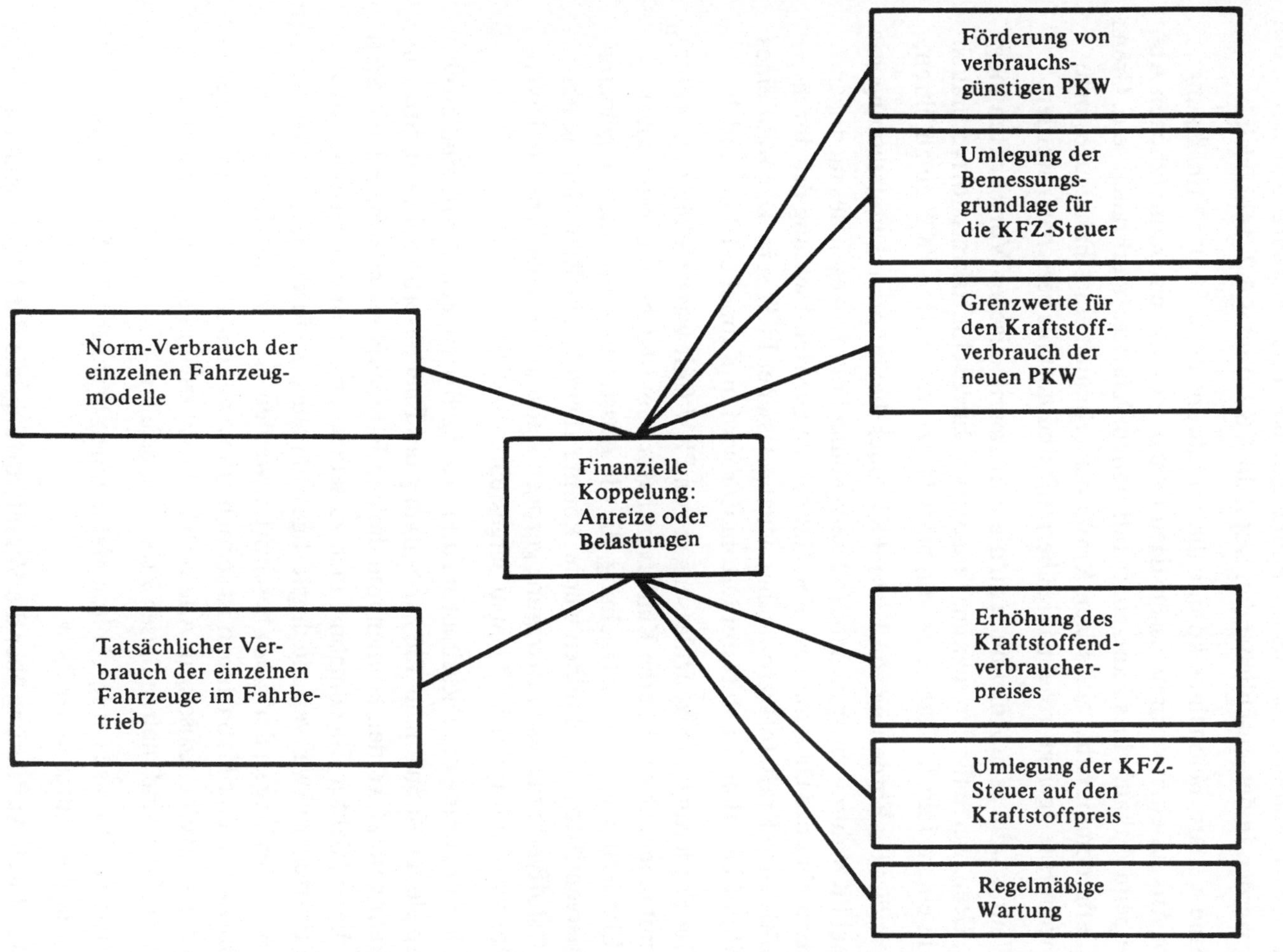

Bild 30. Maßnahmen zur Koppelung des Kraftstoffverbrauches mit finanziellen Anreizen oder Belastungen.

a) Die Erhöhung des Kraftstoffendverbraucherpreises und die Reform der KFZ-Steuer; Maßnahmen, die die Fahrzeuglenker und die Fahrzeughalter betreffen, werden in den anschließenden Kapiteln 4.6.1. und 4.6.2. behandelt.

b) Eine weitere Maßnahme könnte die Einführung einer Steuer-Ermäßigung beim Ankauf eines verbrauchsgünstigen Fahrzeuges und einer zusätzlichen Abgabe beim Ankauf eines Fahrzeuges mit hohem Kraftstoffverbrauch sein. Grenzwerte für den maximal zulässigen Kraftstoffverbrauch eines Fahrzeuges müßten weiters festgelegt, regelmäßig überprüft und notfalls verschärft werden.

c) Weiters wäre es in Anlehnung an die nordamerikanischen Vorschriften möglich, Grenzwerte für den maximal zulässigen Durchschnittskraftstoffverbrauch der in einem Jahr in Österreich von einer Marke verkauften PKW einzuführen.

d) Die direkte Förderung von Diesel-PKW oder die indirekte Unterstützung von Diesel PKW durch entsprechende Gesetzgebung könnte wegen des niedrigen Verbrauches des Dieselmotors eine Maßnahme zur Herabsetzung des durchschnittlichen Kraftstoffverbrauches neuzugelassener PKW sein. Der Kauf eines PKW mit Dieselmotor statt mit Ottomotor wird in Kapitel 6.18 behandelt.

e) Die Förderung von Neuzulassungen von PKW (mit wassergekühltem Motor), die mit einem abschaltbaren Kühlerventilator ausgestattet sind, oder sogar die Einführung neuer Gesetzgebung, die die Ausstattung mit einem regelbaren Kühlerventilator vorschreiben würde, könnte ebenfalls zur Reduzierung des Kraftstoffverbrauches in Erwägung gezogen werden. Der regelbare Kühlerventilator wird in Kapitel 6.20 genau dargestellt.

f) Die Forcierung des Dieselmotors und des regelbaren Ventilators sind zwei Beispiele für Maßnahmen, die zur Senkung des Energieverbrauches im Straßenverkehr gesetzt werden können und die den Fahrzeughersteller betreffen. Statt auf diesem Sektor Einzelmaßnahmen zu setzen, erscheint es sinnvoller, von den Herstellern zwar verbrauchsgünstige Fahrzeuge zu fordern, ihnen jedoch die Wahl des Weges, der hiezu beschritten werden muß, zu überlassen. Der Hauptzweck aller Maßnahmen ist jedoch global zu sehen: Energie im Straßenverkehr sinnvoll einzusetzen. Alle verbrauchsgünstigen Fahrzeuge, gleich wie sie ausgeführt sind, helfen diesen Zweck zu erfüllen.

Diese von b) bis f) aufgezählten Maßnahmen betreffen die Fahrzeughersteller und die Käufer neuer PKW.

g) Um durch Aufklärung über die Verantwortung, die der Fahrzeughalter durch den Wartungszustand seines Fahrzeuges für dessen Kraftstoffverbrauch trägt, zu konkreten Kraftstoffeinsparungen zu gelangen, ist es auch notwendig, daß Wartungsarbeiten durchgeführt werden. Die Bedeutung der richtigen Einstellung der Kohlenmonoxidemission im Leerlauf für den Kraftstoffverbrauch des

Einzel-PKW wird in Kapitel 6.19 untersucht. Die Verpflichtung der Fahrzeughalter zur regelmäßigen, optimalen Wartung ihrer Fahrzeuge, die Einführung von Sanktionen bei der Nichteinhaltung der Vorschriften und die mögliche Erweiterung der derzeitigen wiederkehrenden Begutachtung gemäß § 57 a Abs. 4 des KFG 1967 („Pickerl") könnten in Erwägung gezogen werden (siehe Kapitel 6.19).

h) Um alte Fahrzeuge in schlechtem Wartungszustand mit einem niedrigen Marktwert und einem erwartungsgemäß hohen Kraftstoffverbrauch endgültig vom Straßenverkehr auszuscheiden, wäre die Auszahlung eines noch festzulegenden Betrages beim Verschrotten eines alten, aber noch zugelassenen Fahrzeuges zu überlegen. Dieser Schritt würde die Sicherheit im Straßenverkehr ebenfalls erhöhen.

Die Maßnahmen g) und h) betreffen die Fahrzeughalter.

4.6.1. Die Auswirkung der Höhe des Kraftstoffendverbraucherpreises auf den Kraftstoffkonsum

Die Entwicklung des Kraftstoffendverbraucherpreises und des durchschnittlichen jährlichen Kraftstoffverbrauches des Einzel-PKW in Österreich (siehe Tabelle 1) zwischen 1965 und 1976 ist in **Bild 31** dargestellt. .

Die Preissteigerung der Jahre 1966 (6,25 % bei Normalbenzin, 5,4 % bei Superbenzin), 1972 (5,9 % bei Normalbenzin, 4,9 % bei Superbenzin) und die erste Preissteigerung im Jahre 1973 (8,3 % bei Normalbenzin, 9,8 % bei Superbenzin) haben sich auf den jährlichen Kraftstoffverbrauch des Einzelfahrzeuges nicht ausgewirkt.

Erst die starken Anhebungen des Kraftstoffpreises vom 14.11.1973 (25,6 % bei Normalbenzin, 24,4 % bei Superbenzin) und vom 23.2.1974 (18,4 % bei Normalbenzin, 16,1 % bei Superbenzin) haben einen Effekt gezeigt: der durchschnittliche jährliche Kraftstoffverbrauch des Einzel-PKW ist zwischen 1973 und 1974 um 13 % gesunken. Diese Kraftstoffverbrauchsminderung ist einer 43 %-igen Erhöhung des Kraftstoffpreises gegenüberzustellen. Es sei jedoch bemerkt, daß der Schock, der durch die „Energiekrise" ausgelöst wurde und die für kurze Zeit eingeführten autofreien Tage bei der Reduzierung des Kraftstoffverbrauches mitgewirkt haben können.

Im Jahre 1976 lag der Preis für Normalbenzin um durchschnittlich 10,9 % und für Superbenzin um durchschnittlich 12,3 % höher als im Jahre 1975. Die 4,4 %-ige Abnahme des durchschnittlichen Kraftstoffverbrauches des Einzel-PKW zwischen 1975 und 1976 ist möglicherweise nicht auf die Preiserhöhungen allein zurückzuführen sondern auf die gekoppelte Wirkung dieser Preiserhöhungen mit denen der Jahre 1973 und 1974.

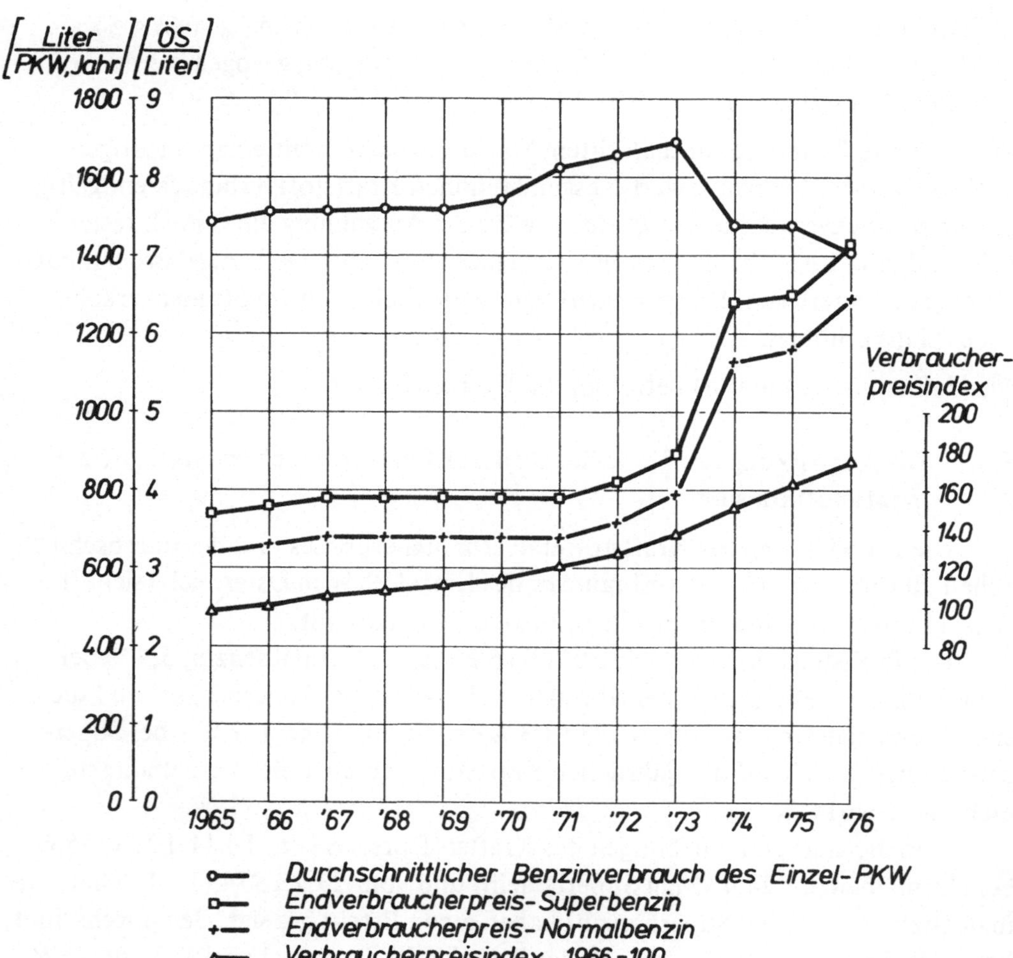

Bild 31: Entwicklung des Kraftstoffendverbraucherpreises, des Verbraucherpreisindex und des durchschnittlichen jährlichen Kraftstoffverbrauches des Einzel-PKW.

Eine weitere Einsicht in die Wechselwirkungen zwischen Kraftstoffpreis und Kraftstoffverbrauch kann mit Hilfe der Gegenüberstellung der Entwicklung des Kraftstoffendverbraucherpreises zu der Entwicklung des Verbraucherpreisindex gewonnen werden. Diese Beziehung ist ebenfalls in Bild 31 dargestellt und ermöglicht eine Analyse der „reellen" Entwicklung des Kraftstoffendverbraucherpreises.

Ein eindeutiger Zusammenhang zwischen dem durchschnittlichen Jahreskraftstoffverbrauch des Einzel-PKW und der relativen Verteuerung oder Verbilligung des Kraftstoffes, bezogen auf den Verbraucherpreisindex, kann festgestellt werden.

Soll der Kraftstoffpreis als Instrumentarium für das Energiesparen eingesetzt werden, so müßten die Preise relativ zu denen der anderen Waren festgelegt werden. Es müßte eine Erhöhung der Kraftstoffendverbraucherpreise zumindest in Konformität zum Verbraucherpreisindex durchgeführt werden. Wird hievon Abstand genommen, so werden die Kraftstoffverbräuche zufolge der relativen Verbilligung des Kraftstoffpreises (unter sonst gleichbleibenden Randbedingungen) steigen.

4.6.2. Reform der Kraftfahrzeugsteuer

Die Kraftfahrzeugsteuer für PKW ist in Österreich nach deren Hubraum bemessen. Es stellt sich die Frage, ob diese Steuer als Instrumentarium im Sinne des Energiesparens im Straßenverkehr angesehen werden kann, und wenn nicht, wie dies erreicht werden könnte.

Die **Bilder 32, 33 und 34** (dargestellt anhand von Daten aus [341] und [345]) zeigen die Kraftstoffverbrauchswerte der häufigsten PKW-Modelle im Europatestfahrzyklus, bei 90 [km/h] und bei 120 [km/h] in Abhängigkeit vom Hubraum. Es ist ersichtlich, daß zwischen dem Kraftstoffverbrauch und der Hubraumgröße ein Zusammenhang tendenziell gegeben ist, daß aber eine beträchtliche Streuung der Werte vorliegt. Diese Streuung ist auf die Vielzahl der motor- und fahrzeugtechnischen Einflüsse, die hier zum Ausdruck kommen, zurückzuführen.

Die derzeitige Bemessungsgrundlage für die KFZ-Steuer in Österreich und in der Bundesrepublik Deutschland, der Hubraum, sowie die in manchen Ländern als Bemessungsgrundlage herangezogenen Parameter Maximalleistung des Motors bzw. Gewicht des Fahrzeuges sind (siehe Bilder 32, 33 und 34) nur drei Größen, die den Kraftstoffverbrauch des Fahrzeuges beeinflussen.

Um mittels der KFZ-Steuer zu einer Förderung des Energiebewußtseins zu gelangen, bedarf es einer direkten Koppelung zwischen dieser finanziellen Belastung und dem Kraftstoffverbrauch des Fahrzeuges. Es bieten sich hiefür zwei Möglichkeiten an:

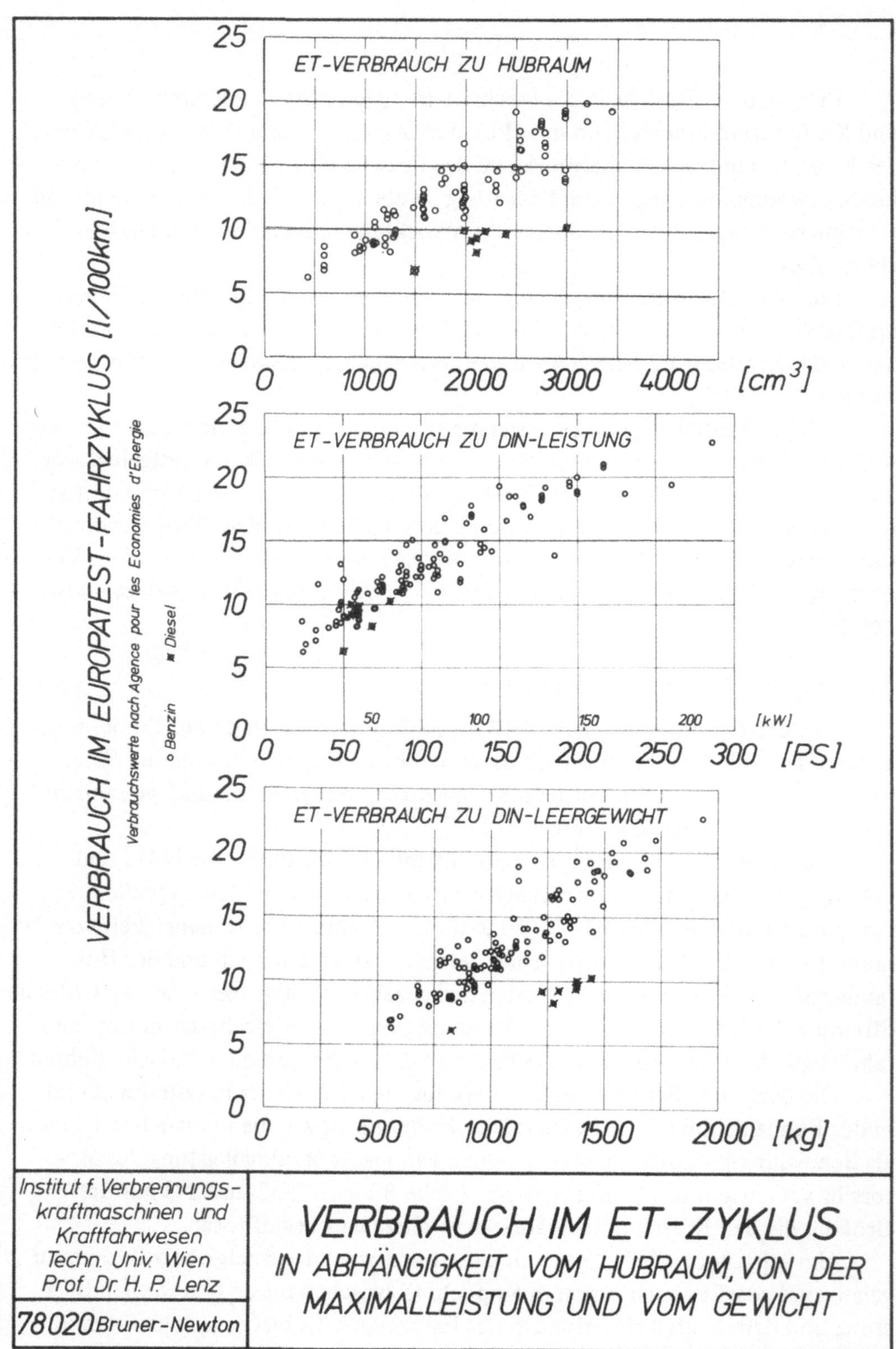

Bild 32: Kraftstoffverbrauch von 128 PKW-Modellen gemessen im Europatestfahrzyklus, in Abhängigkeit vom Hubraum, von der Maximalleistung und vom Gewicht

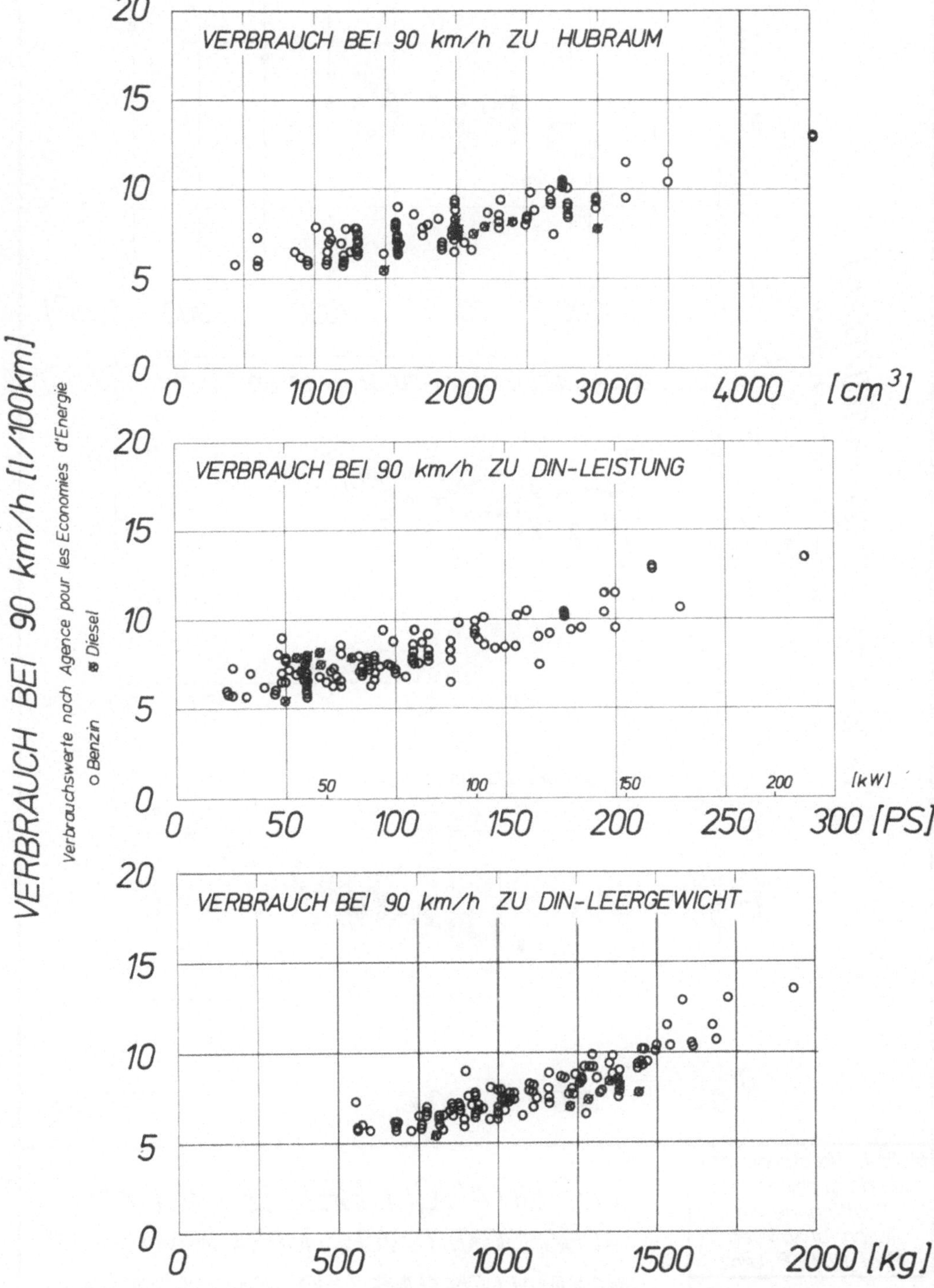

Bild 33. Kraftstoffverbrauch von 128 PKW-Modellen gemessen bei 90 [km/h] Konstantfahrgeschwindigkeit, in Abhängigkeit vom Hubraum, von der Maximalleistung und vom Gewicht

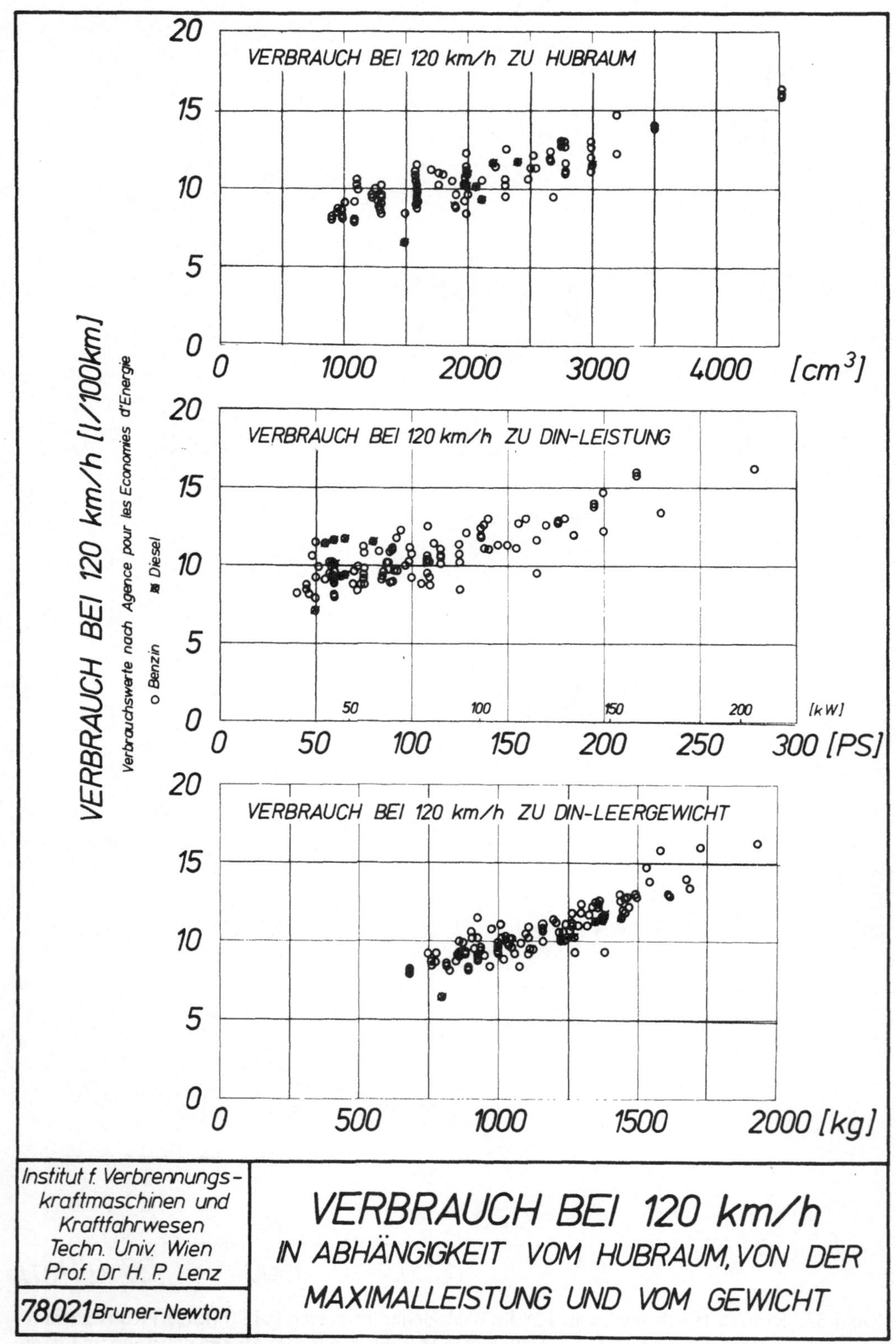

Bild 34: Kraftstoffverbrauch von 128-PKW-Modellen gemessen bei 120 [km/h] Konstantfahrgeschwindigkeit, in Abhängigkeit vom Hubraum, von der Maximalleistung und vom Gewicht.

1. Eine lineare Koppelung mit dem tatsächlichen Kraftstoffverbrauch des Fahrzeuges: Abschaffung der KFZ-Steuer und Erhöhung des Kraftstoffendverbraucherpreises

2. Eine progressive Koppelung mit dem Kraftstoffverbrauch des Fahrzeuges: Umlegung der Bemessungsgrundlage für die KFZ-Steuer vom Hubraum auf den nach Norm gemessenen Kraftstoffverbrauch des einzelnen Fahrzeugmodelles.

4.6.2.1. Umlegung der KFZ-Steuer: Erhöhung des Kraftstoffendverbraucherpreises

Die mit einer Abschaffung der KFZ-Steuer verbundene Erhöhung des Kraftstoffendverbraucherpreises wurde anhand der Daten des Jahres 1976 errechnet und gibt Aufschluß über die Größenordnung der Preiserhöhungen, die in anderen Jahren anfallen würden.

Die Gesamteinnahmen durch die Belastung der PKW mit der KFZ-Steuer betrugen 2,1 Milliarden ö.S. im Jahre 1976; ein Anteil von etwa 5 % dieser Summe entfiel auf die Belastung von Fahrzeugen mit Dieselantrieb. Der Verbrauch an Vergaserkraftstoff durch PKW betrug im Jahre 1976 2,4 Milliarden [Liter]. Eine Umlegung der KFZ-Steuer der PKW mit Benzinmotor auf den Benzinendverbraucherpreis hätte eine Erhöhung von etwas mehr als 83 [g/Liter] zur Folge; dies entspricht einer Erhöhung von 11 bis 12 % des derzeitigen Kraftstoffendverbraucherpreises.

Die Auswirkungen einer Umlegung der KFZ-Steuer auf den Kraftstoffendverbraucherpreis sind in der **Tabelle 6** enthalten.

(1) Hubraum-Klasse	(2) KFZ-Steuer	nach [302] (3) Durchschnittliche Fahrleistung	nach Bild 32 (4) Kraftstoffverbrauch	(5) Gesamtkraftstoffverbrauch	(6) Mehrkosten Kraftstoff	(6) – (2)
cm^3	öS / Jahr	km / Jahr	Liter / 100 km	Liter / Jahr	öS / Jahr	öS / Jahr
< 1000	660	10 274	7 bis 9,5	719 bis 976	596 bis 810	-64 bis 150
1250 – 1500	900	11 799	7 bis 12	826 bis 1416	685 bis 1175	-214 bis 275
1500 – 2000	1440	13 628	7 bis 17	954 bis 2317	792 bis 1923	-648 bis 483
2000 – 2500	2448	15 098	8 bis 19	1208 bis 2869	1002 bis 2381	-1445 bis -66
> 2500						negativ

Tabelle 6. Jährliche finanzielle Belastung des Einzel-PKW durch die KFZ-Steuer (2) bzw. durch eine auf die Mineralölsteuer umgelegte KFZ-Steuer (6) und Differenz der beiden Belastungen

Es zeigt sich, daß die Fahrzeuge mit kleinem Hubraum und durchschnittlichen Kraftstoffverbräuchen gegenüber der alten Einstufung benachteiligt werden, während Fahrzeuge mit großem Hubraum auch bei sehr hohem Kraftstoffverbrauch und höheren Fahrleistungen bevorzugt werden. Unter diesem Blickpunkt würde die Umlegung der KFZ-Steuer auf den Kraftstoffendverbraucherpreis kaum zum Kauf eines verbrauchsgünstigeren Fahrzeuges verleiten!

Die Entwicklung des Kraftstoffendverbraucherpreises in Relation zum Kraftstoffverbrauch in Österreich ist anhand der Entwicklung des Kraftstoffverbrauches des Einzel-PKW und des Verbraucherpreisindex im Zeitraum ab dem Jahr 1965 bis zum Jahr 1976 im vorigen Abschnitt für Normalbenzin und Superbenzin behandelt worden. Wie aus den Darstellungen abzuleiten ist, wären sehr große Preisänderungen notwendig, um eine eindeutige Reduzierung des Kraftstoffverbrauches auf diesem Weg zu erreichen. Dies würde aber zu Problemen mit dem grenzüberschreitenden Verkehr führen.

Aus den erwähnten Gründen ist bei einer Umlegung der KFZ-Steuer auf den Kraftstoffpreis eine Erhöhung des Energiebewußtseins weder von Käufern neuer noch von Betreibern bereits zugelassener Fahrzeuge zu erwarten.

Eine Besteuerung, die linear mit dem Kraftstoffverbrauch der Fahrzeuge zusammenhängt, kann daher nicht als geeignetes Instrument zur Förderung eines sinnvollen Energieeinsatzes im Straßenverkehr betrachtet werden. Viel eher kann diese Förderung durch eine progressiv vom Kraftstoffverbrauch abhängige Besteuerung — unter Beibehaltung der KFZ-Steuer   erreicht werden.

Somit wäre auch die Zweiförmigkeit der Steuern beibehalten: „So zielt die betriebsabhängige variable Belastung durch die gebührenähnliche Mineralölsteuer auf die Vorkehrungen für den fließenden Verkehr entsprechend den effektiven Fahrleistungen; die feste Belastung durch die beitragsähnliche Kraftfahrzeugsteuer dagegen kann mit der Kapazitätsvorhaltung für den fließenden und ruhenden Verkehr entsprechend der Entwicklung der Fahrzeugbestandszahlen motiviert werden" [354].

4.6.2.2. Umlegung der Bemessungsgrundlage der KFZ-Steuer vom Hubraum auf den Kraftstoffverbrauch der einzelnen PKW-Modelle, gemessen im Europatestfahrzyklus

Es erscheint am sinnvollsten, weder einen einzigen Einflußparameter auf den Kraftstoffverbrauch, noch eine Kombination einer beschränkten Zahl von Parametern als Bemessungsgrundlage für die KFZ-Steuer zu wählen, sondern den Kraftstoffverbrauch selbst heranzuziehen. Nachdem der tatsächlich im Fahrbetrieb des einzelnen PKW auftretende Kraftstoffverbrauch für eine Bemessungsgrundlage absolut unpraktikabel ist   außer in der Form der schon besprochenen Umlegung der KFZ-Steuer auf den Kraftstoffendverbraucherpreis, muß auf einen für ein bestimmtes Fahrzeugmodell spezifischen Normkraftstoffverbrauch zurückgegriffen werden.

Es bietet sich der Kraftstoffverbrauch gemessen im Europatest-Fahrzyklus bzw. wegen des Fehlens eines Überlandzyklus eine Kombination dieses Wertes mit dem Kraftstoffverbrauch gemessen bei 90 [km/h] und bei 120 [km/h] an. Im Falle einer Kombination aller drei Kraftstoffverbrauchswerte sollte eine Gewichtung entsprechend der durchschnittlichen Aufteilung der Fahrleistungen (Stadt/Freiland/Freiland-Autobahn) vorgenommen werden (siehe Kapitel 3.3.1.).

Für die Erstellung eines kombinierten Kraftstoffverbrauches ist es empfehlenswert, sich um Konformität zumindest zu den anderen europäischen Staaten zu bemühen. Aufgrund einer bei der ECE zur Diskussion stehenden Empfehlung wird folgende Gewichtung vorgeschlagen:

$$V_{komb} = (V_{ET} \cdot 50\%) + (V_{90} \cdot 25\%) + (V_{120} \cdot 25\%)$$

mit V_{komb} errechneter kombinierter Kraftstoffverbrauch

V_{ET} Kraftstoffverbrauch gemessen im Europatestfahrzyklus

V_{90} Kraftstoffverbrauch gemessen bei 90 [km/h]

V_{120} Kraftstoffverbrauch gemessen bei 120 [km/h]

Durch eine Dynamisierung der Steuerbelastung entsprechend dem Normkraftstoffverbrauch kann eine Verstärkung des Energiebewußtseins hervorgerufen werden und eine Förderung von verbrauchsgünstigen Fahrzeugen erfolgen.

In **Tabelle 7** soll eine mögliche Staffelung der neuen KFZ-Steuer, die im Jahre 1980 eingeführt werden könnte, präsentiert werden. Die Notwendigkeit, gleiche Einnahmen aus dieser Steuerbelastung wie aus der Hubraumbesteuerung zu erzielen, wurde vorausgesetzt. Ferner wurde für Fahrzeughalter, deren Fahrzeuge einen durchschnittlichen Kraftstoffverbrauch aufweisen, die gleiche Steuerbelastung festgelegt, wie sie derzeit für Fahrzeuge mit durchschnittlichem Hubraum gilt.

Ein Übergang erfolgt von 10 Hubraumklassen zu 13 Kraftstoffverbrauchsklassen. Eine Befreiung von der KFZ-Steuer ist für die PKW mit einem Kraftstoffverbrauch unter 7 [Liter/100 km] vorgesehen.

Der gewichtete Mittelwert des Kraftstoffverbrauches im Europatest-Fahrzyklus der 1976 neu zugelassenen Fahrzeuge wurde zu 10,8 [Liter/100 km] (siehe Kapitel 4.3.1.) ermittelt.

Dies würde einer „neuen" Steuerbelastung von 75 [öS/Monat] entsprechen. Die „alte" Steuerbelastung des gewichteten mittleren Hubraumes der 1976 neu zugelassenen Fahrzeuge entspricht ebenfalls 75 [öS/Monat].

Kraftstoffverbrauch Liter/100 km	KFZ-Steuer öS/Monat
< 7	0
7 – 8	30
8 – 9	45
9 – 10	60
10 – 11	75
11 – 12	105
12 – 13	150
13 – 14	210
14 – 15	270
15 – 16	360
16 – 18	450
18 – 20	600
>20	800

Tabelle 7: Vorschlag für eine KFZ-Steuer bemessen nach dem Kraftstoffverbrauch im Europatestfahrzyklus

Bild 35 gibt einen Überblick über die derzeitige und über die vorgeschlagene KFZ-Steuer. Der Kraftstoffverbrauch der einzelnen PKW-Modelle gemessen im Europatestfahrzyklus ist in Abhängigkeit vom Hubraum dargestellt. Die Häufigkeitsverteilung der im Jahre 1976 neu zugelassenen PKW in Abhängigkeit von deren Hubraum und die Verteilung der Belastung durch die KFZ-Steuer – differenziert nach den einzelnen Hubraumklassen – sind angegeben.

Die Häufigkeitsverteilung der Neuzulassungen des Jahres 1976 entsprechend ihrem Kraftstoffverbrauch im Europatestfahrzyklus und die Verteilung der Belastung durch die vorgeschlagene KFZ-Steuer differenziert nach den einzelnen Kraftstoffverbrauchsklassen sind ebenfalls in Bild 35 dargestellt.

Eine Dynamisierung der „neuen" KFZ-Steuer muß aus folgenden Gründen unbedingt erwogen werden:

1. Damit die jeweils verbrauchsgünstigsten Fahrzeuge gefördert werden, muß dem jeweiligen Stand der Technik Rechnung getragen werden. Die energiesparende Wirkung der „neuen" KFZ-Steuer darf nicht wegen einer Veralterung des Systems verloren gehen.

2. Bei einem Übergang zu verbrauchsgünstigeren Fahrzeugen müssen die Einnahmen gleich hoch bleiben.

Eine mögliche Herabsetzung der Kraftstoffverbräuche in den einzelnen Steuerklassen bzw. eine Erhöhung der Steuer in den einzelnen Kraftstoffverbrauchsklassen ist für das Jahr 1985 in **Tabelle 8** angegeben.

1980 Kraftstoffverbrauch [Liter/100 km]	1980 KFZ-Steuer [öS/Monat]	Vorschlag 1 für 1985 Kraftstoffverbrauch [Liter/100 km]	Vorschlag 2 für 1985 KFZ-Steuer [öS/Monat]
< 7	0	< 6	0
7 – 8	30	6 – 7	30
8 – 9	45	7 – 8	50
9 – 10	60	8 – 9	65
10 – 11	75	9 – 10	85
11 – 12	105	10 – 11	130
12 – 13	150	11 – 12	170
13 – 14	210	12 – 13	230
14 – 15	270	13 – 14	300
15 – 16	360	14 – 15	400
16 – 18	450	15 – 16	500
18 – 19	600	16 – 17	700
>20	800	>17	1000

Tabelle 8: Mögliche Bemessung der „neuen" KFZ-Steuer im Jahre 1980 und Erhöhungen im Jahre 1985 (Änderung entweder der Höhe des Kraftstoffverbrauches in den einzelnen Steuerklassen oder Änderung der Höhe der Steuer in den einzelnen Verbrauchsklassen).

Es sei darauf hingewiesen, daß die KFZ-Steuer mit der neuen Bemessungsgrundlage nur auf die neu zugelassenen KFZ angewendet werden kann. Die Verteilung des gesamten PKW-Bestandes im Jahre 1977 nach dem Jahr der Erstzulassung, dargestellt in **Bild 36**, anhand von Daten aus der Zulassungsstatistik [320], zeigt eindeutig, daß ein allmählicher Übergang von der Hubraumbesteuerung zu der Kraftstoffverbrauchsbesteuerung von selbst erfolgen würde.

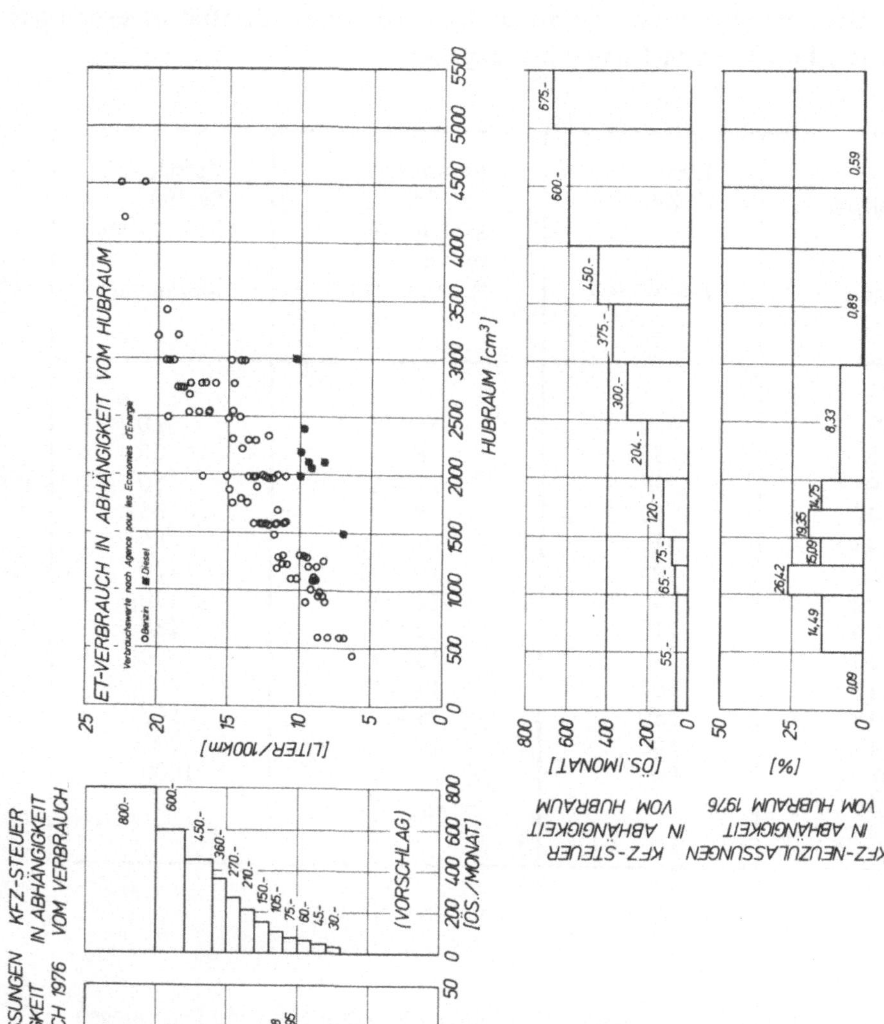

Bild 35: Vorschlag zur Umlegung der Bemessungsgrundlage der KFZ-Steuer vom Hubraum auf den im Europatestfahrzyklus gemessenen Kraftstoffverbrauch der einzelnen PKW-Modelle

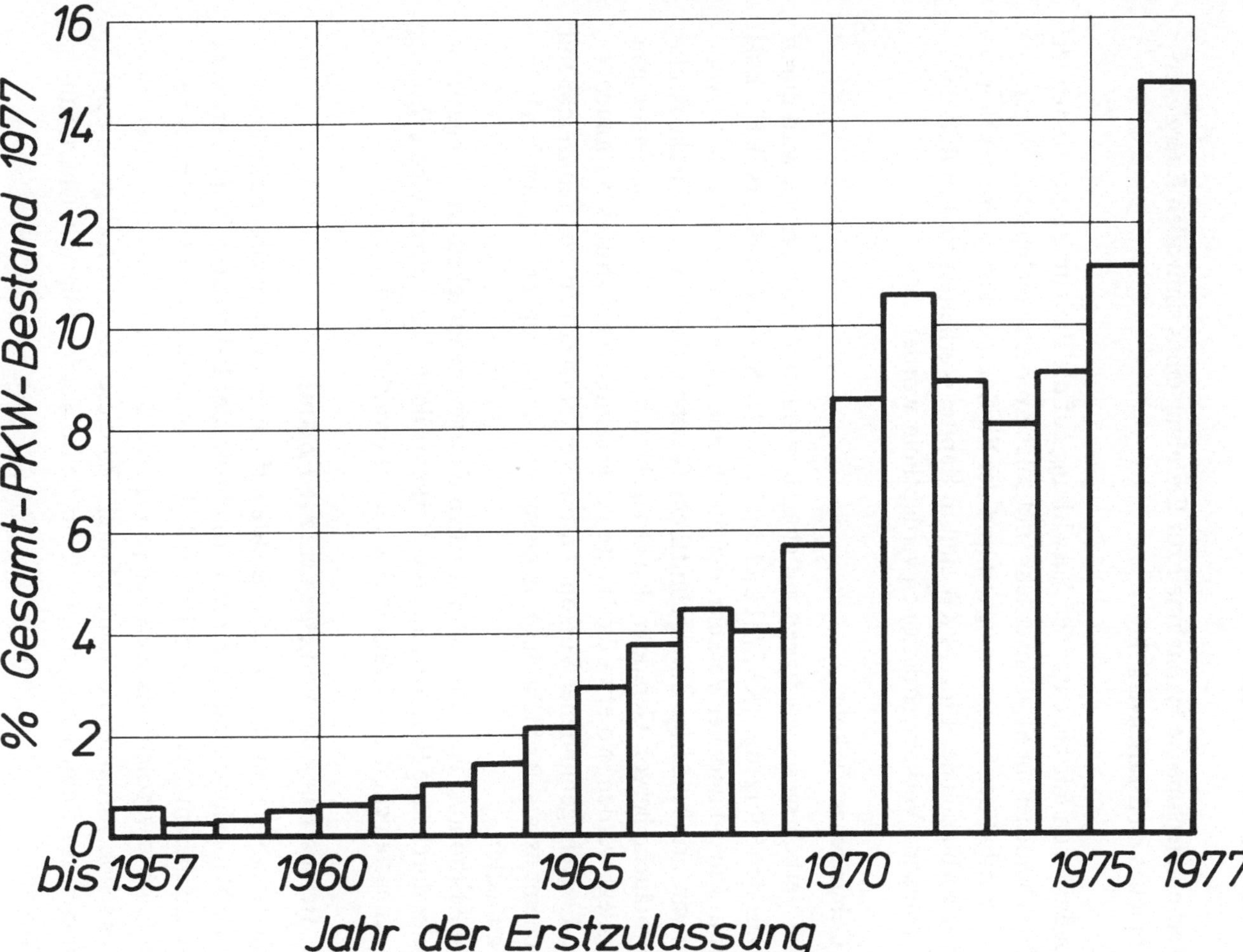

Bild 36: Struktur des PKW-Bestandes im Jahre 1977 in Österreich differenziert nach dem Jahr der Erstzulassung

Für die praktische Einführung der „neuen" KFZ-Steuer soll die Eintragung des Kraftstoffverbrauches des entsprechenden PKW-Modelles im Zulassungsschein vorgeschrieben werden.

4.7. Verkehrstechnische Maßnahmen zur Erzielung eines sinnvollen Energieverbrauches im Straßenverkehr

Maßnahmen mit bedeutender Auswirkung auf die Erzielung eines sinnvollen Energieverbrauches im Straßenverkehr sind solche verkehrstechnischer Natur.

Der Einfluß der Geschwindigkeit und der Einfluß der Fahrweise auf den Kraftstoffverbrauch des Einzel-PKW sind in Kapitel 4 erläutert und in Bild 26 für verschiedene Verkehrssituationen verdeutlicht worden.

4.7.1. Gebundener Verkehr

Die Verkehrsgeschwindigkeit auf einer bestimmten Fahrtstrecke wird durch die Menge der Fahrzeuge [KFZ/h] und durch die Dichte des Verkehrs [KFZ/km] bestimmt. Ein gebundener Verkehr, der durch eine hohe Verkehrsdichte hervorgerufen wird, ruft niedrige durchschnittliche Geschwindigkeiten und hohe Kraftstoffverbräuche hervor. Gerade in den Ortsgebieten, wo 42 % der Fahrleistungen zurückgelegt werden, wo etwa die Hälfte des gesamten Kraftstoffes verbraucht wird und wo ein gebundener Verkehr für die Verkehrsverhältnisse kennzeichnend ist, erscheint es aus der Sicht des Energiesparens als unumgänglich, den Verkehr flüssig zu halten.

Eine Erhöhung der durchschnittlichen Fahrgeschwindigkeit wird angestrebt. Dies kann durch eine Herabsetzung der Verkehrsdichte bzw. durch eine Erhöhung der Leistungsfähigkeit des Streckenabschnittes erreicht werden.

4.7.1.1. Herabsetzung der Verkehrsdichte [KFZ/km]

Die Herabsetzung der Verkehrsdichte auf einem Streckenabschnitt kann durch alle Maßnahmen, die zu einer Vermehrung der Fahrspuren führen, erreicht werden. Zu diesem Zweck können neue Fahrspuren geschaffen werden (siehe Kapitel 6.4.) bzw. solche Maßnahmen gesetzt werden, die zu einer besseren Nutzung der schon vorhandenen Spuren führen. Zu dieser zweiten Kategorie von Maßnahmen zur Reduzierung der Verkehrsdichte werden folgende Überlegungen angestellt:

a)   Durch das Erlassen von Park- und Halteverboten, wobei das Hauptaugenmerk auf die sinnvolle Anbringung der Verbote zu legen ist, kann eine Fahrspur für den fließenden Verkehr zurückgewonnen werden. Da schon ein einziges haltendes Fahrzeug die Behinderung des fließenden Verkehrs und die

Sinnlosigkeit des Halteverbotes bedeuten kann, soll die rigorose Einhaltung von Halte- und Parkverboten überlegt werden (siehe Kapitel 6.6.).

b)   Im Zusammenhang mit dem Erlassen von Park- und Halteverboten muß die Errichtung von Abstellplätzen und Garagen im dichtverbauten Gebiet ebenfalls berücksichtigt werden (siehe Kapitel 6.13.).

c)   Ein- und Ausfahrtsstraßen mit starkem Arbeitspendlerverkehr (siehe Bild 17) weisen große Verkehrsspitzen in der Früh in der Fahrtrichtung zum Arbeitsplatz (stadteinwärts) und am Abend in der anderen Fahrtrichtung (stadtauswärts) auf. Die Verkehrsdichte in der Hauptverkehrsrichtung könnte durch Variation der Fahrtrichtung auf einzelnen Fahrspuren reduziert werden (siehe Kapitel 6.2.).

d)   Auf die Bedeutung der Leitlinien für die beste Nutzung der vorhandenen Spuren ist in diesem Zusammenhang auch hinzuweisen (siehe Kapitel 6.3.).

4.7.1.2. Erhöhung der Leistungsfähigkeit [KFZ/h]

Die Flüssigkeit des Verkehrs kann durch eine Erhöhung der Leistungsfähigkeit eines Straßenabschnittes verbessert werden. Es darf jedoch nicht vergessen werden, daß solche Aktionen ihre volle Wirkung nur im Rahmen eines generellen Verkehrskonzeptes erreichen können.

Die Leistungsfähigkeit von Knotenpunkten könnte durch folgende Maßnahmen erhöht werden:

a)   Verkehrsentflechtung durch Niveauunterschiede: Über- oder Unterführung für den KFZ-oder den Fußgängerverkehr (siehe Kapitel 6.8.).

b)   Erlassung von Links- und Rechtsabbiegeverboten dort, wo der Geradeausverkehr stark behindert ist (siehe Kapitel 6.7.).

Die Leistungsfähigkeit von signalgesteuerten Knotenpunkten könnte durch folgende Maßnahmen erhöht werden:

a)   Optimierung der Ampelphasen durch den Einsatz von Verkehrsrechnern (siehe Kapitel 6.9.).

b)   Das erlaubte Rechtsabbiegen bei Rot nach dem Stehenbleiben (siehe Kapitel 6.1.7.).

4.7.1.3. Reduzierung der absoluten Verkehrsmenge [KFZ]

Die dritte Möglichkeit, die Flüssigkeit des Verkehrs im gebundenen Verkehr zu erhöhen, beruht auf einer Reduzierung der absoluten Verkehrsmenge.

a)   Die Zahl der PKW im Straßenverkehr könnte durch eine Erhöhung des Besetzungsgrades (siehe Kapitel 3.3.5.) – z.B. durch die Bildung von Fahrgemeinschaften- gesenkt werden. Alle Hindernisse für einen nicht gewerbsmäßigen Einsatz von Fahrgemeinschaften müßten zu diesem Zweck vorerst abgebaut werden (siehe Kapitel 6.16.).

b) Die Verkehrsspitzen in der Früh und am Abend, die zum größten Teil auf den Arbeitspendlerverkehr (siehe Bilder 16 und 17) zurückzuführen sind, könnten durch eine stärkere Staffelung der Zeitpunkte von Arbeitsbeginn und -ende etwas abgebaut werden. Dieselbe absolute Verkehrsmenge könnte somit auf eine größere Zeitdauer verteilt werden.

c) Der Übergang zum öffentlichen Verkehr bietet das größte Potential für einen Abbau der Verkehrsmenge im Individualverkehr an (siehe Kapitel 6.10). Eine Reihe von Maßnahmen könnten in dieser Richtung unterstützend wirken.

— Die Verkehrsdichte könnte durch die Schaffung von Sonderspuren oder Sonderstraßen zugunsten des öffentlichen Verkehrs herabgesetzt werden. In den anderen Fahrspuren oder anderen Straßen würde eine Erhöhung der Verkehrsdichte zwangsweise zuungunsten des Individualverkehrs (siehe Kapitel 6.5.) erfolgen.

— Die Leistungsfähigkeit eines signalgesteuerten Knotenpunktes könnte mittels Fernsteuerung der Verkehrsampel durch den Fahrer eines öffentlichen Verkehrsmittels erhöht werden (siehe Kapitel 6.14).

— Das Umsteigen auf öffentliche Verkehrsmittel könnte durch die Förderung des Baues bzw. des Benützens von Garagen und Einstellplätzen an den Endstationen der öffentlichen Verkehrsmittel unterstützt werden (siehe „Park and Ride", Kapitel 6.12).

— Das Umsteigen auf öffentliche Verkehrsmittel könnte ferner durch die Errichtung von Zonen, in denen nur öffentliche Verkehrsmittel erlaubt sind, sogar erzwungen werden.

— Um den Energieverbrauch der öffentlichen Verkehrsmittel zu Betriebszeiten, in denen nur wenige Personen befördert werden, zu reduzieren, könnte die Einführung von Taxi-Bussen überlegt werden (siehe Kapitel 6.11.).

d) In Zonen, die weder den Bedürfnissen des fließenden Verkehrs noch denen des ruhenden Verkehrs gerecht werden, stellen räumliche oder zeitliche Beschränkungen möglicherweise die einzige Maßnahme dar, um einen nutzlosen Kraftstoffverbrauch im Straßenverkehr zu vermeiden.

4.7.2. Freier Verkehr

Die Verkehrsverhältnisse außerhalb von Ortsgebieten sind im allgemeinen durch einen freien Verkehr gekennzeichnet. Da in diesem Bereich der Kraftstoffverbrauch mit steigender Geschwindigkeit zunimmt, stellt sich die Frage nach der Möglichkeit, Geschwindigkeitsbegrenzungen als Instrumentarium für einen sinnvollen Einsatz von Energie im freien Straßenverkehr einzusetzen (Kapitel 6.2.1.).

5. NUTZEN-KOSTEN-UNTERSUCHUNG

5.1. Begriffsbestimmung und Methodik

Ziel einer Nutzen-Kosten-Untersuchung im Rahmen der vorliegenden Studie ist es, mögliche Maßnahmen zur Energieeinsparung im Straßenverkehr zu beurteilen und eine Reihung im Hinblick auf die Priorität der Einführung zu treffen.

Der Nutzen von Maßnahmen zur Energieeinsparung im Bereich des Straßenverkehrs seitens der öffentlichen Hand kann grundsätzlich auf zwei verschiedene Arten ausgedrückt werden. Die sicherlich unmittelbar aus der Durchrechnung der Konsequenzen einer Energiesparmaßnahme resultierende Größe ist die Einsparung an Kraftstoff in Mengeneinheiten. Eine zweite Möglichkeit wäre es, einen Nutzenwert der eingesparten Kraftstoffmenge mit Hilfe des Preises oder etwa der Devisenersparnis zu errechnen. Die Abschätzung solcher Zahlen würde aber selbst in absehbarer Zukunft auf wesentliche Schwierigkeiten stoßen, ist doch der Preis z.B. nicht nur von der Entwicklung auf dem Rohölsektor sondern darüberhinaus von der Festlegung der Höhe der Mineralölsteuer abhängig. Ein Nutzen- ausgedrückt in Schilling pro Jahr – wird also bestenfalls im Rahmen der vorliegenden Untersuchung für Sonderbeurteilungen Verwendung finden können.

Der Kostenbegriff im Rahmen der vorliegenden Analyse steht für alle Aufwendungen, die unmittelbar mit der Einführung und Aufrechterhaltung einer Maßnahme verbunden sind. Bei der Berechnung der Kosten, die mit der Einführung einer kraftstoffsparenden Maßnahme auftreten, sind zwei Komponenten zu unterscheiden:

– Einmalige Kosten (oder auch mittel- bis langfristig wiederkehrende) entsprechen Investitionen im engeren Sinn (oder Großinstandsetzungen, die im privatwirtschaftlichen Bereich als aktivierungspflichtiger Aufwand bezeichnet werden).

– Laufend wiederkehrende Kosten, die für die Aufrechterhaltung des Betriebes erforderlich sind.

Unter dem Begriff „sonstige Wirkungen" sollen sämtliche Nebeneffekte positiver oder negativer Art verstanden werden, die nicht im Zuge der Nutzen- oder Kostenbestimmung erfaßt wurden. Dazu gehören z.B. Auswirkungen auf die Verkehrssicherheit, die Reisezeiten für den Kraftfahrzeugbenützer u.a. Eine ausführliche Behandlung dieser sonstigen Wirkungen erfolgt im Kapitel 5.3.

Anhand des **Bildes 37** soll nun kurz die gesamte Vorgangsweise der Nutzen-Kosten-Untersuchung beschrieben werden. Zunächst wird im Kapitel 5.2. aus den oben definierten Begriffen des Nutzens und der Kosten eine Kennzahl als Verhältnis von Nutzen zu Kosten definiert. Im Kapitel 5.3. wird gezeigt, wie die sonstigen Wirkungen einer Energiesparmaßnahme bewertet werden können.

Im Rahmen des Kapitels 6 erfolgt die Aufzählung und Beschreibung der ins Auge gefaßten Energiesparmaßnahmen samt deren Nutzen- und Kostenbestimmung und die Ermittlung des zu erwartenden Streubereichs der Kennzahl „Nutzen/Kosten". Daneben wird eine qualitative Bewertung der „sonstigen Wirkungen" vorgenommen.

In Kapitel 7 werden die Energiesparmaßnahmen gemäß ihrem Nutzen-Kosten-Verhältnis gereiht, um die Beurteilung hinsichtlich ihrer Effizienz im Bereich der Energieeinsparung zu verdeutlichen. Daneben erfolgt eine Reihung der Energiesparmaßnahmen nach den sonstigen Wirkungen. Im Zuge einer Diskussion werden die Reihungen nach dem Nutzen-Kosten-Verhältnis und den sonstigen Wirkungen einander gegenübergestellt.

Das Kapitel 8 dient dazu, aus den Erkenntnissen der vorstehend beschriebenen Reihungen samt Diskussion die für den Auftraggeber interessanten Empfehlungen abzuleiten.

5.2. Quantitative Kennzahl

5.2.1. Definition

Die im Kapitel 5.1. durchgeführte Begriffsbestimmung erlaubt, das Nutzen-Kosten-Verhältnis wie folgt zu beschreiben:

$$\frac{\text{Nutzen N [Liter Kraftstoff]}}{\text{Kosten K [öS]}}$$

Im Kapitel 5.1. wurde bereits darauf hingewiesen, daß bei den Kosten einmalige und laufend wiederkehrende zu unterscheiden sind. Daher ist es notwendig, den Zeitraum festzulegen, innerhalb dessen die Summen von Kosten und Nutzen zur Kennzahlbildung herangezogen werden. Dieser Zeitraum wird mit 20 Jahren festgelegt; die Begründung hiefür erfolgt im anschließenden Abschnitt.

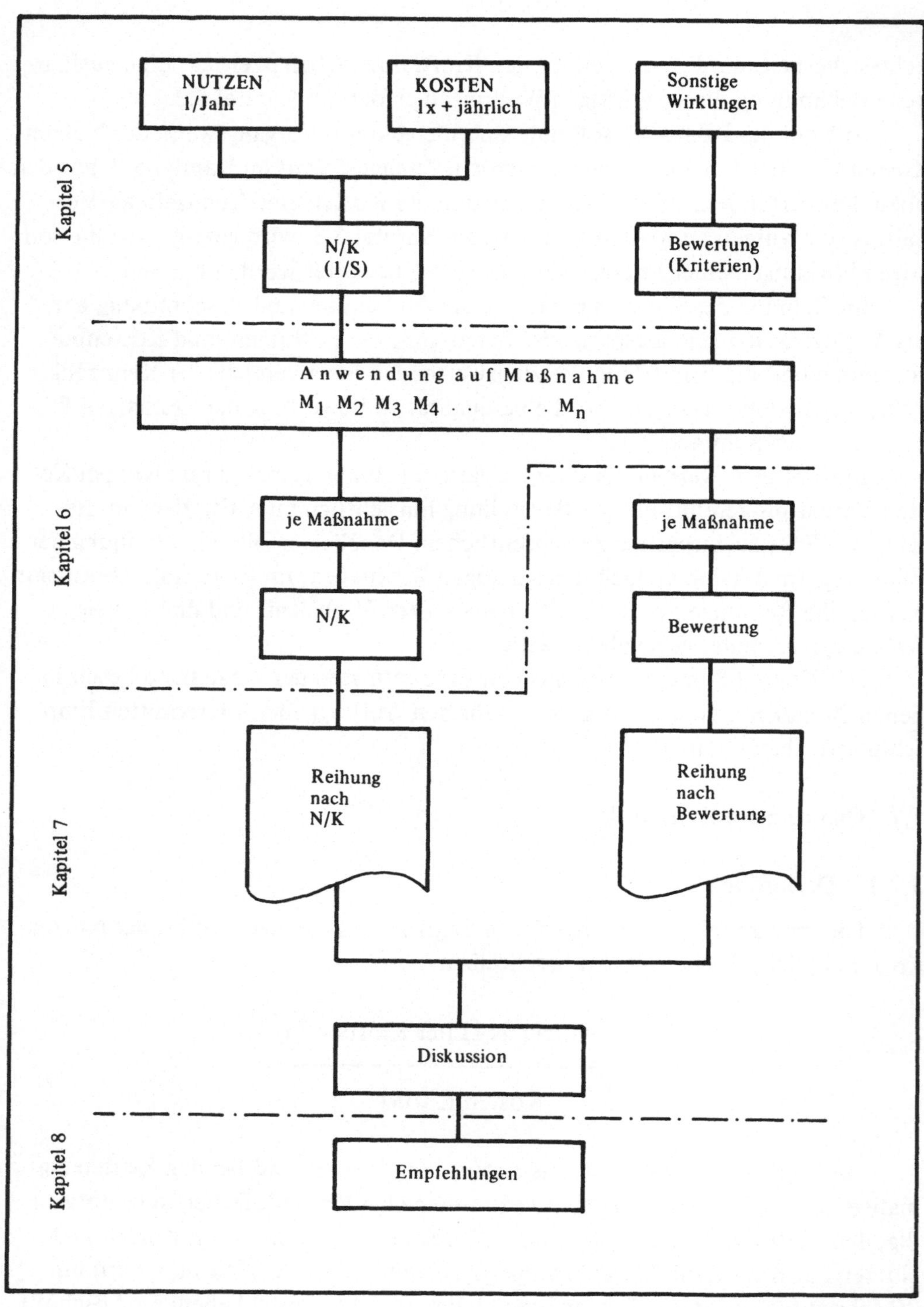

Bild 37: Vorgangsweise bei der Nutzen-Kosten-Analyse

5.2.2. Kostenbegriff im Rahmen der Untersuchung

Die Auslegung des Kostenbegriffs für Zwecke des Auftraggebers kann nicht in klassisch-betriebswirtschaftlicher Weise erfolgen, sondern muß sich den Usancen des Rechnungswesens der öffentlichen Hand anpassen. Dabei ist es sinnvoll, die Zahlungen, die im Zusammenhang mit einer kraftstoffsparenden Maßnahme zu leisten sind, ins Auge zu fassen. Sowohl unter dem Aspekt der kameralistischen Buchführung der öffentlichen Hand als auch aus der Sicht des zur Übernahme von Kosten verpflichteten Bürgers (Verkehrsteilnehmer oder Steuerzahler) sind die tatsächlichen Zahlungen plausibel als Kosten anzusehen. Die einmaligen oder seltenen aperiodischen Zahlungen im Zusammenhang mit den Investitionen bei der Durchführung einer kraftstoffsparenden Maßnahme sind also die „einmaligen" Kosten, während die jährlich regelmäßig wiederkehrenden Zahlungen die laufenden Kosten im Rahmen der gegenständlichen Untersuchung darstellen.

Nach der so getroffenen Festlegung des Kostenbegriffs bleiben folgende Probleme zur Lösung offen:

— Die nominellen Werte für die laufenden Zahlungen ändern sich im Laufe der Jahre. Daher sind Festlegungen zu treffen, um diese Kostenänderungen in vertretbarer Weise in die gegenständliche Rechnung einzubeziehen.

— Die bloße Addition der einmaligen und laufend wiederkehrenden Kosten wäre falsch, da unterschiedliche Zahlungszeitpunkte bewirken, daß die nominellen Zahlungshöhen einen unterschiedlichen inneren Wert besitzen. Eine Addition von Zahlungen zu verschiedenen Zeitpunkten ist möglich, wenn diese Zahlungen wertmäßig auf einen einzigen Bezugszeitpunkt umgerechnet werden.

Diesen beiden Problemen wird wie folgt Rechnung getragen:

— Die Steigerung der laufenden Kosten im Lauf der Zeit hat zur Folge, daß gleiche Einsatzleistungen von Jahr zu Jahr steigende nominelle Zahlungen erfordern. Diese jährliche Steigerungsprozentsatz lag in den letzten Jahren im Bereich zwischen 6 und 10 %.

— Die Vergleichbarkeit von Nominalwerten, die als Zahlungen zu verschiedenen Zeitpunkten anfallen, kann nur im Zuge einer Diskontierung, z.B. auf den Beginn des Betrachtungszeitraumes, hergestellt werden. Für die Diskontierung ist dabei ein Zinsfuß zu wählen, der einer langfristigen wertgesicherten Kapitalanlage (z.B. Pfandbrief) entspricht, was nach den Erfahrungen der letzten Jahre einem Zinsfuß von 6 bis 8 1/2 Prozent p.a. entspricht.

Der für Nutzen-Kosten-Überlegungen erforderliche standardisierte Zeitraum wurde mit 20 Jahren festgelegt (vgl. Kapitel 5.2.1.). Für maschinelle Anlagen und Einrichtungen ebenso wie für Kraftfahrzeuge erscheint es sinnvoll, einen Zehnjahreszeitraum der Betrachtung zugrundezulegen, für bauliche Anlagen und

Einrichtungen wird für die folgenden Berechnungen grundsätzlich ein Betrachtungszeitraum von 20 Jahren fixiert, da hier die Annahme der tatsächlichen Lebensdauer unrealistisch wäre. Das bedeutet, daß innerhalb dieses Zeitraumes die einmaligen Investitionen sowie laufende Erhaltungskosten für Bauwerke in Rechnung gestellt werden. Innerhalb des gleichen Zeitraumes wird rechnerisch angenommen, daß die Investition einer maschinellen Anlage zweimal, nämlich im ersten und elften Jahr erfolgt. Der rechnerische Ansatz der laufenden Kosten für maschinelle Einrichtungen u.ä. bietet keine besondere Schwierigkeiten.

5.2.3. Festlegung der Bewertungsansätze für die Kosten

Eine detaillierte Kostenanalyse für jede im Rahmen der vorliegenden Studie zu untersuchende Energieeinsparungsmaßnahme, aus der sowohl die bestehende Kostenstruktur als auch die spezifische Kostenentwicklung jeder einzelnen Kostenart in Zukunft hervorgeht, würde nicht nur den Untersuchungsaufwand gigantisch ausweiten, sondern auch über das Ziel der vorliegenden Untersuchung – eine Orientierung über die Reihung verschiedener Maßnahmen nach ihrem Nutzen-Kosten-Verhältnis zu gewinnen – hinausführen.

Vielmehr sollen generell standardisierte Ansätze für die Ermittlung der Gesamtkosten (einmalige und wiederkehrende Ausgaben) über den Betrachtungszeitraum von jeweils 20 Jahren ausgewiesen werden.

Im Zuge dieser Standardisierung soll der generell steigenden Tendenz der Kosten dadurch Rechnung getragen werden, daß die Annahme einer durchschnittlichen jährlichen Kostensteigerung zwischen zwei erwartbaren Grenzwerten getroffen wird. Die Errechnung der Zahlungsreihe erfolgt in Form einer geometrischen Reihe. In gleicher Weise wird zur Erreichung der Additionsfähigkeit der Glieder der Zahlungsreihe die Diskontierung in der bereits oben besprochenen Form ebenfalls als geometrische Reihe in Ansatz gebracht. Neben der jeweiligen Investition ergeben sich somit nachfolgende in Rechnung zu stellende laufende Kosten je Energieeinsparungsmaßnahme:

$$\sum_{n=1}^{20} K_n = K_1 (1 + q + q^2 + \ldots + q^{19})$$

$$\sum_{n=1}^{20} K_n{}_B = K_1 \left(1 + \frac{q}{r} + \frac{q^2}{r^2} + \ldots \frac{q^{19}}{r^{19}} \right)$$

$$= K_1 (1 + s + s^2 + \ldots + s^{19})$$

Hier wurde zunächst von der Höhe der laufenden Kosten im ersten Betrachtungsjahr ausgegangen und diese mit Hilfe der geometrischen Reihe ($q = 1 + p_1 \%/100$) für einen 20-jährigen Betrachtungszeitraum errechnet. Die erste Summenzeile würde jedoch nur die Addition der Nominalwerte der laufenden Kosten darstellen. Es ist also notwendig, gemäß den obigen Aussagen über die Diskontierung den Barwert dieser Kostensumme zu ermitteln. Dies erfolgt in der zweiten Rechnungszeile durch gliedweise Diskontierung der Nominalwerte der laufenden Jahreskosten ($r = 1 + p_2 \%/100$) und wie sich zeigt, liefert die Verknüpfung von Kostensteigerung und Diskontierung abermals eine geometrische Reihe, die die Zusammenfassung des Barwertes der Kosten über den Betrachtungszeitraum von 20 Jahren in einer einfachen Summenformel ermöglicht. Die so ermittelte Summe der laufenden Kosten kann nun ordnungsgemäß zu den Ausgaben für die Investitionen einer energiesparenden Maßnahme addiert werden.

Es gilt nun, aus den zu erwartenden jährlichen Kostensteigerungen und dem anzuwendenden Diskontierungszinsfuß zu ermitteln, mit welchen Werten s die vorstehende Kostensummenformel in der vorliegenden Untersuchung generell zu rechnen ist. Aufgrund der Erfahrungen der letzten Jahre kann angenommen werden, daß die Summe aus Personal- und Sachkosten im Durchschnitt von Jahr zu Jahr um einen Prozentsatz zwischen $p_1 = 6$ bis 10% steigt. Der Zinsfuß für die Diskontierung, der von einer langfristig wertgesicherten Kapitalanlage abgeleitet werden soll, lag in den letzten Jahren zwischen $p_2 = 6$ bis $8\ 1/2 \%$. Daraus ergibt sich, daß die Werte $q = 1,06$ bis $1,10$ und die Werte $r = 1,06$ bis $1,085$ betragen. Damit ergeben sich Grenzwerte für den Quotienten $s = q/r$, mit

$$s_{min} = 0,9770$$

$$s_{max} = 1,0377$$

Setzt man diese beiden Extremwerte in die Summenformel der geometrischen Reihe

$$S = \frac{s^{20} - 1}{s - 1}$$

ein, so ergeben sich für diese die nachfolgenden Barwert-Multiplikatoren:

$$S_{min} = 16,178$$

$$S_{max} = 29,077$$

Im Rahmen der weiteren Untersuchung sind nun die jeweils zu bestimmenden laufenden Jahreskosten im ersten Jahr mit diesen beiden Extremwerten S_{min} bzw. S_{max} zu multiplizieren, um die zur jeweiligen Investition addierfähigen laufenden Kosten des Betrachtungszeitraumes von 20 Jahren in der Rechnung zu berücksichtigen, soferne nicht überhaupt ein Schätzwert für die Barwertsumme (Investition + laufende Kosten) angenommen wird.

5.2.4. Auswirkung des Zahlungszeitpunktes anhand eines Beispieles

In der nachfolgenden **Tabelle 9** sind die zahlenmäßigen Auswirkungen der nunmehr festgelegten Rechenmethode anhand zweier extremer Beispiele dargestellt. Im Falle des Beispieles 1 wurde angenommen, daß lediglich eine Investition, aber keine laufend wiederkehrenden Kosten anfallen; im Beispiel 2 erfordert die Maßnahme zwar keine Investition jedoch laufend wiederkehrende Kosten. Der Betrachtungszeitraum beträgt 20 Jahre, wobei für das Beispiel 1 zwei Alternativen unterschieden wurden: Beispiel 1a mit einer einmaligen Investition im Betrachtungszeitraum von einer Million Schilling und Beispiel 1b mit einer Investition für einen Zehnjahreszeitraum und einer Reininvestition im elften Jahr für den Rest des Betrachtungszeitraumes jeweils in Höhe von 0,5 Millionen Schilling. Als Nutzen der beispielhaften Energieeinsparungsmaßnahmen wurde eine Kraftstoffersparnis von 20.000 Liter/Jahr angenommen. Die in den letzten beiden Kostenspalten ausgewiesene Bandbreite der Barwerte der Summenkosten wurde mit den vorher errechneten Extremwerten der Quotienten s bzw. mit deren Verwendung in der Summenformel für die geometrische Reihe S bestimmt.

Beispiel	Jahre	NUTZEN	KOSTEN				NUTZEN/KOSTEN	
			Investition	Laufende Kosten im 1. Jahr	Barwert der Summenkosten (Investitionen + laufende Kosten in ö.S.) bei		Spezifische Kraftstoffersparnis in [Liter/ö.S.] bei	
		Annahme: 20.000 l Kraftstoffersparnis p.a.	[ö.S.]	[ö.S.]	$s_{min} = 0,9770$	$s_{max} = 1,0377$	$s_{min} = 0,9770$	$s_{max} = 1,0377$
1a	20		1,000.000	—	1,000.000	1,000.000	0,40	0,40
1b	10 + 10		500.000 + 500.000	—	896.200	1,223.900	0,45	0,33
2	20		—	50.000	808.900	1,453.900	0,49	0,28

Tabelle 9: Zahlenbeispiel für die Ermittlung des Nutzen-Kosten-Verhältnisses

Da die in der Tabelle 9 festgehaltenen Ergebnisse prinzipielle Bedeutung haben, sollen sie ausdrücklich erläutert werden:

– Erfordert eine Maßnahme nur eine einmalige Investition und keine weiteren laufenden Kosten (Beispiel 1a), so liefert die Ermittlung des Barwertes der Summenkosten und selbstverständlich auch des Nutzen-Kosten-Verhältnisses einen einzigen Wert.

– Erfordert eine Maßnahme innerhalb des Betrachtungszeitraumes von 20 Jahren eine Reininvestition (Beispiel 1b), so ergeben sich die Barwerte der Summenkosten und das Nutzen-Kosten-Verhältnis als Werteband.

– Erfordert eine Maßnahme keine Investitionen, dafür aber laufende Kosten (Beispiel 2), so ergeben sich die Barwerte der Summenkosten und das Nutzen-Kosten-Verhältnis als Werteband.

Zusammenfassend kann festgestellt werden, daß bei Maßnahmen, deren Schwerpunkt auf den laufenden Kosten liegt, weniger exakte Aussagen gemacht werden können.

5.2.5. Grafische Ermittlung des Barwertes der Summenkosten

Die vorstehend angestellten Überlegungen samt Ergebnissen sollen in der Folge in Form eines Arbeitsdiagrammes in **Bild 38** dargestellt werden und zwar aus zwei Gründen: das Arbeitsdiagramm

– erlaubt eine rasche Ablesung von Ergebnissen und
– zeigt anschaulich die Bandbreite dieser Ergebnisse.

Auf der Abszisse des Arbeitsdiagrammes sind die laufenden Kosten in zwei Maßstäben eingetragen: Maßstab a entspicht dem Quotienten $s = 0{,}9970$, Maßstab b entspricht dem Quotienten $s = 1{,}0377$. Weiters sind für verschieden hohe Investitionen die entsprechenden Geraden so eingezeichnet, daß auf der Ordinate der Barwert der Summenkosten – bestehend aus einmaligen und laufenden Kosten – abgelesen werden kann.

Anhand eines eingezeichneten Beispiels soll die Arbeitsweise erläutert werden; die Höhe der Investition für eine bestimmte Maßnahme betrage zwischen 500 und 600 Geldeinheiten, die laufenden Kosten (Betrachtungszeitraum 20 Jahre) 30 bis 40 Geldeinheiten pro Jahr. Das schraffiert eingezeichnete Feld kennzeichnet den Bereich aller möglichen Ergebnisse, wobei die Barwerte zwischen rd. 980 GE und 1.760 GE liegen (die entsprechenden gerechneten Werte sind 985,34 GE und 1.763,08 GE). Eine umgekehrte Benützung des Arbeitsdiagrammes – von einer geschätzten Barwertsumme ausgehend – ermöglicht die Angabe jeweils eines Streubereichs der Investition bzw. der laufenden Jahreskosten. Dieser Weg wird insbesondere aus Gründen der Einfachheit und der Wahl runder Zahlen für die Barwertsumme der Kosten zu wählen sein.

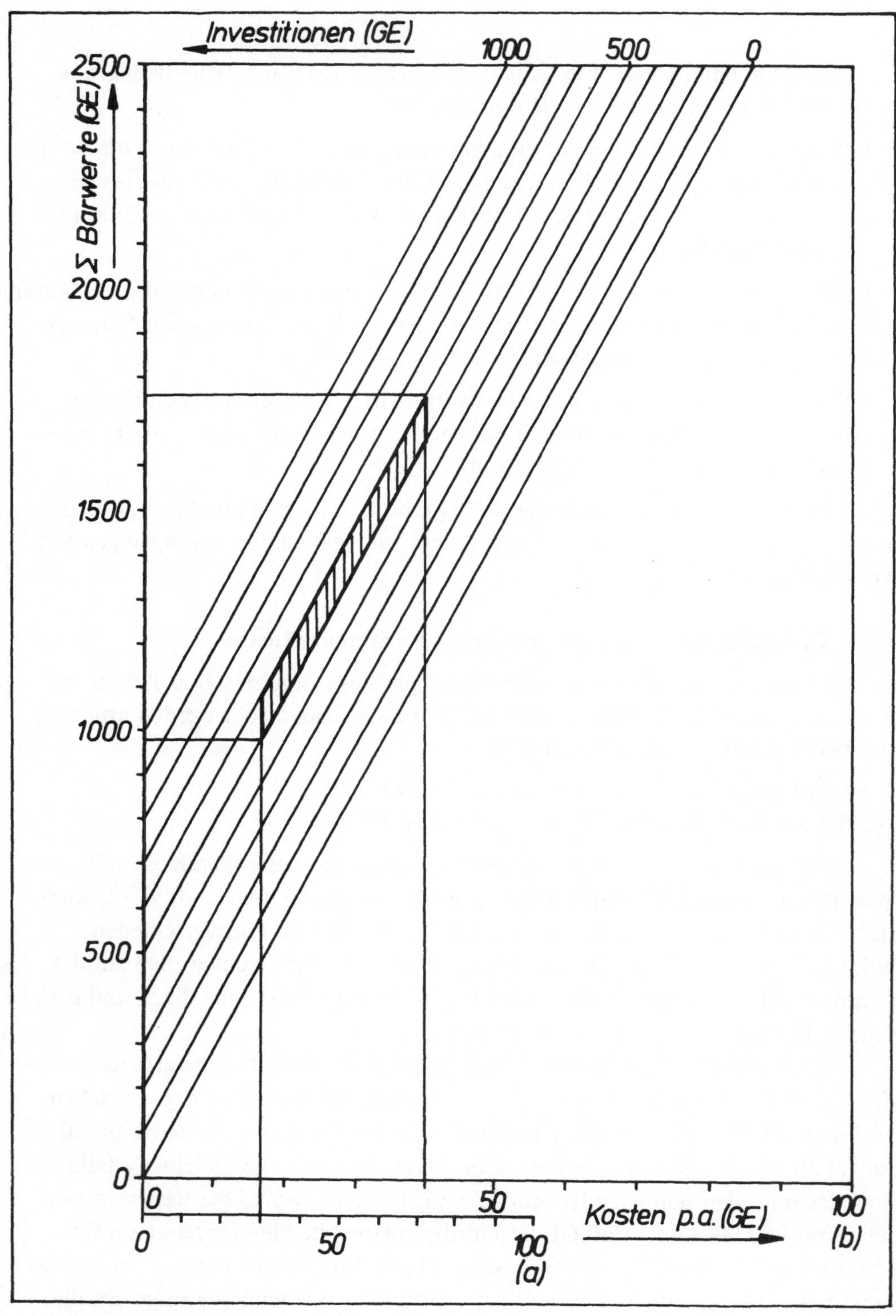

Bild 38: Arbeitsdiagramm zur Barwertbestimmung

5.3. Qualitativer Vergleich

Neben Maßnahmen, deren Effekt mehr oder weniger genau durch Errechnung des Nutzen Kosten-Verhältnisses angebbar ist, gibt es auch eine Anzahl komplexer Vorschläge bzw. Wünsche, für die eine Nutzen-Kosten-Rechnung einerseits wegen der Vielzahl der Einflüsse und andererseits wegen des qualitativen Aspekts mancher Ergebnisse nicht möglich ist.

Für einen qualitativen Vergleich sind im wesentlichen 2 Gruppen von Kriterien relevant:

1) Mögliche Ergebnisse durchgeführter Maßnahmen:

— Sicherheit (des Straßenverkehrs)
— Kosten (des Kraftfahrzeugbenützers)
— Zeit (des Kraftfahrzeugbenützers)
— Annehmlichkeit (für den Kraftfahrzeugbenützer)
— Umweltbelastung (entlang des Verkehrsweges)
— Behinderungen (der Wirtschaft entlang des Verkehrsweges)
— Frequenzsteigerungen öffentlicher Verkehrsmittel
— Devisenbedarf (außer demjenigen für Energie)

2) Randbedingungen der Einführung der Maßnahme:

— Gesetzesänderung (hat die Maßnahme eine solche als Voraussetzung)
— Finanzierbarkeit (budgetäre Möglichkeiten)
— Realisierungszeitraum
— Durchsetzbarkeit (Motivation, Dirigismus, Zwang)

Betrachtet man verschiedene Maßnahmen zur Energieeinsparung, ist jedes der oben angeführten Kriterien mit unterschiedlichem Niveau vorhanden. Für einen qualitativen Vergleich ist es erforderlich, die Einflüsse sämtlicher Kriterien je Maßnahme zusammenzufassen. Dies kann sowohl ungewichtet als auch gewichtet erfolgen.

Die einfachste Art eines ungewichteten Niveauvergleichs ist die Methode des **Saldentests**, bei dem jeweils zwei Maßnahmen bezüglich eines Kriteriums miteinander verglichen werden und dieser Vorgang solange wiederholt wird, bis jede Maßnahme mit jeder Maßnahme im Hinblick auf alle Kriterien verglichen ist. Das Ergebnis dieses Vergleichs ist eine Reihe von Salden für die verschiedenen Kriterien, nach deren Aufsummieren je Maßnahme eine entsprechende Aussage hinsichtlich der Rangordnung der Maßnahmen gemacht werden kann.

Der Nachteil der Methode des Saldentests, daß die Salden lediglich zur Ermittlung der Rangordnung dienen, ihre Beträge für die Entscheidung jedoch keinen Einfluß besitzen, wird bei der Distanzmessung vermieden. Bevor eine Distanzmessung vorgenommen werden kann, bringt man die unterschiedlichen Werte und Dimensionen der Kriterien durch eine Transformation des Niveaus z.B. durch Vergabe von Wertfaktoren auf eine gemeinsame Ebene (siehe **Tabelle 10**):

Art des Einflusses	Wertfaktor
Sicherer nachteiliger Einfluß	− 2
Möglicher nachteiliger Einfluß	− 1
Ohne Einfluß	0
Möglicher positiver Einfluß	1
Sicherer positiver Einfluß	2

Tabelle 10: Beschreibung der Wertfaktoren für die qualitative Beurteilung von Maßnahmen

Trägt man die transformierten Niveaus in ein Diagramm ein, erhält man für jede Maßnahme zur Energieeinsparung ein Profil (siehe Bild 39):

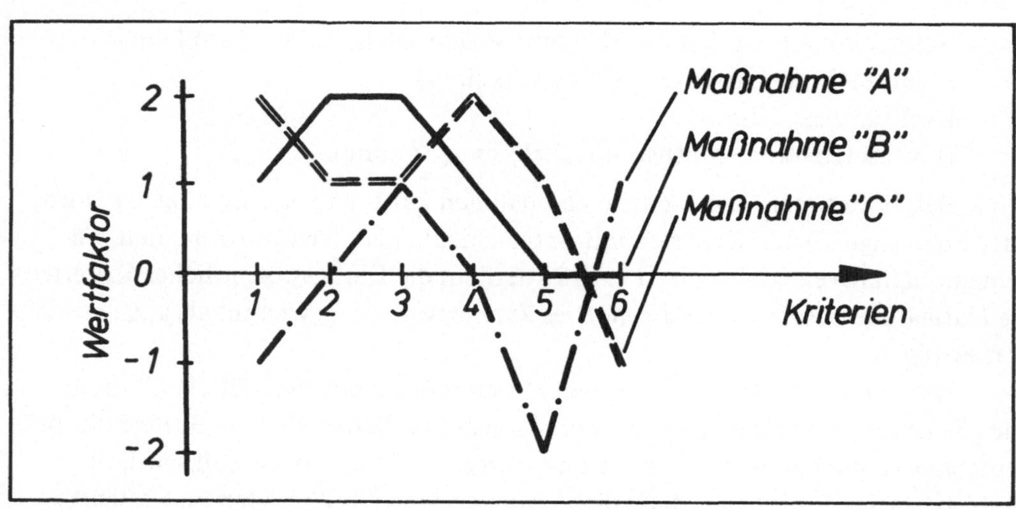

Bild 39: Distanzmessung von Maßnahmeprofilen

Mit Hilfe solcher Profile läßt sich eine Distanzmessung durchführen. Die Maßnahmen sind umso ähnlicher, je weniger ihre Profile voneinander abweichen. Bei n verschiedenen Kriterien, nach denen die Maßnahmen verglichen werden sollen, kann man jede Maßnahme als Punkt im n-dimensionalen Raum auffassen und den Abstand der Punkte zueinander berechnen.

Der Nachteil der Methode der Distanzmessung besteht darin, daß die Konfiguration der Kriterien zueinander nicht beachtet wird. Entsprechend seiner Präferenzen kann jedoch der Entscheidungsträger ungleiche Gewichte für die verschiedenen Kriterien subjektiv festlegen. Eine Gewichtung könnte z.B. in folgender Art erfolgen (siehe **Tabelle 11**):

Kriterium	Gewicht
Sicherheit	4
Umweltbelastung	4
Finanzierbarkeit	3
Zeit	3
Behinderungen	3
Kosten	3
Realisierungszeitraum	2
Durchsetzbarkeit	2
Annehmlichkeit	2
Devisenbedarf	1
Frequenzsteigerungen	1
Gesetzesänderung	1

Tabelle 11: Beispiel für die Gewichtung der qualitativen Beurteilungskriterien

Mittels einer derartigen Gewichtung könnte für jede Energieeinsparungsmaßnahme durch Summation der Produkte von Wertfaktoren und Gewichten über alle Kriterien eine Punktesumme errechnet werden. Die Analyse der gewichteten Kriterien ermöglicht es, subjektive Ansichten systematisch zu beurteilen und vor allem die nicht in Kosten erfaßbaren Gesichtspunkte bei der Reihung von Maßnahmen mit zu berücksichtigen.

Beschreibung der qualitativen Merkmale

In der Folge werden die qualitativen Merkmale und die Art ihrer Beurteilung allgemein beschrieben, um dann im Zuge der weiteren Abschnitte je Maßnahme zur Energieeinsparung nur mehr die Begründung für die jeweilige Einstufung in das Beurteilungsschema (+ 2 bis – 2) geben zu müssen.

Die SICHERHEIT des Straßenverkehrs soll als wichtigstes Merkmal zuerst angeführt werden. Es versteht sich daher, daß in der Praxis keine Maßnahmen erwogen werden sollen, bei denen eine Herabsetzung der Sicherheit auch nur für eine Art von Verkehrsteilnehmern erwartet werden muß.

Unter den KOSTEN für den Kraftfahrzeugbenützer soll die Größenordnung des Saldos aus Kostenvor- und -nachteilen verstanden werden, die aus der Einführung einer Maßnahme resultieren.

Ersparnis oder Mehrbedarf an ZEIT für den Kraftfahrzeugbenützer ergibt sich bei jeder verkehrstechnischen Maßnahme zur Energieeinsparung. Der Grund hiefür ist, daß jede Maßnahme in Richtung Verkehrsverlagerung oder Verkehrsverflüssigung zielt. Gerade der Zeitbedarf wird jedoch in der Regel – manchmal auch gegen wirtschaftliche Überlegungen – hauptsächlich beim Vergleich des Angebotes öffentlicher Verkehrsmittel vom Kfz-Benützer als Argument gebraucht. Besonders in einer Zeit, in der bei einem Großteil der Bevölkerung der Freizeitanteil zunimmt, ist es verständlich, daß man nicht bereit ist, einen steigenden Zeitanteil für die Berufsfahrten zu opfern.

Bei gestiegenem Lebensstandard mißt der Kfz-Benützer selbstverständlich der ANNEHMLICHKEIT bei den regelmäßigen Berufsfahrten ebensoviel Gewicht bei wie der ersparten Zeit. Unter Annehmlichkeit ist neben dem garantierten bequemen Sitzplatz auch ein entsprechendes Raumklima, die Vermeidung der Ansteckungsgefahr, die einfache Beförderung von Lasten sowie die zeitliche und räumliche Ungebundenheit zu verstehen.

Die UMWELTBELASTUNG gewinnt heute nicht nur aus sachlichen, sondern auch aus emotionellen Gründen in zunehmendem Maße an Bedeutung. Sowohl Schadstoffimmissionen und Geräuschbelästigungen als auch die Beeinträchtigung der natürlichen Umwelt durch Verkehrsbauten sind unter diesem Aspekt zu beurteilen.

Durch das Setzen verschiedener verkehrstechnischer Maßnahmen kann es zu BEHINDERUNGEN der Wirtschaft entlang der Verkehrswege kommen. Im besonderen sollen hier Nachteile für den Lieferanten- und Kundenverkehr der Betriebe beurteilt werden.

Eine Reihe von Maßnahmen zielt auf FREQUENZSTEIGERUNGEN öffentlicher Verkehrsmittel ab. Positive Effekte sind besonders unter dem Gesichtspunkt einer Reduktion der von der öffentlichen Hand aus Steuermitteln zu tragenden Defizite der öffentlichen Verkehrsmittel zu sehen.

Bei der Realisierung einiger Maßnahmen kommt es – abgesehen von Importen an Erdöl und Erdölprodukten – zu einer Verminderung oder Vermehrung sonstiger Importe, wodurch sich der DEVISENBEDARF ändert.

Ist für die ins Auge gefaßte Maßnahme eine GESETZESÄNDERUNG oder Änderung bestehender Vorschriften erforderlich, kann dies als zusätzliche Schwierigkeit nicht nur wegen der Kodifizierung sondern auch wegen der erforderlichen Änderung der Gewohnheiten der Verkehrsteilnehmer angesehen werden.

Besonders bei Maßnahmen, die hohe Investitionen erfordern, können sich
Schwierigkeiten hinsichtlich FINANZIERBARKEIT durch die öffentliche Hand ergeben. Dabei ist es gleichgültig, ob die Finanzierung aus dem laufenden Budget
oder durch Sondermaßnahmen erfolgen soll.

Der REALISIERUNGSZEITRAUM einer Maßnahme kann ein wesentliches
Kriterium für ihre Wirksamkeit sein. Die Möglichkeiten reichen dabei von sofort
wirksam werdenden Maßnahmen (z.B. Verkehrsüberwachung) über solche, die
erst im Laufe einiger Jahre allmählich zu voller Wirksamkeit gelangen (z.B. ab-
schaltbarer Kühlerventilator) bis zu solchen, die überhaupt erst nach Ablauf
eines vieljährigen Zeitraumes wirksam werden   (z.B. große Verkehrsbauten).

Nicht zuletzt ist die politische DURCHSETZBARKEIT einer Maßnahme zu
bedenken. Auch Maßnahmen, die energiesparend, verkehrsordnend oder umwelt-
schonend sind, können emotionelle Widerstände der Bevölkerung bewirken (z.B.
dirigistische Maßnahmen zur Verkehrssubstitution), sodaß die Verantwortlichen
von an sich sachlich richtigen Entscheidungen Abstand nehmen könnten.

Bei der nachfolgenden Besprechung der einzelnen Maßnahmen werden nur
jene Merkmale besprochen, die durch Einführung der Energieeinsparungsmaßnahme positiv oder negativ beeinflußt werden.

6. BEWERTUNG DER ENERGIESPARMASSNAHMEN

6.1. Verkehrsverflüssigung und Verkehrsverlagerung

6.1.1. Allgemeines

Grundsätzlich sind Energieeinsparungen im Straßenverkehr auf zwei Arten zu erreichen:

— Wegen des im Kapitel 4.3.4. beschriebenen engen Zusammenhanges zwischen der im Stadtverkehr erreichbaren Durchschnittsgeschwindigkeit und dem Treibstoffverbrauch ist jede Verkehrsverflüssigung auch gleichzeitig eine Maßnahme zur Energieeinsparung.

— Gelingt es, Verkehrsaufkommen derart zu verlagern, daß der Energieaufwand je netto transportierter Einheit (Person oder Gewichtseinheit im Güterverkehr) geringer ist, kann durch solche Verkehrsverlagerung ebenfalls Energie gespart werden.

Vorweg muß in diesem Zusammenhang auf einige Argumente bzw. Randbedingungen eingegangen werden. Eine häufig von Politikern verwendete Antwort auf Forderungen nach baulichen Maßnahmen zur Verkehrsverflüssigung ist, daß jede Attraktivierung von Straßenzügen nur noch mehr — unerwünschten — Individualverkehr anziehen würde, was in der Folge zu erneuter Verstopfung der eben ausgebauten Straßen führen würde usw. Ein kurzer Blick auf das **Bild 40** zeigt aber den im Bereich von Durchschnittsgeschwindigkeiten zwischen 0 und 10 [km/h] fast proportionalen Zusammenhang zwischen Durchschnittsgeschwindigkeit und Durchsatzmenge. In allen Fällen chronischer Verkehrsstauung kann aber angenommen werden, daß diese Zunahme der Durchsatzmenge infolge höherer Durchschnittsgeschwindigkeiten sicher größer ist als die eventuelle Zunahme der Inanspruchnahme dieses Straßenstückes wegen der erhöhten Attraktivität.

Daß Verlagerungen des Verkehrsaufkommens vom Individual- zum öffentlichen Verkehr bzw. im Güterverkehr von der Straße zur Schiene wesentliche Energieeinsparungen bringen könnten, ist eine besonders in den letzten Jahren artikulierte Feststellung. Die Realisierbarkeit von Energieeinsparungen durch Verlagerung hängt aber zunächst davon ab, ob geeignete Alternativen kapazitätsmäßig überhaupt vorhanden sind, weiters, ob es gelingt, durch finanzielle oder

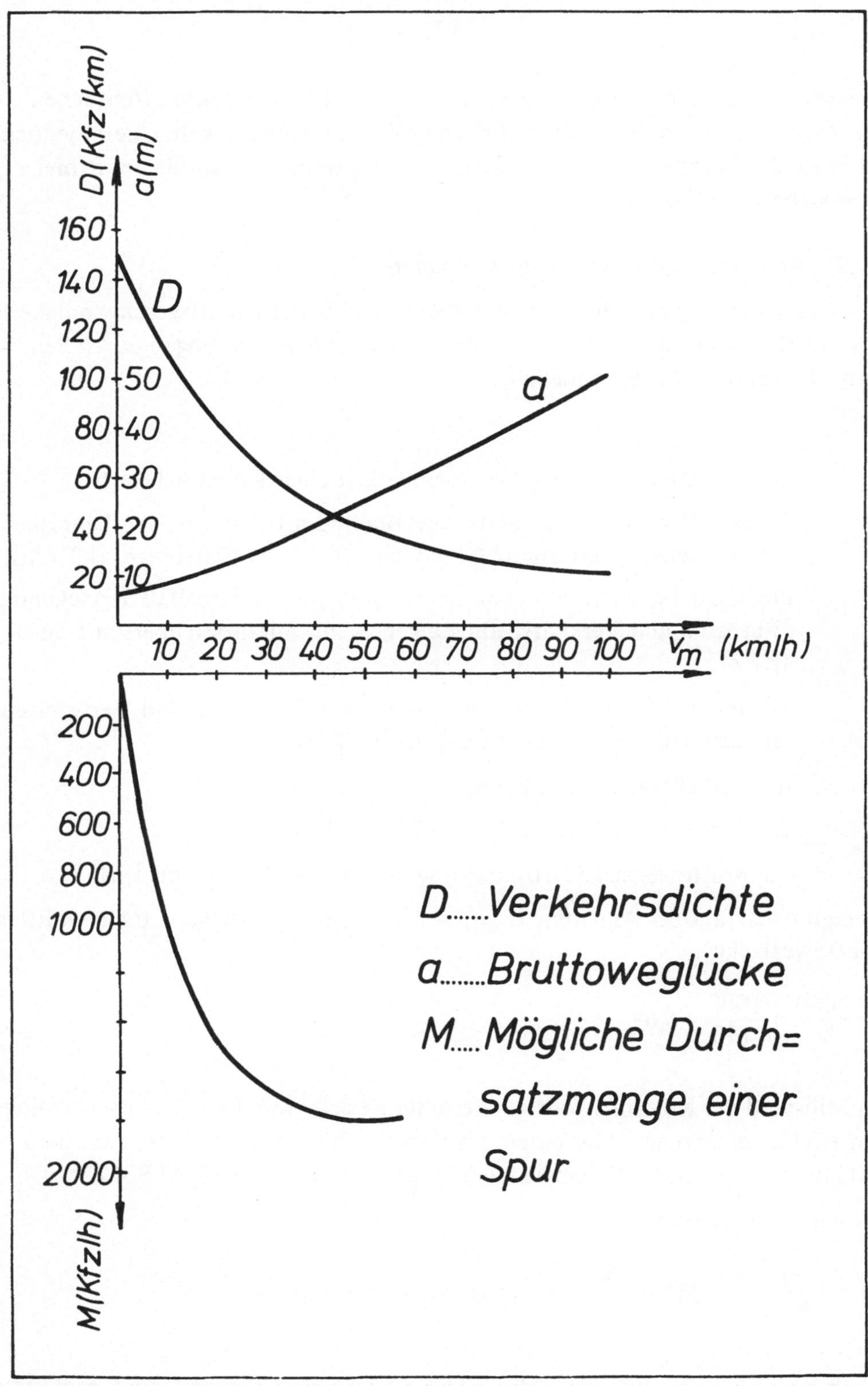

Bild 40: Verkehrsdichte, Bruttoweglücke und Durchsatzmenge in Abhängigkeit von der Durchschnittsgeschwindigkeit

sonstige Anreize oder nur durch Zwang z.B. einen Übergang zum öffentlichen Verkehr zu bewirken. In manchen Fällen (z.B. beim Güterverkehr) bleibt jedoch die Frage der Energiegünstigkeit weiter bestehen, wenn man an die per Schiene transportierte Totlast denkt.

6.1.2. Verkehrsdichte und Energieverbrauch

Die Beziehung zwischen Verkehrsdichte und Durchschnittsgeschwindigkeit läßt mit Hilfe von Kapitel 4.3.4. auf mögliche Energieeinsparungen durch Senkung der Verkehrsdichte schließen:
Seien

$\bar{v}_m$ ... die mittlere momentane Geschwindigkeit einer Kolonne [km/h],

M^* ... die grundlegende Durchsatzmenge einer Spur (homogene Verkehrszusammensetzung, konstante Geschwindigkeit aller Fahrzeuge) [KFZ/h],

M ... die mögliche Durchsatzmenge einer Spur (bei im Einzelfall herrschenden Fahrbahn- und Verkehrsbedingungen, wenn Zufahrten überstaut sind) [KFZ/h],

M' ... die praktische Durchsatzmenge (wenn Verzögerungen und Wartezeiten in „zumutbaren" Grenzen bleiben) [KFZ/h],

D ... die Verkehrsdichte [KFZ/km]

$D_{max} = 150 \div 175$ [KFZ/km] ([355] S. 124) und

a ... die Bruttoweglücke (Abstand Wagenfront bis Wagenfront) [m],

so ergibt sich aus der Annahme $D_{max} = 150$ [KFZ/km] bei $\bar{v}_m = 0$ eine mittlere Bruttoweglücke

$$a = \frac{1000}{D} = \frac{1000}{150} = 6{,}67$$

bei Stillstand der Kolonne. Weitere Werte für a (siehe **Tabelle 12**) müssen analog den effektiv gefahrenen Abständen, die wesentlich kleiner als die sich aus dem Anhalteweg ergebenden Sollabstände sind, gewählt werden ([355] S. 122):

Mit den Beziehungen

$$D = \frac{1000}{a}, \qquad M^* = \frac{1000 \cdot \bar{v}_m}{a} = D \cdot \bar{v}_m, \quad M = 0{,}9 \cdot M^*$$

erhält man unter Zuhilfenahme des Bildes 40 nach entsprechender Interpolation von a bzw. D Werte der folgenden **Tabelle 13**:

v_m [km/h]	a[m]
0	6,67
50	25,00
100	50,00

Tabelle 12: Abhängigkeit der Bruttoweglücke von der Durchschnittsgeschwindigkeit

$\bar{v}_m$ [km/h]	a [m]	D [KFZ/km]	M* [KFZ/h]	M [KFZ/h]
0	6,67	150	0	0
5	7,50	133	665	559
10	8,80	114	1 140	1 026
20	12,00	83	1 660	1 494
30	16,00	63	1 890	1 701
40	20,40	49	1 960	1 764
50	25,00	40	2 000	1 800
60	30,00	33	1 980	1 782

Tabelle 13: Bruttoweglücke, Verkehrsdichte, grundlegende und mögliche Durchsatzmenge in Abhängigkeit von der Durchschnittsgeschwindigkeit

Im Bild 40, das diesen Zusammenhang zwischen Durchschnittsgeschwindigkeit, Verkehrsdichte und Durchsatzmenge graphisch zeigt, ist zu sehen, daß die von einer Spur bewältigte Verkehrsmenge bis zu einer Durchschnittsgeschwindigkeit von 50 [km/h] stetig – anfangs stärker, dann schwächer – steigt.

Eine höhere Durchschnittsgeschwindigkeit würde – wegen der gefahrenen größeren Abstände - - keine Erhöhung des Wertes von 1.800 [KFZ/h] mehr bringen. (Exakte Berechnungen des Anhalteweges hätten insbesondere bei Geschwindigkeiten über 50 [km/h] größere Bruttoweglücken „a" theoretisch erforderlich gemacht und würden dort sogar zu einem Sinken der Durchsatzmenge führen).

Für Nutzen-Kosten-Überlegungen sollen in der Folge sämtliche Maßnahmen, die zu einer Erhöhung der Spurenzahl führen, gemeinsam betrachtet werden.

Letztlich unterscheiden sich Maßnahmen wie

– Überwachung der Halteverbote einschließlich Bestrafung bzw. prompte Abschleppung durch „fliegende" Abschleppkommandos,

– Optimale Leitlinien,

– Spurenvariation,

– Sonderstraßen für öffentliche Verkehrsmittel,

– Bauliche Schaffung neuer Fahrspuren

nur durch die Höhe der erforderlichen Kosten, nicht aber in ihrem Effekt auf Verkehrsdichte, Durchschnittsgeschwindigkeit und damit Energieverbrauch.

Bei realistischer Betrachtung der Verhältnisse in österreichischen Ballungszentren kann die Maßnahme „Vergrößerung der Spurenzahl" nur entweder eine

– Erhöhung der Spurenzahl je Fahrtrichtung von 1 auf 2 oder im besten Fall eine

– Erhöhung der Spurenzahl je Fahrtrichtung von 2 auf 3

bedeuten. Die Auswirkung dieser beiden Fälle soll die **Tabelle 14** (linke Hälfte „1 auf 2",rechte Hälfte „2 auf 3") zeigen. Sie ist dabei ausgehend von verschiedenen Durchschnittsgeschwindigkeiten (5, 10 und 20 [km/h]) im IST-Zustand von oben (IST) nach unten (SOLL) zu verstehen.

Anhand der ersten Spalte (mittlere momentane Geschwindigkeit derzeit 5 [km/h] auf 1 Spur je Richtung) soll die Auswirkung einer zusätzlichen Spur („1 auf 2") interpretiert werden: aus der Tabelle 13 ergibt sich für $\bar{v}_m = 5$ [km/h] eine Durchsatzmenge von M = 599 [KFZ/h], d.h. bei H = 3 Spitzenstunden („Staustunden") pro Tag eine Menge von 1.797 gestauten Fahrzeugen pro Tag. Nach dem Zusammenhang laut Kapitel 4.3.4. beträgt der stündliche Kraftstoffverbrauch eines durchschnittlichen PKW bei einer Durchschnittsgeschwindigkeit von 5 [km/h] 1,55 [l/h], d.i. ein Verbrauch von Y = 0,310 [l/km]. Die 1.797 Fahrzeuge würden demnach auf diesem Kilometer 557 l Treibstoff pro Tag verbrauchen. Rechnet

	Größe	Dimension	Zeile Nr. Errechnung	Erhöhung der Spurenzahl je Fahrtrichtung von 1 auf 2 — Annahme einer mittl. momentanen Geschwindigkeit (IST) von: $\bar v_m=5$			$\bar v_m=10$			$\bar v_m=20$			Erhöhung der Spurenzahl je Fahrtrichtung von 2 auf 3 — Annahme einer mittl. momentanen Geschwindigkeit (IST) von: $\bar v_m=5$			$\bar v_m=10$			$\bar v_m=20$		
I S T	$\bar v_m$	km/h	(1)	5			10			20			5			10			20		
	M	KFZ/h, Spur	(2)	599			1.026			1.494			599			1.026			1.494		
	ΣM	KFZ/h	(3)	599			1.026			1.494			1.198			2.052			2.988		
	ΣH	h/Tag	(4)	3			3			3			3			3			3		
	$\Sigma M \cdot \Sigma H$	KFZ/Tag	(5) = (3) . (4)	1.797			3.078			4.482			3.594			6.156			8.964		
	y	Liter/h, KFZ	(6)	1,55			1,84			2,40			1,55			1,84			2,40		
	Y	Liter/km, KFZ	(7) = (6)/(1)	0,310			0,184			0,120			0,310			0,184			0,120		
	ΣY	Liter/km, Tag	(8) = (7) . (5)	557			566			538			1.114			1.133			1.076		
	$\Sigma\Sigma Y$	Liter/km, Jahr	(9) = (8) . 250	139.250			141.500			134.500			278.500			283.250			269.000		
	D	KFZ/km, Spur	(10)	133			114			83			133			114			83		
	ΣD	KFZ/km	(11)	133			114			83			266			228			166		
	D	KFZ/km, Spur	(12)	67			57			42			89			76			55		
S O L L	$\bar v_m$	km/h	(13)	> 28			> 35			> 48			> 18			> 24			> 36		
	(M)	KFZ/h, Spur	(14)	(1.670)			(1.740)			(1.800)			(1.440)			(1.580)			(1.750)		
	(ΣM)	KFZ/h	(15)	(3.340)			(3.480)			(3.600)			(4.320)			(4.740)			(5.250)		
	y	Liter/h, KFZ	(16)	< 2,87			< 3,29			< 4,05			< 2,29			< 2,64			< 3,35		
	Y	Liter/km, KFZ	(17) = (16)/(13)	< 0,103			< 0,094			< 0,084			< 0,127			< 0,110			< 0,093		
	ΣY	Liter/km, Tag	(18) = (17) . (5)	< 185			< 289			< 378			< 458			< 678			< 834		
	$\Sigma\Sigma Y$	Liter/km, Jahr	(19) = (18) . 250	< 46.199			< 72.340			< 94.622			< 114.429			< 169.585			< 208.475		
NUTZEN	N	Liter/km, Jahr	(20) = (9) . (19)	> 93.051			> 69.160			> 39.878			> 164.071			> 113.665			> 60.525		
	n	%	$(21) = \frac{(20)}{(9)} \cdot 100$	> 67			> 49			> 30			> 59			> 40			> 23		
KOSTEN	$\Sigma K = I + \Sigma k$	Mio ö.S.	(22)	1	5	10	1	5	10	1	5	10	1	5	10	1	5	10	1	5	10
NUTZEN / KOSTEN	$\dfrac{20 \cdot N}{20\,\Sigma K}$	Liter/ö.S.	$(23) = \dfrac{20 \cdot (20)}{(22)}$	1,861	0,372	0,186	1,383	0,277	0,138	0,798	0,160	0,080	3,281	0,656	0,328	2,273	0,455	0,227	1,211	0,242	0,121

Tabelle 14: Ermittlung und Ergebnisbereiche des Nutzen·Kosten-Verhältnisses bei Erhöhung der Spurenzahl

man mit 250 Werktagen pro Jahr, ergibt dies einen Jahresverbrauch in den täglichen Verkehrsspitzen von 139.250 l Treibstoff. Die der Durchschnittsgeschwindigkeit von 5 [km/h] entsprechende Verkehrsdichte D = 133 [KFZ/km] würde bei einer zusätzlichen Spur auf weniger als 67 [KFZ/km] sinken. Dies hätte eine Erhöhung der Durchsatzmenge auf der Straße von 599 [KFZ/h] auf 3.340 [KFZ/h], also um 458 % zur Folge. Gleichzeitig würde die Durchschnittsgeschwindigkeit auf 28 [km/h], also um 460 %, steigen.

An dieser Stelle muß dem „stadtplanerischen" Argument, daß bessere d.h. breitere Straßen nur noch mehr Verkehr anziehen würden und in der Folge ebenso verstopft würden, nochmals mit den vorher ermittelten Zahlen begegnet werden. Es ist sicher, daß sich im Falle eines 2-spurigen Ausbaues eine größere Verkehrsmenge als 599 [KFZ/h] einstellen würde — aber keine Steigerung um 458 % auf 3.340 [KFZ/h] schon wegen der Durchlässigkeit der angrenzenden Straßenstücke bzw. Verkehrsknoten. Der stark überproportionale Zusammenhang zwischen Spurenzahl einerseits und Durchschnittsgeschwindigkeit und Durchsatzmenge andererseits gilt auch in umgekehrter Richtung bei Wegfall von Fahrspuren, wie aktuelle Beispiele der letzten Zeit (Wiener Nordbrücke) zeigen.

Die Tatsache einer effektiv geringeren Verkehrsmenge — irgendwo im Bereich zwischen 599 und 3.340 [KFZ/h] — wirkt sich, da die praktische Verkehrsmenge sicher unter der möglichen Durchsatzmenge von 3.340 [KFZ/h] liegt, positiv auf die Durchschnittsgeschwindigkeit aus. Aus diesem Grund sind die in der Folge errechneten Einsparungswerte als Minimalwerte zu verstehen, da die tatsächlich gefahrene Durchschnittsgeschwindigkeit höher als 28 [km/h] sein wird.

Der sich schließlich ergebende Nutzen von mehr als 93.051 [Liter/Jahr und Kilometer] bedeutet eine Einsparung von mehr als 67 % bezogen auf die Spitzenzeiten.

6.1.3. Verkehrs-Verlagerung

Hier sollen alle Maßnahmen gesehen werden, die durch Verlagerung von Verkehrsbedürfnissen auf

– öffentlichen Massenverkehr
– Taxi-Bus
– Gemeinschaftstaxi

zur Energieeinsparung führen.

Zahlreiche Kennzahlen sind für die Herbeiführung von quantitativen Vergleichen für derartige Verlagerungen vorgeschlagen worden. Als Beispiel sei „Grundfläche/Reisende" genannt. Auch die Errechnung einer Kennzahl „Energieverbrauch/Reisenden" würde keine Schwierigkeit bieten. Angesichts der Entwicklung der letzten Jahrzehnte -- Explosion des Individual- und Stagnation des öffentlichen Verkehrs – ist verständlich, daß auch nur marginale Verlagerungen auf einen der folgenden Gründe zurückgehen müssen:

1) Attraktivität des öffentlichen Verkehrsmittels (darunter wird i.a. der Zeitfaktor und weniger die Bequemlichkeit oder der Preis verstanden).

2) Gesetzliche Eingriffe durch regionale oder temporäre Fahrverbote.

3) Wirtschaftlichkeitsüberlegungen nach einer bedeutenden Erhöhung der Treibstoffpreise wegen steuerlicher Belastungen.

4) Wirtschaftlichkeitsüberlegungen nach allmählicher oder plötzlicher Verknappung von Dauerparkraum.

Nutzen-Kosten-Verhältnisse entsprechend den Überlegungen dieses Berichtes könnten für jede Verkehrssituation auf 2 Stufen errechnet werden:

A) Marginale Verlagerungen: gelänge es, die Kapazität bestehender Verkehrsmittel (Straßenbahnen, Busse, Taxis) besser zu nutzen, wäre der durch deren höhere Besetzung entstehende Treibstoffmehrverbrauch sicher gegenüber den Einsparungen im Bereich des Individualverkehrs vernachlässigbar. Das Nutzen-Kosten-Verhältnis wäre – denkt man insbesondere an die dirigistischen Begründungen nach Pkt. 2) bis 4) – auf alle Fälle sehr hoch.

B) Verlagerungen bedeutender Teile des Individualverkehrs: solche Verlagerungen würden aus Kapazitätsgründen ebenso bedeutende Investitionen auf dem Sektor des öffentlichen Massenverkehrs notwendig machen und das Nutzen-Kosten-Verhältnis ungünstiger gestalten. Einer der wesentlichsten Gründe hierfür ist das zusätzliche Auftreten von Personalkosten (insbesondere zu Zeiten außerhalb der Verkehrsspitze!).

Für die beiden Stufen A und B gilt: Stufe A) würde, da ohne Investitionen keine Erhöhung der Attraktivität öffentlicher Verkehrsmittel möglich wäre, nur durch dirigistische Eingriffe nach Pkt 2) bis 4) zu erreichen sein. Stufe B) hätte jedoch ebenfalls massive dirigistische Eingriffe (fiskalische Belastung des Individualverkehrs) als Voraussetzung, da ohne solche die für sie notwendigen Investitionen kaum finanzierbar wären.

Außer Frage steht, daß jede Art von Verkehrsverlagerung dirigistische Maßnahmen erfordern würde, die jedoch mit Bedacht zu setzen wären, da die in den letzten Jahrzehnten durch das individuelle Verkehrsmittel erzeugten Verkehrsbedürfnisse nicht ohne weiters substituiert werden können.

In den folgenden Abschnitten des Kapitels 6 werden die einzelnen Maßnahmen zur Energieeinsparung getrennt in die Bereiche Verkehrslenkung und Kraftfahrzeugtechnik beschrieben. Gleichzeitig erfolgt dort die Berechnung bzw. Abschätzung des Nutzen-Kosten-Verhältnisses unter den bisher beschriebenen Kriterien.

6.2. Spurenvariation (SV)

Unter Spurenvariation soll ein Richtungswechsel von Fahrspuren in Anpassung an das Verkehrsaufkommen verstanden werden. Durch eine derartige Anpassung der Spurenzahl an das Verkehrsaufkommen soll eine optimale Nutzung des vorhandenen Straßenraumes erreicht werden. Insbesondere an Ein- und Ausfallstraßen kommt es durch die starre Spurenteilung zu wechselweiser äußerst unterschiedlicher Auslastung und damit zu starken Verkehrsstauungen.

Die Durchführung dieser Maßnahme erfordert geeignete Verkehrsleiteinrichtungen wie Ampelbrücken mit Ampeln je Spur, Bodenmarkierungen, Hinweisbeschilderung und unter Umständen vorherige bauliche Maßnahmen wie z.B. Entfernen des Mittelstreifens.

Der Nutzen der Maßnahme kann – wie bei allen fahrspurschaffenden Maßnahmen – anhand der Tabelle 14 abgeschätzt werden: er wird relativ am größten, wenn man, ausgehend von einer Durchschnittsgeschwindigkeit von 5 [km/h] – die zu Zeiten der Verkehrsspitze an Ein- und Ausfallstraßen durchaus auftreten kann die Spurenzahl durch die Maßnahme „Spurenvariation" von 1 und 2 erhöht. Je höher die durchschnittliche Fahrgeschwindigkeit angenommen wird und je größer die Spurenzahl an sich ist, desto geringer ergibt sich der relative Nutzen der Maßnahme. Wie aus der Tabelle 14 zu ersehen ist, kann die Einsparung im beschriebenen günstigsten Fall über 67 %, im Fall einer Vergrößerung der Spurenzahl von 2 auf 3 ausgehend von einer Durchschnittsgeschwindigkeit von 20 [km/h] aber nur mehr über 23 % betragen. Die absolute Höhe des Nutzens in [Liter/km] ist wiederum von der Zahl der ursprünglichen Fahrspuren abhängig, da die Einsparung bei einer größeren Anzahl von Fahrspuren bei mehr Fahrzeugen realisiert werden kann.

Für die Höhe der Kosten spielt neben der Art der Verkehrsleiteinrichtung vor allem auch die spezielle Situation – wie z.B. Zahl der Kreuzungen im Bereich des in Frage kommenden Straßenstückes – eine Rolle: auch sparsame Lösungen – geht man von Kosten für die Lichtsignalregelung einer einfachen Kreuzung in der Größenordnung von etwa 1 Mio öS aus – wären sicher nicht unter einem Barwert von 5 Mio öS zu erreichen. Dieser Barwert von 5 Mio öS entspricht einer Investition von 2,0 bis 3,5 Mio öS und jährlichen Betriebskosten von ca. 100.000 [öS/km]. Nimmt man an, daß der Straßenerhalter für einen derartigen Umbau einen maximalen Barwert von 20 Mio öS (17,0 bis 18,5 Mio öS Investition und laufende Jahreskosten wie vorstehend) aufzuwenden bereit ist, ergeben sich **Nutzen-Kosten-Verhältnisse zwischen 0,040 und 0,656.**

Qualitative Bewertung der sonstigen Wirkungen

Sicherheit	1
Kosten	2
Zeit	2
Umweltbelastung	2
Realisierungszeitraum	– 1

Tabelle 15: Bewertung der sonstigen Wirkungen der
Maßnahme „Spurenvariation"

Wird angenommen, daß z.B. in dreispurigen Straßen insbesondere in der mittleren Spur bei Einführung der Maßnahme die Fahrtrichtung durch Ampeln eindeutig geregelt würde, wirkt sich dies auf die Fahrsicherheit möglicherweise positiv aus (siehe **Bild 41**):

Da bei der Maßnahme keine Belastung des Straßenbenützers vorgesehen ist, wirkt sie sich auf die Kosten des KFZ-Benützers positiv wegen des aus der höheren Durchschnittsgeschwindigkeit resultierenden relativ niedrigeren Kraftstoffverbrauches pro gefahrenem km aus. Aus den gleichen Gründen wird der sicher positive Einfluß auf Zeit und Umweltbelastung bemerkt. Die Möglichkeit eines nachteiligen Einflusses bestünde lediglich – bedingt durch Planungsarbeiten – in einem längeren Realisierungszeitraum.

6.3. Optimale Leitlinien (OL)

Bedingt durch die Tatsache von oft fehlenden Bodenmarkierungen wird die Verkehrsfläche schlecht genutzt. Durch Anbringen sinnvoller Bodenmarkierungen wäre es vielfach möglich, eine zusätzliche Fahrspur zu gewinnen. Der Nutzen der Maßnahme wäre analog dem Kapitel 6.2. anzusetzen. Durch die Einführung dieser Maßnahme würden keine nennenswerten Kosten entstehen. Es kann angenommen werden, daß ihr Barwert zwischen 0 und 1 Mio öS pro Kilometer (das entspricht laufenden Jahreskosten von maximal 35.000 bis 60.000 öS) liegen und das **Nutzen-Kosten-Verhältnis sicher über 0,798 betragen wird.**

Qualitative Bewertung der sonstigen Wirkungen

Die Neuanbringung von Bodenmarkierungen zwecks besserer Nutzung von Verkehrsflächen müßte – wie jede Aufbringung von Bodenmarkierungen – einen positiven Einfluß auf die Verkehrssicherheit haben (siehe **Bild 42**).

Bezüglich der Merkmale Kosten, Zeit und Umweltbelastung gelten dieselben Begründungen wie im Kapitel 6.2.

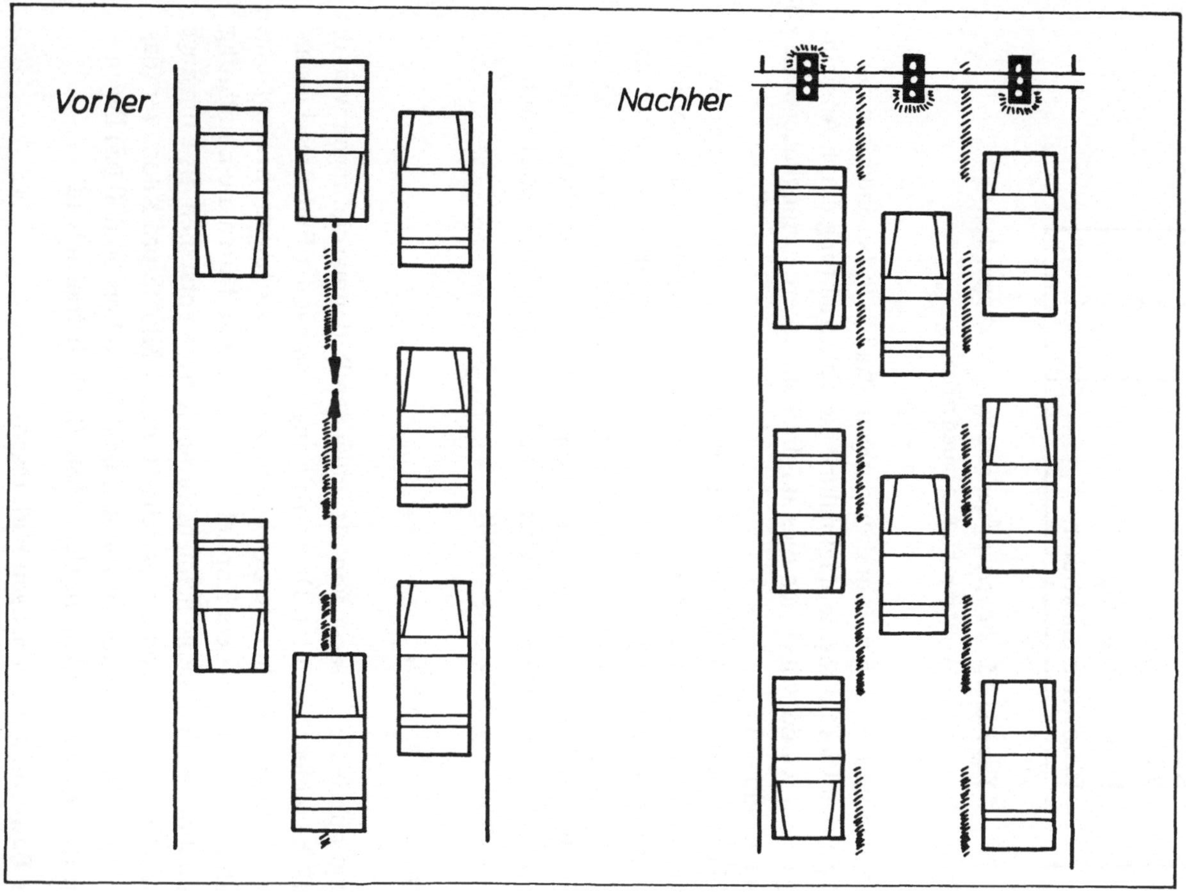

Bild 41: Ordnung des Verkehrs durch Spurenvariation

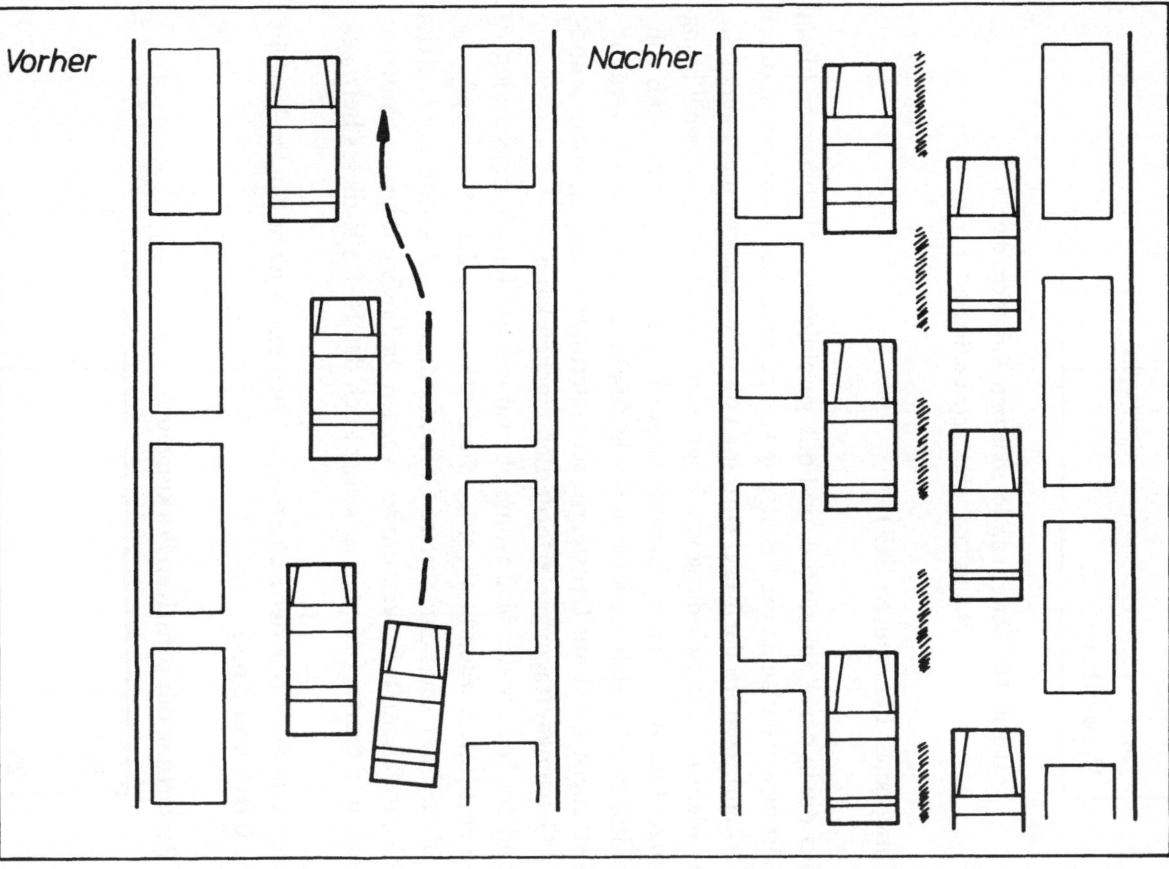

Bild 42: Ordnung des Verkehrs durch Leitlinien

Qualitative Bewertung der sonstigen Wirkungen

Sicherheit	1
Kosten	2
Zeit	2
Umweltbelastung	2

Tabelle 16: Bewertung der sonstigen Wirkungen der
Maßnahme „Optimale Leitlinien"

6.4. Schaffung neuer Fahrspuren (NF)

Ein über die in den Kapiteln 6.2. und 6.3. geschilderten Maßnahmen hinausgehender Lösungsvorschlag ist die Schaffung von zusätzlichen Fahrspuren durch bauliche Vorkehrungen. In der Regel wird man diese Maßnahme nicht generell, sondern vor allem zur Überwindung von Engpässen zwecks Vergleichsmäßigung der Fahrspurzahl ins Auge fassen. Es muß darauf hingewiesen werden, daß vor allem im städtischen Bereich die Kosten der Maßnahme oft sehr hoch werden können, da sie meist nicht nur Gehsteigverschmälerungen sondern auch Grundablösen und Gebäudeabtragungen erforderlich machen kann.

Während der Nutzen der Maßnahme ebenso wie bei den vorangehenden Abschnitten ermittelt werden kann, stößt die Bestimmung der Kosten auf Schwierigkeiten. Zwar kann eine untere Größenordnung der Kosten (Investition) mit 5 Mio öS pro Kilometer angenommen werden, bei aufwendigeren baulichen Vorkehrungen und teuren Gründen ist sicher auch das 10-fache dieses Betrages möglich.

Entsprechend der Höhe der Kosten ergibt sich ein **Nutzen-Kosten-Verhält·nis zwischen 0,016 und 0,656.**

Qualitative Bewertung der sonstigen Wirkungen

Sicherheit	1
Kosten	2
Zeit	2
Umweltbelastung	1
Behinderungen	– 1
Finanzierbarkeit	– 1
Realisierungszeitraum	– 1

Tabelle 17: Bewertung der sonstigen Wirkungen der
Maßnahme „Schaffung neuer Fahrspuren"

Neben dem möglicherweise günstigen Einfluß auf die Verkehrssicherheit sind ohne Zweifel die Merkmale Kosten und Zeit positiv zu werten. Wegen möglicher Umweltbeeinträchtigungen z.B. durch Fällen von Alleebäumen wird der Vorteil niedrigerer Schadstoffemissionen möglicherweise abgeändert. Bei Gehsteigverschmälerungen wären unter Umständen Behinderungen für Anrainerbetriebe denkbar. Wegen der auch aufwendigeren baulichen Maßnahmen kann bezüglich Finanzierbarkeit und Realisierungszeitraum mit möglichen Nachteilen gerechnet werden.

6.5. Sonderstraßen und -spuren für den öffentlichen Verkehr (SS)

Wegen der besonders in letzter Zeit in der Öffentlichkeit artikulierten Forderung nach Schaffung von Sonderspuren für den öffentlichen Verkehr soll diese Maßnahme unter dem Blickwinkel von Nutzen-Kosten-Überlegungen betrachtet werden. Für den öffentlichen Verkehr erscheint die Anlage von Sonderspuren deswegen interessant, da eine Erhöhung der Attraktivität des öffentlichen Massenverkehrsmittels (Straßenbahnspur durch Aufbringung von „Stuttgarter Schwellen" oder Autobusspur durch Sperrlinien) durch eine Erhöhung der Reisegeschwindigkeit erreicht werden kann. Das Hauptargument in diesem Zusammenhang lautet nun, daß das Individualverkehrsaufkommen einer entfallenden Spur besser und — da weniger Verkehrsdichte erfordernd — auch rascher durch das öffentliche Verkehrsmittel substituierbar sei.

Zur Illustration dieses Wunsches diene folgende Überlegung (siehe **Bild 43**).

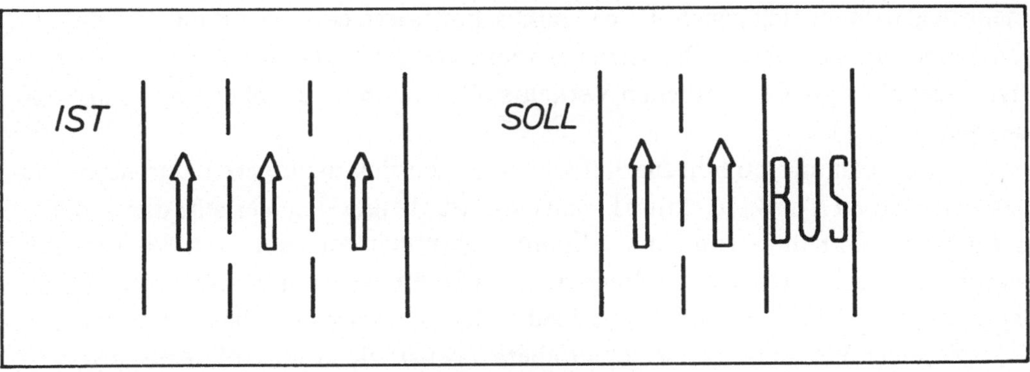

Bild 43: Schaffung einer Bus-Sonderspur

Es wird der Übergang von einer dreispurigen Fahrbahn auf eine solche mit zwei Spuren und einer Bus-Sonderspur erwogen. Der Erfolg der Maßnahme ist sicher vom Anteil des für den öffentlichen Verkehr gewinnbaren Verkehrsaufkommens abhängig und liegt zwischen folgenden Extremen:

a)   Das der wegfallenden Spur entsprechende Drittel des Individualverkehrs kann substituiert werden. In diesem Fall würde sich die Durchschnittsgeschwindigkeit der Fahrzeuge auf den verbleibenden 2 Spuren nicht ändern und der durch die Substitution entstehende Nutzen (Nutzen-Kosten-Verhältnisse nach Kapitel 6.10. -B zwischen 0,049 und 0,824) würde voll wirksam.

b)   Kein Individualverkehr kann substituiert werden. Dies wäre z.B. dann denkbar, würde die Busspur nur auf einem relativ kurzen Straßenzug realisiert, d.h. die Gesamtattraktivität des öffentlichen Verkehrsmittels würde nicht wesentlich vergrößert werden.

Nimmt man für diesen Fall eine für die Verkehrsspitze realistische Durchschnittsgeschwindigkeit von 18 [km/h] an, ist analog der Tabelle 14 eine Durchsatzmenge von insgesamt 4.320 Fahrzeuge je Stunde möglich. Ein Wegfall einer Spur würde somit sowohl den Energieverbrauch entsprechend vergrößern als auch wegen der geringeren Durchsatzmenge von 1198 Fahrzeugen je Stunde die Wartezeiten aller KFZ-Benützer vergrößern, was zum Zusammenbruch des Individualverkehrs führen kann.

Da der Idealzustand, daß die wegfallende Spur total substituiert wird, in der Praxis wohl kaum erreicht werden kann, wird das tatsächlich erreichbare Nutzen-Kosten-Verhältnis sicher kleiner als das unter Punkt a) ausgewiesene sein.

Bei geringerer Durchsatzmenge an KFZ, die deutlich unter der möglichen Leistungsfähigkeit des betrachteten Straßenzuges liegt, wird zweifelsfrei eine höhere als die im Bild 40 ablesbare Durchschnittsgeschwindigkeit gefahren. Sollte diese nicht wie oben betrachtet bei 18 [km/h] sondern bei 25 [km/h] oder mehr liegen, stellt sich generell eine Durchschnittsgeschwindigkeit ein, die mit jener eines unbehinderten Busbetriebes vergleichbar ist. Damit wäre keine Attraktivitätserhöhung des öffentlichen Verkehrsmittels durch die Schaffung einer Sonderspur möglich.

Ginge man im Betrachtungsfall von einer deutlich niedrigeren Durchschnittsgeschwindigkeit - z.B. 10 [km/h] - aus und würde hier den Verkehr durch die betrachtete Maßnahme von 3 auf 2 Spuren zusammendrängen, kann der Verkehr wegen der damit verbundenen Steigerung der Dichte gegen den möglichen Grenzwert von 150 [KFZ/km] auf den verbleibenden Spuren zum Erliegen kommen.

Zu einer Vermeidung der beschriebenen Nachteile könnte die Anlage von Sonderstraßen (z.B. Straßenbahnstraßen oder besser „Straßenbahngassen") für den öffentlichen Verkehr führen. Eine derartige Entflechtung ist dann interessant, wenn es gelingt, durch Verlegung des öffentlichen Verkehrsmittels in parallele Nebenstraßen die Kapazität der Hauptstraße durch Vermehrung der Spurenzahl zu erhöhen. Gegenseitige Behinderungen von öffentlichem und Individualverkehr haben bisher sowohl zu hohem Energieverbrauch des Individualverkehrs als auch zu Unattraktivität des öffentlichen Verkehrsmittels geführt. Sicher ist die Anlage einer Straßenbahnstrecke in einer bisher kaum befahrenen (weil nicht bevorrangten) parallelen Nebenstraße in Verbindung mit einer Erhöhung der Leistungsfähigkeit der Hauptstraße nicht nur im Hinblick auf das Nutzen-Kosten-Verhältnis sondern auch im Hinblick auf zahlreiche andere Gesichtspunkte eine der höchstzubewertenden Maßnahmen.

Bei der Abschätzung der Kosten dieser Maßnahme sei folgende Überlegung berücksichtigt: die Praxis zeigt, daß eine Sanierung von Gleiskörpern in kürzeren Intervallen als jene der übrigen Fahrbahnteile vorgenommen werden muß. Wenn nun an Stelle einer Sanierung eine Verlegung des Gleiskörpers in eine Sonderstraße erfolgt, sind nur die Mehrkosten als Investition in Rechnung zu stellen. Als positiver Nebeneffekt ist die Nichtbehinderung der Baustelle durch den öffentlichen Verkehr anzusehen.

Nimmt man unter Berücksichtigung vorstehender Überlegungen eine Investition zwischen 5 und 10 Mio öS je Kilometer an, ergeben sich wegen der zusätzlichen Fahrspuren auf der Hauptstraße **Nutzen-Kosten-Verhältnisse zwischen 0,080 und 0,656.**

Qualitative Bewertung der sonstigen Wirkungen

Sicherheit	1
Kosten	2
Zeit	2
Umweltbelastung	2
Behinderungen	-1
Frequenzsteigerungen	1
Finanzierbarkeit	-1
Realisierungszeitraum	-1

Tabelle 18: Bewertung der sonstigen Wirkungen der Maßnahme „Sonderstraßen und -spuren für den öffentlichen Verkehr"

Bezüglich der Merkmale Sicherheit, Kosten, Zeit und Umweltbelastung gelten Argumente wie bei den Maßnahmen Spurenvariation und optimale Leitlinien (Kapitel 6.2. und 6.3.). Sollte eine Sonderstraße für den öffentlichen Verkehr als Straßenbahnstraße in einer lediglich 2-spurigen Nebenstraße eingerichtet werden, kann dies zu Behinderungen für Anrainerbetriebe wegen des Gleiskörpers (Halteverbot) führen. Die konsequente Planung solcher Sonderstraßen auf längeren Strecken müßte das öffentliche Verkehrsmittel in seiner Reisegeschwindigkeit so attraktiv machen, daß eine Frequenzsteigerung durchaus möglich ist. Bezüglich Finanzierbarkeit und Realisierungszeitraum gelten wegen Planungsarbeiten und Baukosten analoge Überlegungen wie bei der Schaffung neuer Fahrspuren (Kapitel 6.4.).

6.6. Einhaltung von Halteverboten (EH)

Geht man davon aus, daß erst die Einhaltung von – sinnvoll erlassenen – Halteverboten den Verkehr flüssig erhält, sind Kosten von Maßnahmen, die diese Einhaltung gewährleisten, dem durch größere Flüssigkeit des Verkehrs erreichten Nutzen gegenüber zu stellen.

Grundsätzlich können verbotene Halte von Kraftfahrzeugen nur auf 2 Arten verhindert werden:

– Anbringung von Ketten, Guardrails bzw. Pflanzung von Strauchreihen am Straßenrand oder

– intensive Überwachung durch behördliche Organe (z.B. Politessen), um allein durch deren Anwesenheit Halte von vorneherein zu verhindern.

Da es sich bei Straßenzügen, in denen Halteverbote gehäuft nicht eingehalten werden, in der Regel um gemischte Hauptverkehrs- und Geschäftsstraßen handelt, scheiden bauliche Maßnahmen aus, weil sich die Halteverbote nur auf die Zeiten der Verkehrsspitzen beschränken.

Kosten, die den Verkehrsteilnehmern durch Strafen und Abschleppungen erwachsen, dürfen nicht berücksichtigt werden. Würde nämlich bestraft bzw. abgeschleppt, bedeutet dies, daß die Überwachung keinen oder noch keinen Erfolg gehabt und daher auch keinen Nutzen erbracht hat.

Der Effekt der Überwachung von Halteverboten besteht jedenfalls in einer Vergrößerung der Zahl der Fahrspuren während der Hauptverkehrszeit. Aus Tabelle 14 resultieren für die Spurenzahlerhöhung minimale Werte von 46.199 bis 208.475 Liter Treibstoffeinsparung je Jahr und Straßenkilometer in Abhängigkeit von der ursprünglichen Spurenzahl und der ursprünglich gefahrenen mittleren Kolonnengeschwindigkeit. Ein Einsatz von 4 Politessen je Straßenseite und Kilometer müßte ausreichen, die Einhaltung des Halteverbotes zu gewährleisten. Bei Stundenkosten von S 100,– je Politesse, täglichem dreistündigen Einsatz und 250 Einsatztagen ergeben sich 300.000 öS Jahreskosten. Aus dem Arbeitsdiagramm im Bild 38 können hiefür Barwerte zwischen 4,9 und 8,7 Mio öS abgelesen werden. Unter Berücksichtigung der Treibstoffersparnis in 20 Jahren ergibt sich eine Bandbreite für das **Nutzen-Kosten-Verhältnis von 0,106 bis 0,851.**

Qualitative Bewertung der sonstigen Wirkungen

Sicherheit	2
Kosten	2
Zeit	2
Umweltbelastung	2
Behinderungen	− 2
Durchsetzbarkeit	− 1

Tabelle 19: Bewertung der sonstigen Wirkungen der
Maßnahme „Einhaltung von Halteverboten"

Daß auch rechte Fahrspuren von Hauptverkehrsstraßen durchgehend be-
fahrbar gemacht werden, ist zweifellos ein großer Beitrag zur Verkehrssicherheit.
Kosten und Fahrzeit für den Fließverkehr wiegen sicherlich wegen der Menge
der durchgeschleusten Fahrzeuge schwerer als vermehrte Kosten und vermehrte
Zeitbedarf für Einzelne, die gezwungen werden, auch bei „kleinen Erledigungen"
vorschriftsmäßige Halte- oder Parkmöglichkeiten zu suchen. Für die Wirtschaft
entlang der rigoros überwachten Hauptverkehrsstraßen bringt dies zweifellos Behinderungen bzw. es könnte − wie schon öfter zu bemerken war − die politische
Durchsetzbarkeit der Maßnahme nicht leicht sein.

6.7. Abbiegeverbote (AV)

Die Flüssigkeit des Verkehrs in der Geradeausrichtung kann insbesondere
in Hauptstraßen zu den Stoßzeiten durch Rechts- und Linksabbieger beeinträch-
tigt werden. Dies trifft dann zu, wenn das Abbiegen aus potentiellen Geradeausspuren erfolgt, unabhängig davon, ob diese ausschließliche Abbiegespuren
oder Geradeaus- und Abbiegespuren sind. Abbiegespuren- insbesondere für das
Rechtsabbiegen-, die durch bauliche Vorkehrungen aus dem Verlauf der Geradeausspuren im Bereich vor der Kreuzung herausgeführt sind, bleiben hier außer
Betracht.
Da im Einzelfall die Möglichkeit der Steigerung der Durchlässigkeit einer
Kreuzung durch Abbiegeverbote von einer Vielzahl von Parametern der speziellen Kreuzung abhängig ist, soll hier die Berechnung des Nutzen-Kosten-Verhältnisses analog den bisher besprochenen Maßnahmen erfolgen. Geht man von
der Annahme aus, daß im Verlauf eines Straßenkilometers zwei bis vier Kreuzungen mit Abbiegerbeeinträchtigung liegen, kann durch die Erlassung von Ab-
biegeverboten je Fahrtrichtung eine zusätzliche Geradeausspur gewonnen werden.

Unter Anwendung der Tabelle 14 ergeben sich bei Durchschnittsgeschwindigkeiten von 10 bis 20 [km/h] und der Annahme eines Barwertes von maximal 1 Mio öS erwartbare **Nutzen-Kosten-Verhältnisse von 1,211 bis 2,273.**

Qualitative Bewertung der sonstigen Wirkungen

Sicherheit	2
Kosten	2
Zeit	2
Umweltbelastung	2

Tabelle 20: Bewertung der sonstigen Wirkungen der
Maßnahme „Abbiegeverbote"

Die mit der Maßnahme erreichbare durchgehende Befahrbarkeit von Geradeausspuren trägt ebenso wie die Maßnahme Einhaltung von Halteverboten (Kapitel 6.6.) zur Verkehrssicherheit bei. Für Kosten, Zeit und Umweltbelastung gilt gleiches wie für alle anderen fahrspurschaffenden Maßnahmen. Daß für einen bestimmten Straßenzug — denn nur ein solcher kann betrachtet werden — die Summe der Ersparnisse bzw. Verbesserungen an Kosten, Zeit und Umweltbelastung größer als die Mehraufwände bzw. Verschlechterungen durch die zu Umwegen gezwungenen Abbieger ist, steht außer Zweifel.

6.8. Verkehrsentflechtung durch Niveauunterschiede (NU)

6.8.1. Behandlung von Knotenpunkten

Im Gegensatz zu dem vorher als „Energiespar-Baustein" betrachteten Strassenkilometer führt die Behandlung mittels Durchschnittsgeschwindigkeit bzw. Verkehrsdichte beim „Baustein Kreuzung" für sich zu keinem Ergebnis. Auf die Durchschnittsgeschwindigkeit würde erst die gemeinsame Betrachtung einer ganzen Kette von Kreuzungen und Straßenzügen Bezug nehmen können.

An sich bereitet die Untersuchung einer Kreuzung wenig Schwierigkeiten (Zeitlückenverfahren, Konfliktflächenverfahren), wenn sämtliche Parameter — d.h. Frequenzen aller möglichen Richtungen — bekannt sind. So sind es beim Beispiel einer Kreuzung, die das **Bild 44** vor und nach einem Umbau schematisch zeigt, etwa 20 für die Auslegung von Ampelzyklen bedeutsame Parameter (Fahrzeug- und Fußgängerfrequenzen). Sind nun Ampelzyklen bzw. Programme bekannt, ist die durch die Baumaßnahme (Überführung) zu erwartende Zahl von eingesparten Stops bzw. Anfahrten und damit die Energieeinsparung relativ genau errechenbar.

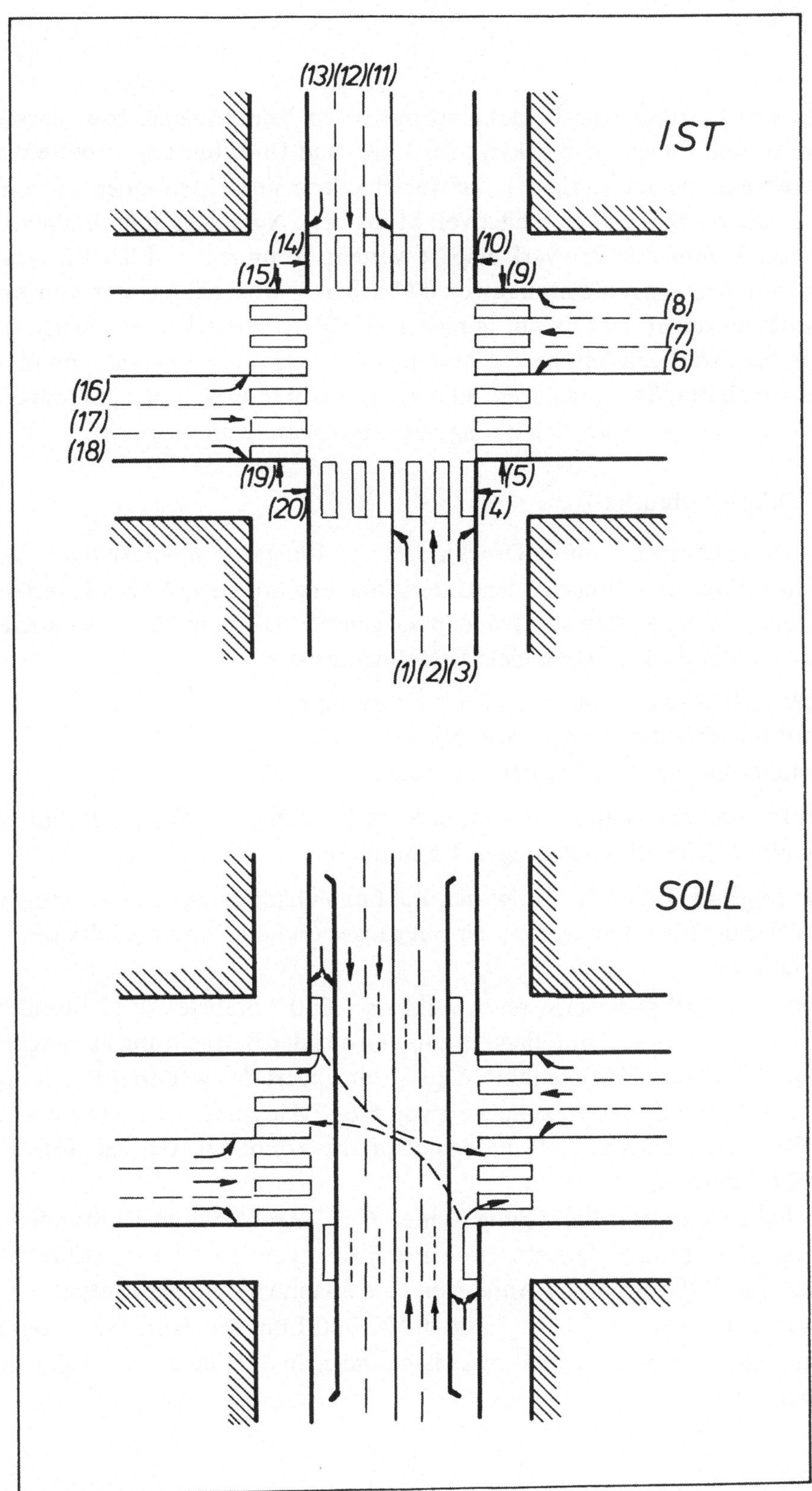

Bild 44: Ordnung des Verkehrs durch Über- oder Unterführung

Für eine generelle Angabe des Nutzen-Kosten- Verhältnisses bzw. dessen Streubreite von Fußgängerbrücken oder Über- und Unterführungen besteht auf der Nutzenseite die Schwierigkeit, daß verschiedene Verkehrsfrequenzen von Fall zu Fall zu unterschiedlichen Zahlen von Stops bzw. Anfahrten führen, die durch das in Frage kommende Bauwerk erspart würden. Wenn man auf der Kostenseite zunächst von den – gerade im Bauwesen üblichen – Ungenauigkeiten von Kostenvorausschätzungen absieht, bleibt immer noch die Schwierigkeit der Kostenabgrenzung bei derartigen Bauwerken bestehen (Anteile für Individual- und Massenverkehr, Geschäfte, Sanitäranlagen, sonstige Einbauten bzw. Vorteile), die eine allfällige Ungenauigkeit der Schätzung nur vergrößern kann.

6.8.2. Fußgängerbrücke

Der Einsatz einer – durch Druckknopf von Fußgängern betätigten -- Verkehrsampel durch eine Brücke oder Untertunnelung mit bestimmten Investitions- und Instandhaltungskosten stellt eine im Gegensatz zu einem komplexen Kreuzungsbauwerk einfach zu behandelnde Maßnahme dar.

– Fußgängerbrücke mit Rampen über 4 Fahrspuren:
Investitionsvarianten 1 und 2 Mio öS
Instandhaltung jährlich 2 % der Baukosten.

– Druckknopfampel: Länge der Rotphase für Fahrzeuge 25 Sekunden, minimales Intervall zwischen 2 Betätigungen 1,5 Minuten.

Die folgende **Tabelle 21** zeigt den Zusammenhang zwischen Fahrzeugmenge, Anzahl der Ampelbetätigungen durch Fußgänger und die daraus resultierende Anzahl Anfahrten.

Eine sich ergebende geringere Anzahl als 1.000 Anfahrten je 12 Stunden, d.h. 1,4 je Minute, kann aus Sinnfälligkeitsgründen aus der Betrachtung ausgeschieden werden und der Wert 1000 Anfahrten als Minimalwert der weiteren Rechnung zugrundegelegt werden. Der Maximalwert von 6.667 Anfahrten, der einer Frequenz von 24.000 Fahrzeugen in 12 Stunden entspricht, könnte mittels nachfolgender **Tabelle 22** interpretiert werden.

Im Falle maximaler Betätigung finden 6.667 Anfahrten in 12 Stunden statt. Rechnet man je entfallende Anfahrt eine Ersparnis von 13,2 [cm³] (Europatest). ergibt sich für 1.000 bis 6.667 Anfahrten eine Spanne möglicher Einsparung von 13,2 bis 88,0 Liter pro Tag bzw. 3.300 bis 22.000 Liter pro Jahr. Der Bereich möglicher Nutzen-Kosten-Verhältnisse kann daher in **Tabelle 23** wie folgt angegeben werden.

Durchschnittliches Intervall (min.)			1,5	3,0	5,0	10,0
Anz. Betätigungen/12^h			480	240	144	72
Zahl Fahrzeuge je			Anzahl Anfahrten je 12 h			
12 h	1 h	25 s				
24.000	2.000	13,89	6.667	3.334	2.000	1.000
12.000	1.000	6,94	3.331	1.666	(999)	(500)
6.000	500	3,47	1.666	(833)	(500)	(250)
3.000	250	1,74	(835)	(418)	(251)	(125)

Tabelle 21: Anzahl Anfahrten bei fußgängergesteuerten Ampeln in Abhängigkeit von Fahrzeugmenge und Anzahl Betätigungen

Fahrzeuge je Spur und h	Spuren	Stunden	Zahl der Fahrzeuge
900	4	3	10.800
500	4	5	10.000
200	4	4	3.200
			24.000

Tabelle 22: Ermittlung des maximalen Fahrzeugdurchsatzes bei einer vierspurigen Straße

Investition	ö.S.	(1)	1,000.000		2,000.000	
Instandhaltung/Jahr	ö.S	(2)	20.000		40.000	
$\overset{20}{\underset{}{\Sigma}} k$ (Kosten)	ö.S.	(3)	323.560		1,163.080	
$I + \overset{20}{\Sigma} k$ (Kosten)	ö.S.	(4) = (1) + (3)	1,323.560		3,163.080	
N (Nutzen)	Liter	(5)	3.300	22.000	3.300	22.000
$20\,N$ (Nutzen)	Liter	(6) = 20 · (5)	66.000	440.000	66.000	440.000
Nutzen/Kosten	$\dfrac{\text{Liter}}{\text{ö.S.}}$	(7) = (6) · (4)	0,050	0,332	0,021	0,139

Tabelle 23: Ermittlung und Ergebnisbereiche des Nutzen-Kosten-Verhältnisses bei Fußgängerbrücken

6.8.3. Unter- oder Überführung

Wie schon vorweg erwähnt, ist die Errechnung der Zahl der durch das Bauwerk ersparten Anfahrten zwar im Einzelfall bei bekannten Frequenzen bzw. deren Tagesverlauf möglich — für eine allgemeine Abschätzung muß jedoch von dieser Anfahrtenzahl als Parameter ausgegangen werden. Wenn man eine mittlere Wartezeit pro Anhaltendem von 30 Sekunden annimmt, ergibt sich eine Ersparnis für den Wegfall einer Anfahrt von 20,4 [cm³] (Europatest). Anfahrtenzahlen zwischen 15.000 und 60.000 pro Tag führen demnach zu **Nutzen-Kosten-Verhältnissen** entsprechend folgender **Tabelle 24**:

NUTZEN bei Zahl Anfahrten pro Tag	15.000	Liter	(1)		1,530.000		
	30.000	Liter	(2)		3,060.000		
	60.000	Liter	(3)		6,120.000		
KOSTEN $I + \Sigma k^{20}$		ö.S.	(4)	20,000.000	40,000.000	80,000.000	
NUTZEN/KOSTEN bei Zahl Anfahrten pro Tag	15.000	Liter/ö.S.	(5) = (1) / (4)	0,077	0,038	0,019	
	30.000	Liter/ö.S.	(6) = (2) / (4)	0,153	0,077	0,038	
	60.000	Liter/ö.S.	(7) = (3) / (4)	0,306	0,153	0,077	

Tabelle 24: Ermittlung und Ergebnisbereiche des Nutzen-Kosten-Verhältnisses bei Über- oder Unterführung

Qualitative Bewertung der sonstigen Wirkungen

Sicherheit	2
Kosten	2
Zeit	2
Umweltbelastung	2
Finanzierbarkeit	− 2
Realisierungszeitraum	− 2

Tabelle 25: Bewertung der sonstigen Wirkungen der Maßnahme „Verkehrsentflechtung durch Niveauunterschiede"

Die Vermeidung von niveaugleichen Kreuzungen durch Bauwerke hat sicher positive Auswirkungen in den Merkmalen Sicherheit, Kosten, Zeit und Umweltbelastung.

Ebenso außer Diskussion stehen Schwierigkeiten bezüglich Finanzierbarkeit und Realisierungszeitraum.

6.9. Einsatz von Verkehrsrechnern (VR)

Die Anwendung verkehrsabhängiger Steuerverfahren hat sich in vielen Städten der Welt bewährt. Auch in Wien wurde bereits im Jahre 1966 ein Verkehrsrechner (System Siemens 16 000) mit Erfolg eingesetzt. ([356] Seite 40 ff).

Im betrachteten – relativ eng begrenzten – Raum rund um die Rossauer-Kaserne waren nur 19 lichtsignalgeregelte Knotenpunkte an den Rechner in der Verkehrsleitzentrale angeschlossen. Der Nutzen der Maßnahme bestand in einer Reduktion der Halte im betrachteten Gebiet um 27 %.

Laut Firmenangabe belaufen sich die durchschnittlichen Kosten eines derartigen Systems auf 10.000 DM je Jahr und angeschlossener Kreuzung. Aus dem Arbeitsdiagramm in Bild 38 ergeben sich hieraus Barwerte zwischen 1,130.000 und 2,040.000 öS. Bezieht man dies auf eine Kreuzung analog Kapitel 6.8.1., ergeben sich **Nutzen-Kosten-Verhältnisse** nach folgender **Tabelle 27**.

Qualitative Bewertung der sonstigen Wirkungen

Sicherheit	1
Kosten	2
Zeit	2
Umweltbelastung	2
Devisenbedarf	– 1
Finanzierbarkeit	– 1
Realisierungszeitraum	– 1

Tabelle 26: Bewertung der sonstigen Wirkungen der
Maßnahme „Einsatz von Verkehrsrechnern"

Besserer d.h. gleichmäßiger Verkehrsfluß, der durch die Maßnahme bewirkt wird, kann sich auf die Sicherheit positiv auswirken. Der Einfluß ist aber sicher nicht so eindeutig wie z.B. bei der vorher behandelten Maßnahme Verkehrsentflechtung durch Niveauunterschiede (Kapitel 6.8.). Aus diesem Grund wurde bezüglich des Merkmales Sicherheit die Maßnahme mit Stufe 1 bewertet. Stufe 2

			Dim.	Zeile Nr.	Reduktion der Halte um		
					30 %	20 %	10 %
NUTZEN	bei Zahl Anfahrten/Tag	15.000	1/Jahr	(1)	22.950	15.300	7.650
		30.000	1/Jahr	(2)	45.900	30.600	15.300
		60.000	1/Jahr	(3)	91.800	61.200	30.600
KOSTEN	20 Σk		ö.S.	(4)	1,130.000		
			ö.S.	(5)	2,040.000		
NUTZEN/KOSTEN	bei Zahl Anfahrten/Tag	15.000	Liter/ö.S.	$(6) = \dfrac{20 \cdot (1)}{(4)}$	0,406	0,271	0,135
			Liter/ö.S.	$(7) = \dfrac{20 \cdot (1)}{(5)}$	0,225	0,150	0,075
		30.000	Liter/ö.S.	$(8) = \dfrac{20 \cdot (2)}{(4)}$	0,812	0,542	0,271
			Liter/ö.S.	$(9) = \dfrac{20 \cdot (2)}{(5)}$	0,450	0,300	0,150
		60.000	Liter/ö.S.	$(10) = \dfrac{20 \cdot (3)}{(4)}$	1,625	1,083	0,542
			Liter/ö.S.	$(11) = \dfrac{20 \cdot (3)}{(5)}$	0,900	0,600	0,300

Tabelle 27: Ermittlung und Ergebnisbereiche des Nutzen-Kosten-Verhältnisses bei Einsatz von Verkehrsrechnern

für die Merkmale Kosten, Zeit und Umweltbelastung steht wegen der Erhöhung der Durchschnittsgeschwindigkeiten außer Zweifel. Möglichkeiten eines erhöhten Devisenbedarfes zeigen sich wegen des Fehlens inländischer EDV-Hersteller. Finanzierbarkeit und Realisierungszeitraum wirken sich vielleicht negativ aus allerdings nicht so ausgeprägt wie bei der Maßnahme Verkehrsentflechtung durch Niveauunterschiede (Kapitel 6.8.).

6.10. Übergang zum öffentlichen Verkehr (ÖV)

Wie schon in den Kapitel 6.1.3. erwähnt, ist eine Verlagerung in Richtung öffentlicher Verkehr in 2 Stufen zu betrachten:

A) Marginale Verlagerung ohne Erweiterung der Kapazität der öffentlichen Verkehrsmittel. Als solche wären Erhöhungen der Fahrgastzahlen um 10 % anzusehen, die sicher sowohl innerhalb als auch außerhalb der Verkehrsspitze ohne zusätzliche Kapazität vom öffentlichen Verkehr zu bewältigen wären. Bezüglich der Kosten des Umsteigens auf den öffentlichen Verkehr sind 2 Extreme möglich, wenn man an die Beweggründe der Benütze denkt:

a) Nulltarif für Umsteiger (z.B. PKW-Zulassungsschein = Dauernetzkarte)
In diesem Fall entstehen fiktive Kosten (Einnahmeentfall) in der Höhe einer Wochenkarte: öS 58,–
Verglichen mit entfallenden Fahrten zwischen 5 [km] mit v_m = 10 [km/h] und 20 [km] mit v_m = 30 [km/h] bzw. Treibstoffersparnissen zwischen 0,9 und 2 [Litern] täglich ergibt sich ein **Nutzen-Kosten-Verhältnis zwischen 0,053 und 0,213** (Kostendynamisierung gemäß Kapitel 5.2.3. berücksichtigt). Es muß bemerkt werden, daß jedoch auch Benützer öffentlicher Verkehrsmittel, die bisher voll bezahlt haben, die Vergünstigung in Anspruch nehmen würden, was zu einer wesentlichen Verschlechterung des Nutzen-Kosten-Verhältnisses führen würde.

b) Volltarif für Umsteiger
Ein Umsteigen würde nur durch dirigistische Maßnahmen (örtliche oder zeitliche Fahrverbote, Beschränkung der Parkmöglichkeiten) erreichbar sein. Dann wäre allerdings das **Nutzen-Kosten-Verhältnis nahezu unendlich**, da die Kosten der öffentlichen Hand zur Durchsetzung dieser Maßnahmen vernachlässigbar klein sind.

B) Verlagerungen größerer Teile des Individualverkehrs: solche würden Investitionen für Verkehrsmittel und Strecken erfordern – in Abhängigkeit von der jeweiligen Relation. Um jedoch eine erste generelle Aussage über Größenordnungen von Nutzen-Kosten-Verhältnissen zu erhalten, sei als Verkehrsmittel ohne notwendige Streckeninvestition ein Bus angenommen.
Werte von 0,10 bis 0,20 [Liter] Treibstoff je Personenkilometer im PKW sind in Anbetracht verschiedener Verkehrsdichten durchaus realistisch.

Unter der Annahme, daß ein Bus bei einem 16-stündigen Tageseinsatz 100 bis 200 [km] zurücklegt und eine durchschnittliche Besetzung von 20 bis 50 Passagieren aufweist, ergeben sich Vollkosten je Passagierkilometer von 0,30 bis 1,40 öS. Der Kostenansatz ist als optimistisch zu bezeichnen, da nur fahrzeugbezogene Kosten berücksichtigt wurden und die Fixkosten der außerhalb der Verkehrsspitzen stehenden Fahrzeuge unberücksichtigt blieben. Somit ergibt sich ein **Nutzen-Kosten-Verhältnis von maximal 0,049 bis 0,824.**

Zu bemerken ist, daß auch dieser Wert nur unter dem Zwang dirigistischer Maßnahmen zustande kommen würde, wenn keine Motivation den Übergang auf den öffentlichen Verkehr anregt. Eine solche Motivation könnte jedoch das Park-and Ride-System sein.

Qualitative Bewertung der sonstigen Wirkungen

Kosten	1
Zeit	– 2
Annehmlichkeit	– 2
Umweltbelastung	2
Frequenzsteigerungen	2
Devisenbedarf	1
Gesetzesänderung	– 2
Finanzierbarkeit	– 2
Realisierungszeitraum	– 2
Durchsetzbarkeit	– 2

Tabelle 28: Bewertung der sonstigen Wirkungen der Maßnahme „Übergang zum öffentlichen Verkehr"

Für den KFZ-Benützer wird es – motiviert man ihn, für die Fahrt zur Arbeitsstätte das öffentliche Verkehrsmittel zu benützen – zu einer Ersparung von variablen Kosten kommen, die allerdings durch den Tarif des öffentlichen Verkehrsmittel je nach Art der Verkehrsrelation teilweise, ganz oder auch überkompensiert werden kann. Die Merkmale Zeit und Annehmlichkeit sind es heute hauptsächlich, die den Übergang zum öffentlichen Verkehr verhindern, der also (durch Gesetzesänderung und politische Willensänderung) erzwungen werden müßte. Neben eindeutig positiven Aspekten der erhöhten Wirtschaftlichkeit durch Frequenzsteigerung und geringerer Umweltbelastung könnten Spekulationen über einen eventuellen Rückgang der PKW-Käufe samt Rückgang des Devisenbedarfes angestellt werden.

6.11. Taxi-Bus und Gemeinschaftstaxi (TB)

Unter der Bezeichnung „Taxi-Bus" wird der Ersatz von Linienbussen durch
Taxis in der verkehrsarmen Zeit (z.B. abends) verstanden. Hierbei besteht der
Nutzen in der Differenz der Treibstoffverbräuche:

Bus	0,40 [Liter/km]
Taxi	0,10 [Liter/km]
Ersparnis	0,30 [Liter/km]

Kosten entstehen in der Art, daß dem Taxiunternehmen zwischen 50 % und
100 % des Tarifs – derzeit 10,-- öS – ersetzt werden. Daraus ergibt sich ein **Nutzen-Kosten-Verhältnis zwischen 0,021 und 0,074.**
Die gemeinsame Benützung von Taxis durch mehrere Fahrgäste mit gleichen
oder benachbarten Zielen könnte für PKW-Benützer interessant sein, wenn der
aliquote Anteil – z.B. 1/4 bei 4 Personen – am Taxitarif kleiner als die Kosten der
privaten PKW-Benützung (inkl. z.B. Parkplatz) ist. Eine Förderung durch und damit eine Kostenentstehung für die öffentliche Hand wäre jedoch aus Gründen
einer möglichen Abwanderung vom öffentlichen Verkehr nicht zu empfehlen.
Ein – wenn auch nur theoretischer – Wert eines Nutzen-Kosten-Verhältnisses
könnte sich durch Vergleich des variablen Teiles der privaten Kilometerkosten
mit dem Anteil des Taxitarifes ergeben.
Die Tatsache, daß einer Ersparnis an variablen Kilometerkosten des privaten
PKW in Höhe von 1,-- bis 1,50 öS ein Tarifanteil zwischen 2,50 und 5,- öS je
Personenkilometer im Gemeinschaftstaxi gegenübersteht, macht jedoch die Maßnahme „Gemeinschaftstaxi" illusorisch: Mehrkosten von 1,- bis 4,- öS je Personenkilometer werden ohne Zwang vom Verkehrsteilnehmer sicher nicht getragen
werden. Aus diesem Grund wird die Maßnahme „Gemeinschaftstaxi" in der Folge aus dem Betrachtungsbereich ausgeschieden.

Qualitative Bewertung der sonstigen Wirkungen

Kosten	1
Zeit	– 2
Annehmlichkeit	– 2
Gesetzesänderung	– 2

Tabelle 29: Bewertung der sonstigen Wirkungen der
Maßnahme „Taxi-Bus und Gemeinschaftstaxi"

Für den Taxi-Bus gelten bezüglich der Kosten für den Benützer wegen der Tarifgleichheit die gleichen Überlegungen wie bei der Maßnahme „Übergang zum öffentlichen Verkehr" (Kapitel 6.10). Auch die Merkmale Zeit und Annehmlichkeit können gleich wie dort bewertet werden, da lediglich das Fahrzeug bei der Maßnahme ausgetauscht wird. Für die Maßnahme ist zwar keine Gesetzesänderung nötig, wohl aber sind unter Umständen langwierige Berechnungen und Überlegungen (Privatisierung!) der Träger des öffentlichen Verkehrs zu erwarten.

6.12. Park-and Ride-System (PR)

Wie zahlreiche ausländische Vorbilder zeigen, wird das Park-and Ride-System nur dann vom privaten Autofahrer angenommen, wenn der Parkplatz in der unmittelbaren Nähe der Station des öffentlichen Verkehrsmittels nichts oder vergleichsweise wenig kostet. Dies bedeutet einerseits, daß der Parkplatz als eine Art Werbemaßnahme für den Umstieg auf das öffentliche Verkehrsmittel anzusehen ist, und andererseits, daß für den Parkplatzbau nur solche Stellen außerhalb des dichtverbauten Stadtgebietes in Frage kommen, an denen niedrige Grundstückskosten die Anlage von Parkplätzen ohne allzu hohe Investition durch die öffentliche Hand ermöglichen.

Bei Grundstückspreisen und Ausbaukosten von jeweils 100,– bis 200,– öS pro m² und Kosten für die laufende Erhaltung in der Höhe von 5 % p.a. ergeben sich für eine Stellplatzfläche (inkl. anteiliger Verkehrsflächen) von 20 m² Barwerte zwischen 7.200 und 19.600 öS.

Nimmt man an, daß durch die Benützung des Parkplatzes eine Weiterfahrt mit dem PKW zwischen täglich 10 [km] (mit v_m = 15 [km/h]) und 30 [km] (mit v_m = 40 [km/h]) unterbleiben würde, ergibt sich bei 250 Tagen im Jahr eine jährliche Kraftstoffersparnis von 352,5 bis 675 [Liter] je PKW (= Stellplatz).

Die resultierenden **Nutzen-Kosten-Verhältnisse** liegen zwischen **0,360 und 1,875.**

Qualitative Bewertung der sonstigen Wirkungen

Kosten	2
Zeit	– 1
Annehmlichkeit	– 1
Umweltbelastung	2
Frequenzsteigerungen	2
Finanzierbarkeit	– 1
Realisierungszeitraum	– 1

Tabelle 30: Bewertung der sonstigen Wirkungen der Maßnahme „Park- and Ride-System"

Wird angenommen, daß die Maßnahme dazu dient, außerhalb von Ballungsräumen den Flächenverkehr mittels PKW zu dem längs Achsen verkehrenden Mas-
senverkehrsmittel zu lenken, muß mit Ersparungen an variablen PKW-Kosten
(längere Strecken) gerechnet werden. Die Merkmale Zeit und Annehmlichkeit
sind günstiger als bei der Maßnahme „Übergang zum öffentlichen Verkehr" (Kapitel
6.10.) zu bewerten, da wenigstens beim Wohnort kein — bei schlechtem Wetter
unangenehmer — Anmarsch zum öffentlichen Verkehrsmittel notwendig ist. Umweltbelastung und Frequenzsteigerung sind analog, während Finanzierbarkeit und
Realisierungszeitraum günstiger als beim Übergang zum öffentlichen Verkehr
angesehen werden können.

6.13. Stellplatzbau im dichtverbauten Gebiet (ST)

Die Anlage von Abstellplätzen und Garagen im dichtverbauten Gebiet kann
verschiedenen Zwecken dienen:

— Dauerparkmöglichkeit für die Wohnbevölkerung,
— Dauerparkmöglichkeit während des Tages für Berufstätige,
— Parkmöglichkeit für Berufs- und Geschäftsverkehr.

Bei geschätzten Baukosten für einen Stellplatz zwischen 50.000,— und
100.000,— öS, jährlichen Betriebskosten von 10 % resultieren Barwerte zwischen
131.000,— und 391.000,— öS.

Im Falle des Angebotes derartiger Stellplätze für den Verkehr zwischen
Wohn- und Arbeitsstätte (Dauerparker) sei angenommen, daß je Stellplatz eine
tägliche Parkplatzsuche von z.B. 10 min. entfällt. Gemäß Bild 26 im Kapitel
4.3.4. ergibt sich daraus eine Kraftstoffeinsparung von 0,83 [Liter], jährlich also
rund 208 [Liter]. Ein im Geschäftsverkehr z.B. täglich durch 4 verschiedene KFZ
benützter gleichartiger Stellplatz erspart dann 832 [Liter] Kraftstoff.

Im ersten Fall bei einer täglichen Anfahrt ergibt sich somit ein **Nutzen-
Kosten-Verhältnis von 0,011 bis 0,032.** Im zweiten Fall bei 4 Anfahrten täglich
errechnet sich ein **Nutzen-Kosten-Verhältnis zwischen 0,043 und 0,127.**

Qualitative Bewertung der sonstigen Wirkungen

Kosten	− 2
Zeit	2
Annehmlichkeit	2
Umweltbelastung	0
Frequenzsteigerungen	− 2
Finanzierbarkeit	− 2
Realisierungszeitraum	− 2

Tabelle 31: Bewertung der sonstigen Wirkungen der
Maßnahme „Stellplatzbau im dichtverbauten

Bei kostendeckenden Stellplatz- bzw. **Garagentarifen tritt für den KFZ-Be-**
nützer sicher eine Kostenerhöhung ein, die aber von ihm unter den Gesichtspunkten Zeit und Annehmlichkeit sicher gerne getragen würde. Die Einstufung
des Merkmals Umweltbelastung mit 0 wird damit begründet, daß zwar energie-
verbrauchende und damit umweltbelastende Parkplatzsuche entfällt, aber wegen
des Vorhandenseins von Stellplätzen überhaupt erst umweltbelastende Anfahrten
stattfinden, die sonst unter Umständen mittels des öffentlichen Verkehrsmittels
durchgeführt worden wären. Für Finanzierbarkeit und Realisierungszeitraum gilt
gleiches wie für alle anderen Maßnahmen baulicher Art.

6.14. Verlängerung der grünen Phase für den öffentlichen Verkehr (VG)

Vorweg muß bemerkt werden, daß es sich bei dieser Maßnahme eigentlich
um eine Förderung des öffentlichen Massenverkehrs handelt, um dessen Attraktivität, d.h. Reisegeschwindigkeit, zu erhöhen. Eine direkte Senkung des Energieverbrauches wird durch diese Maßnahme nur in Ausnahmefällen zu erzielen sein.

Wird angenommen, daß es sich bei der betrachteten Kreuzung um eine solche handelt, bei der in der Richtung des Massenverkehrsmittels eine höhere Dichte des Individualverkehrs als in der Querrichtung zu beobachten ist, dann würde
die Zahl der Anfahrten in der Hauptrichtung stärker abnehmen, als sie in der
Querrichtung – die ja längere Rotphasen erhalten würde – zunehmen würde
(wenn man jedoch voraussetzt, daß die Phasenlängen entsprechend den Verkehrsfrequenzen programmiert wurden, muß auch die eben gemachte Annahme frag-
lich erscheinen).

Sei das Intervall des öffentlichen Verkehrsmittels zwischen 1,5 und 5 Minuten (3 bis 10 Minuten in jeder Richtung), ist die Wahrscheinlichkeit, daß es
im Verlaufe der Grünphase eintrifft und diese ferngesteuert verlängert, sicher
nicht höher als 1/3. Somit wird der Fall einer Verlängerung der Grünphase im
Durchschnitt alle 5 bis 15 Minuten eintreten. Während eines Betrachtungszeitraumes von 8 Stunden würden sich also zwischen 32 und 96 Grünphasenverlän-
gerungen ergeben. Eine mögliche Spanne von Anfahrtendifferenzen (Abnahme
der Anfahrten in Hauptrichtung minus Zunahme der Anfahrten in Querrichtung)
zwischen 2 und 6 Anfahrten je Grünphasenverlängerung bedeutet somit Anfahrtendifferenzen von 64 bis 576 pro Betrachtungszeitraum. Bei jährlichen Kosten
des Zusatzgerätes von 2.000,– öS entstände ein **Nutzen-Kosten-Verhältnis von**
0,073 bis 1,175, wenn man pro entfallende Anfahrt eine Ersparnis von 13,2 [cm^3]

(Europatest) rechnet. Vor einer Generalisierung dieses Wertes muß jedoch gewarnt werden, da es sicher Ampelkreuzungen in ähnlicher Größenordnung wie die betrachtete gibt, bei denen die Anfahrtendifferenz negativ ist, d.h. eine Zunahme des Energieverbrauches durch die in Frage stehende Maßnahme auftreten wird.

Qualitative Bewertung der sonstigen Wirkungen

Frequenzsteigerungen	2
Finanzierbarkeit	– 1
Realisierungszeitraum	– 1

Tabelle 32: Bewertung der sonstigen Wirkungen der Maßnahme „Verlängerung der grünen Phase für den öffentlichen Verkehr"

Es handelt sich bei dieser Maßnahme eigentlich um eine Förderungsmaßnahme für den öffentlichen Verkehr. Verminderte Anfahrtssummen bzw. erhöhte Durchschnittsgeschwindigkeiten mit ihrem positiven Einfluß auf die Merkmale Kosten, Zeit und Umweltbelastung sind wegen der Verschiedenartigkeit der Kreuzungen nicht zu generalisieren. Lediglich hinsichtlich Finanzierbarkeit und Realisierungszeitraum könnten negative Wirkungen zu erwarten sein.

6.15. Räumliche und zeitliche Verkehrsbeschränkungen (VB)

Beschränkungen der hier angeführten Art reichen von der Schaffung großräumiger Kurzparkzonen, verkehrsarmer Zonen, Fußgängerzonen bis zu zeitlichen Verkehrsbeschränkungen wie der z.B. bereits gehandhabten Notmaßnahme wahlweise autofreier Tage. Reine Zwangsmaßnahmen wie die letztgenannte sollen hier überhaupt außer Betracht bleiben.

Die Umwandlung eines Dauerparkplatzes in einen Kurzparkplatz könnte wegen der Substituierung der Fahrt des Dauerparkers durch die Benutzung des öffentlichen Verkehrsmittels als Maßnahme zur Energieeinsparung verstanden werden. Dem ist aber entgegenzuhalten, daß Kurzparkzonen in der Regel geschaffen werden, damit ein Gebiet von mehr Fahrzeugen als bisher angefahren werden kann, so daß es durchaus auch zu einer Vermehrung des Energieverbrauches kommen könnte. Eine eindeutige Berechnung eines Nutzens bzw. eines Nutzen-Kosten-Verhältnisses ist damit nicht möglich.

Die sich i.a. lediglich durch ihre nicht verkehrsbedingten Ausstattungskosten

unterscheidenden verkehrsarmen und Fußgängerzonen können grundsätzlich im
Zusammenwirken mit dem Übergang zum öffentlichen Verkehr bzw. der Ein-
richtung des Park- and Ride-Systems gesehen werden. Die rechnerischen Nutzen-
Kosten-Überlegungen hiezu wurden in den Kapiteln 6.9. und 6.11. behandelt.

Qualitative Bewertung der sonstigen Wirkungen

Kosten	− 1
Zeit	− 2
Annehmlichkeit	− 2
Umweltbelastung	2
Behinderungen	− 1
Frequenzsteigerungen	2
Gesetzesänderungen	− 2
Durchsetzbarkeit	− 2

Tabelle 33: Bewertung der sonstigen Wirkungen der
Maßnahme „Räumliche und zeitliche
Verkehrsbeschränkungen"

Begrenzte Beschränkungen des KFZ-Verkehrs haben − zum Unterschied
zur Maßnahme „Übergang zum öffentlichen Verkehr" (Kapitel 6.10.) − wahrscheinlich Kostenerhöhungen für den KFZ-Benützer zur Folge. Bei zeitlichen Beschränkungen (z.B. autofreie Tage) wird er auf das öffentliche Verkehrsmittel gezwungen, ohne die Tarifvorteile von Dauerbenützern zu genießen. Räumliche Beschränkungen (z.B. Verkehrsarme- oder Fußgängerzonen) werden erhöhte Aufwendungen für Garagierung bzw. Stellplatz sowie allfällige Kosten für die Benützung öffentlicher Verkehrsmittel zur Folge haben. Den erhöhten Kosten stehen sicher Einbußen an Zeit und Annehmlichkeit gegenüber. Auch Behinderungen sind bei beschränkter Zufahrt für die Wirtschaft denkbar. Der Hauptzweck
der Maßnahme − die Senkung der Umweltbelastung durch den Straßenverkehr
− wird jedoch auf jeden Fall erfüllt, und es ist möglich, daß dadurch z.B. für die
Geschäftswelt wiederum Vorteile entstehen. Frequenzsteigerungen öffentlicher
Verkehrsmittel würden sicher zu verzeichnen sein. Die Notwendigkeit, hiezu
gesetzliche und administrative Maßnahmen zu ergreifen und den Willen zu be-
kunden, für ihre politische Durchsetzbarkeit einzutreten, fällt nachteilig ins Gewicht.

6.16. Erhöhung des Besetzungsgrades der PKW im Arbeitspendlerverkehr durch Bildung von Fahrgemeinschaften (FG)

Die Erhöhung der Flüssigkeit des Verkehrs und die hiermit erzielbare Senkung des Kraftstoffverbrauches der beteiligten Kraftfahrzeuge können u.a. durch eine Reduzierung der Anzahl der PKW für eine gleiche Zahl von beförderten Personen angestrebt werden. Eine Erhöhung des Besetzungsgrades der PKW könnte einen Beitrag zur Lösung des Verkehrsproblems bieten.

Der niedrigste Besetzungsgrad der PKW liegt im Berufs- und Geschäftsverkehr vor. Wegen der zeitlich und örtlich regelmäßigen Fahrgewohnheiten im Arbeitspendlerverkehr bietet dieser Bereich gute Voraussetzungen für die Einführung von Fahrgemeinschaften.

Definition der Maßnahme

Eine Fahrgemeinschaft läßt sich z.B. wie folgt definieren: ein Zusammenschließen mehrerer Fahrzeugbesitzer und ein abwechselnder Einsatz deren privater PKW für die gemeinsamen Fahrten, wobei der Besitzer sein Fahrzeug selbst lenkt, die Mitfahrer morgens von deren Wohnung abholt und am Abend nach der Arbeit wieder dorthin fährt, um am nächsten Tag selbst abgeholt und mitgenommen zu werden. Es wird vorausgesetzt, daß keine finanziellen Entschädigungen geleistet werden.

Betroffener Bereich:

Die Maßnahme betrifft alle Fahrzeugbesitzer, die die Fahrten zwischen ihrer Wohnung und ihren Arbeitsplätzen im eigenen PKW zurücklegen.

Jetzige Situation:

Der Berufs- und Ausbildungsverkehr entspricht etwa 20 % der gesamten jährlichen Fahrleistungen in Österreich, der Besetzungsgrad liegt um 1,5 [326] [364].

Der Arbeitspendlerverkehr in Wien mit 503 350 Arbeitspendlern entspricht nach der Anzahl der Fahrten etwa 32 % des Individualverkehrs und weist mit 1,18 einen sehr niedrigen Besetzungsgrad auf [327].

Erreichbare Situation:

Durch die Bildung von Fahrgemeinschaften könnte der Besetzungsgrad des bis jetzt allein benützten Einzelfahrzeuges von 1 auf 2, auf 3 bzw. auf 4 erhöht werden. Eine Erhöhung auf 5 wird wegen des Mangels an Komfort nicht in Erwägung gezogen.

Eine Erhöhung des durchschnittlichen Besetzungsgrades von 1,18 auf 2 würde die Anzahl der Personenkraftwagen im Berufspendlerverkehr in Wien um 40 % reduzieren. Dies würde zu einer Reduzierung des Individualverkehrs um durchschnittlich 12 % führen. Diese Zahlen gelten unter der Voraussetzung, daß kein zusätzlicher Verkehr entsteht und daß die Mitfahrer frühere PKW-Fahrer sind und nicht frühere Fahrgäste von öffentlichen Verkehrsmitteln.

Vor- und Nachteile.

– Eine Verringerung des Kraftstoffverbrauches, eine Reduzierung der anderen Betriebskosten und eine Veringerung der Umweltbelastung wird durch den jeweiligen Einsatz eines einzigen Fahrzeuges anstelle von zwei oder mehreren erreicht.

– Ein Zeitverlust durch die Verlängerung des Fahrtweges und eine Erhöhung des Kraftstoffverbrauches des Einzelfahrzeuges durch das zusätzliche Gewicht der Passagiere müssen als Nachteile betrachtet werden.

– Durch die Bildung einer Fahrgemeinschaft können die „freien" Fahrzeuge den anderen Haushaltsmitgliedern zur Verfügung gestellt werden. Ob hiedurch neue Fahrten bzw. ein Bedarf an zusätzlichen Fahrten entstehen, müßte geklärt werden.

– Ein weiterer Nachteil ist der starre Zeitplan.

– Ferner wäre zu berücksichtigen, daß eine Fahrgemeinschaft ihre „Fahrgäste" auch unter den Benützern von öffentlichen Verkehrsmitteln finden könnte. (Diese Untersuchung beschränkt sich allerdings im Ist- und im Soll-Zustand auf PKW-Benützer).

Einführbarkeit:

Die Einführung dieser Maßnahme erfordert keine neue Gesetzgebung. Alle Hindernisse für einen nicht gewerbsmäßigen Einsatz müßten jedoch abgebaut werden.

Die Bildung von Fahrgemeinschaften muß auf freiwilliger Basis erfolgen, könnte jedoch durch Aufklärungsaktionen angeregt, organisiert (z.B. per Computer) und gefördert werden.

Zur Durchführung von Aufklärungsaktionen siehe Kapitel 4.5.1. Als Förderungsmöglichkeiten kommen das Benützen von Sonderspuren gemeinsam mit anderen stark besetzten Fahrzeugen – wie Bussen – oder die Zurverfügungstellung von Parkplätzen bzw. Ermäßigungen bei Parkgaragen in Frage.

Qualitative Bewertung der sonstigen Wirkungen

Kosten	+ 2
Zeit	– 1
Annehmlichkeit	– 2
Umweltbelastung	+ 2
Frequenzsteigerung	– 1
Durchsetzbarkeit	– 2

Tabelle 34: Qualitative Bewertung der sonstigen Wirkungen der Maßnahme „Fahrgemeinschaften".

Quantitative Bewertung:

Kosten

Die Kosten unterteilen sich in die einmaligen Kosten einer Aufklärungsaktion und im Falle einer Förderung - u.a. durch Sonderspuren für Fahrzeuge mit hohem Besetzungsgrad (z.B. ≥ 2) in die hiermit verbundenen einmaligen und laufenden Kosten (siehe Kapitel 6.5.).

Als Richtwerte für die Kosten einer Aufklärungsaktion wird nach [366] eine Million öS als Minimum angegeben.

Kraftstoffersparnisse

Zwecks Erfassung der Kraftstoffersparnisse, die durch die Bildung von Fahrgemeinschaften erreicht werden können, wird die Erhöhung des Besetzungsgrades eines PKW zwischen Wohnung und Arbeit am Beispiel Wien untersucht.

Mittlere Fahrtstrecke

Der Mittelwert der Gesamtreisezeit zwischen Wohn- und Arbeitsstätte inklusive Parkplatzsuche und Fußwege beträgt im Individualverkehr in Wien durchschnittlich 22,5 Minuten [327]. Unter Zugrundelegung des Europatestfahrzyklus, der für das Fahrverhalten in Großstädten repräsentativ ist, kann auf eine mittlere Fahrtstrecke im Arbeitspendlerverkehr von etwa 7,3 [km] geschlossen werden.

Nach [363] wird eine Verlängerung dieser Strecke von jeweils 4 % pro zusätzlich mitgenommener Person berücksichtigt, d.h. 4 % 7.3 [km] = 0,29 [km].

Durchschnittlicher Kraftstoffverbrauch

Ein durchschnittlicher Kraftstoffverbrauch in der Stadt von **11,5 [Liter/ 100 km]** wird für die Besetzung mit einer Person zugrundegelegt. (Siehe Kapitel 4.3.4.).

Einer Erhöhung dieses Kraftstoffverbrauches um durchschnittlich **0,2 [Liter/ 100 km]** pro mitgenommener Person wird außerdem Rechnung getragen. (Siehe Kapitel 4.2.).

Berechnet für zwei Fahrten (Hin- und Rückfahrt), sind beim Übergang von zwei PKW, die mit je einer Person besetzt sind, zu einem PKW, der mit zwei Personen besetzt ist, folgende Kraftstoffersparnisse zu erzielen:

$$[(2 \cdot 7{,}3 \cdot 11{,}5 \div 100) - (7{,}3 + 0{,}3) \cdot (11{,}5 + 0{,}2) \div 100] \cdot 2 = 1{,}58 \ [\text{Liter}]$$

Um allerdings von einer Fahrgemeinschaft reden zu können, muß an mindestens zwei Tagen gemeinsam gefahren werden: somit ergeben sich bei der Bildung einer Fahrgemeinschaft Ersparnisse von mindestens 3,16 [Liter]. Für eine Fahrgemeinschaft, die ein Jahr lang besteht, sind unter Zugrundelegung von zwei Fahrten täglich an 240 Tagen im Jahr Kraftstoffersparnisse von 379 [Liter] zu erzielen: pro Fahrzeug sind somit 189 [Liter] pro Jahr zu ersparen.

Die Kraftstoffersparnisse für die anderen betrachteten Fälle werden analog errechnet.

Somit bewegen sich die Kraftstoffersparnisse, die pro Fahrgemeinschaft erzielt werden können, zwischen:

3,2 [Liter] und 379 [Liter/Jahr]	für den Übergang von 2 PKW mit je 1 Person zu 1 PKW mit je 2 Personen
6,3 [Liter] und 758 [Liter/Jahr]	für den Übergang von 3 PKW mit je 1 Person zu 1 PKW mit 3 Personen
9,5 [Liter] und 1135 [Liter/Jahr]	für den Übergang von 4 PKW mit je 1 Person zu 1 PKW mit 4 Personen

Abschätzung der mittels Bildung von Fahrgemeinschaften und damit zusammenhängenden Erhöhung des Besetzungsgrades maximal zu erzielenden Kraftstoffersparnisse in Wien:

Es werden etwa 370.000 PKW-Fahrten pro Tag im Arbeitspendlerverkehr in Wien zurückgelegt [327]. Bei der Bildung von Fahrgemeinschaften und Erreichung eines Besetzungsgrades von 2 statt 1,18 wären es nur mehr 218.300 PKW-Fahrten pro Tag.

Die Kraftstoffersparnisse, die pro Jahr zu erzielen wären, lassen sich wie folgt errechnen:

$$370\,000 \cdot 240 \cdot 7{,}3 \cdot (1 + 0{,}18 \cdot 0{,}04) \cdot \frac{1}{100} (11{,}5 + 0{,}2 \cdot 0{,}18) -$$

$$- 218\,300 \cdot 240 \cdot 7{,}3 \cdot 1{,}04 \cdot \frac{11{,}7}{100} =$$

$$= 28{,}8 \times 10^6 \ [\text{Liter}]$$

$$\triangleq 21\,600 \ [\text{t}]$$

Der Gesamtkraftstoffverbrauch in Österreich an Normal- und Superbenzin betrug 2,159.971 [t] im Jahre 1976.

Die Erhöhung des Besetzungsgrades im Arbeitspendlerverkehr in Wien von 1,18 auf 2 würde somit zu einer Ersparnis von etwa 1 % des gesamten Super- und Normalbenzinverbrauches in ganz Österreich führen. (Diese Zahlen gelten ohne Berücksichtigung der möglichen Fahrleistungen der „nicht benützten" PKW). Diese Kraftstoffersparnisse werden als die durch die Bildung von Fahrgemeinschaften maximal zu erzielenden Ersparnisse betrachtet.

Minimale Erwartungen bei der Durchführung von Aufklärungsaktionen in Wien:

Es wird angenommen, daß durch Aufklärungsaktionen mindestens eine Fahrgemeinschaft pro 1.000 angesprochener Arbeitspendler angeregt werden könnte. Die Kraftstoffersparnisse, die hiermit erreicht werden könnten, werden für die 370.000 PKW-Fahrten im Arbeitspendlerverkehr in Wien errechnet und ergeben pro Jahr

$$\frac{370\,000}{2 \cdot 1000} \cdot 1,18 \cdot 240 \cdot 1,58 =$$

$$= 82\,775 \ [Liter] =$$
$$= 62 \ [t]$$

d.s. 0,003 % des Gesamtkraftstoffverbrauches an Super- oder Normalbenzin im Jahr 1976 in Österreich.

Eine offene Frage ist die Anzahl der gefahrenen km der für die Fahrt zur Arbeit nicht benützten PKW. Nach [358] wird geschätzt, daß 23 % der Fahrzeuge, die zuhause hinterlassen werden, benützt werden: vor allem für Einkäufe bzw. für den Transport zu anderen Arbeitsstätten. Unter Berücksichtigung dieser Angaben ergeben sich:

Gesamtnutzen

$0,064 \cdot 10^6$ [Liter] bis $22,2 \cdot 10^6$ [Liter] pro Jahr

Gesamtkosten

Mindestens eine Million öS pro Jahr

Nutzen-Kosten-Verhältnis

Wird ein Zeitraum von **10 Jahren** zugrunde gelegt, ergibt sich:
N/K =18,73 bis 24,6 [Liter/öS]
Für einen Zeitraum von **20 Jahren** gilt:
N/K =15,26 bis 27,4 [Liter/öS]

6.17. Rechtsabbiegen bei Rot nach dem Stehenbleiben an einer ampelgeregelten Kreuzung (RR)

Die legistische Maßnahme, die das Rechtsabbiegen nach dem Stehenbleiben bei Rot ermöglichen würde, wird untersucht.

Betroffener Bereich:

Die Maßnahme gehört zum Gebiet der Verkehrstechnik und betrifft alle Fahrzeuglenker, die bei einer ampelgeregelten Kreuzung nach rechts abbiegen wollen.

Jetzige Situation:

Die derzeitige Verkehrsordnung in Österreich sieht ein totales Fahrverbot während der roten Phase einer Ampel vor. Das Abbiegen nach rechts ist nur bei grün erlaubt. Der rechtsabbiegende Verkehr ist allerdings manchmal gesondert geregelt und das Abbiegen durch einen grünen Pfeil ermöglicht: es darf nach rechts abgebogen werden, während der Linksabbiegeverkehr und der geradeaus fahrende Verkehr angehalten sind.

Das Abbiegen nach rechts bei Rot ist unter anderem in der kanadischen Provinz Ontario, in vielen Staaten der USA und in begrenztem Umfang in der CSSR erlaubt.

Erreichbare Situation:

Durch Einführung der Maßnahme wäre die Behinderung des geradeaus fahrenden Verkehrs durch die Rechtsabbieger zum Teil aufgehoben, die Rechtsabbieger hätten eine verringerte Wartezeit, die nur mehr von der Spurenauslegung, von der Anzahl der Rechtsabbieger und von der freien Kapazität der Querfahrbahn abhängig wäre. Es muß jedoch betont werden, daß diese Maßnahme außerhalb der Stoßzeiten wahrscheinlich am effektivsten wäre.

Beim Abbiegen bei Grün besteht derzeit eine gegenseitige Behinderung von Kraftfahrzeugen und Fußgängern. Beim Rechtsabbiegen bei Rot entstünde zusätzlich eine ähnliche Behinderung für die Fußgänger, jedoch auf der Fahrbahn, aus der die Fahrzeuge abbiegen, statt auf der Fahrbahn, in die sie abbiegen.

Vor- und Nachteile:

Die Vor- und Nachteile, die durch Einführung der Maßnahme auftreten würden, lassen sich wie folgt aufzählen: eine Verminderung des Energieverbrauches und eine Reduzierung der Umweltbelastung durch eine Kürzung der Zeitintervalle, während der die Fahrzeuge an der Kreuzung aufgehalten sind (Kürzung der Leerlaufphase und der dazugehörigen Verzögerungs- und Beschleunigungsphasen). Dazu kommt der soeben erwähnte Zeitgewinn für die betroffenen Fahrzeuglenker und Insassen.

Ob die Sicherheit der Fußgänger durch das Rechtsabbiegen bei Rot vor- oder nachteilig beeinflußt wird, ist noch offen. Diese Sicherheit sollte mit der einer konventionell ampelgeregelten Kreuzung verglichen werden. Wie vorhin erwähnt, besteht auch hier eine Gefährdung der Fußgänger durch abbiegende Fahrzeuge. Die Fußgänger müßten allerdings auf die geänderte Lage aufmerksam gemacht werden. Auch die Frage der Sicherheit bezüglich möglicher Kollisionen mit dem Querverkehrsstrom muß beachtet werden. Da ein diszipliniertes Verhalten der Verkehrsteilnehmer nicht vorausgesetzt werden kann, erscheint die Sicherheit durch Einführung des Rechtsabbiegens bei Rot gefährdet.

Einführbarkeit:

Die Einführung der Maßnahme erfordert eine neue Gesetzgebung; dies ist bei dem Vergleich mit einer anderen zur Debatte stehenden Maßnahme zu berücksichtigen. Es bleibt zu überlegen, wie die Maßnahme am sinnvollsten eingeführt werden kann: als generelle Maßnahme, die für alle Kreuzungen Gültigkeit besitzt oder als eine Maßnahme, die auf einzelne Kreuzungen beschränkt und dort örtlich gekennzeichnet ist.

Die Maßnahme ist sofort nach ihrer Einführung wirksam, erreicht jedoch ihre volle Wirksamkeit wahrscheinlich erst nach einem gewissen Gewöhnungszeitraum. Eine Werbe- und Informationskampagne wäre vor Einführung der Maßnahme in Erwägung zu ziehen.

Qualitative Bewertung der sonstigen Wirkungen

Zeit	+ 2
Annehmlichkeit	+ 1
Sicherheit	– 2
Umweltbelastung	+ 2
Gesetzesänderung	– 2

Tabelle 35: Qualitative Bewertung der sonstigen Wirkungen der Maßnahme „Rechtsabbiegen bei Rot"

Quantitative Bewertung:

Kosten

Zwecks Erfassung der monetär bewertbaren Kosten wird davon ausgegangen, daß ein zulässiges Rechtsabbiegen bei Rot für eine bestimmte Fahrtrichtung mittels eines beleuchteten Verkehrszeichens gekennzeichnet wird.

Die Kosten unterteilen sich dadurch in die einmaligen Kosten der Anschaffung und Errichtung des Verkehrsschildes und in die laufenden Kosten des Stromverbrauches.

Es sind:

öS 2.485,— + 18 % Mwst. = 2.932,30 für die Anschaffungskosten eines einseitig transparenten mit Leuchtstoffröhre versehenen Verkehrszeichens und öS 900,— für die laufenden Kosten des Stromverbrauches (über 10 Jahre betrachtet) erforderlich.

Nicht beleuchtete Verkehrsschilder könnten auch in Erwägung gezogen werden.

Im Falle einer Informationskampagne müßten diese Kosten zu den einmaligen Kosten dazu gerechnet werden.

Kraftstoffersparnisse und Zeitgewinn

Zwecks Ermittlung der Kraftstoffersparnisse und der Zeitgewinne muß die Anzahl der Fahrzeuge, die an einer ampelgeregelten Kreuzung bei Einführung der Maßnahme bei Rot nach rechts abbiegen könnten, erfaßt werden.

Diese Zahl ist abhängig von:

a) der Gestaltung der Kreuzung und der Fahrspuren in der betrachteten Richtung und in der Richtung quer zu dieser. Es werden drei Fälle unterschieden (siehe Bild 45 und 46)

1) keine exklusive Rechtsabbiegespur
2) eine exklusive Rechtsabbiegespur ohne Einmündungsspur in der querliegenden Fahrbahn
3) eine exklusive Rechtsabbiegespur mit Einmündungsspur in der querliegenden Fahrbahn

b) dem Verkehrsaufkommen
c) der Anzahl der Rechtsabbieger
d) den Ampelphasen an der Kreuzung.

Besteht die Fahrbahn aus mehreren Spuren, dann beziehen sich die Berechnungen auf die äußere rechte Fahrspur.

Die Anzahl möglicher Abbiegevorgänge ist durch die freie Kapazität der Fahrbahn, in die abgebogen wird, begrenzt.

Mit

F   Verkehrsfluß in der betrachteten Richtung
            $[PKW - E/h]$

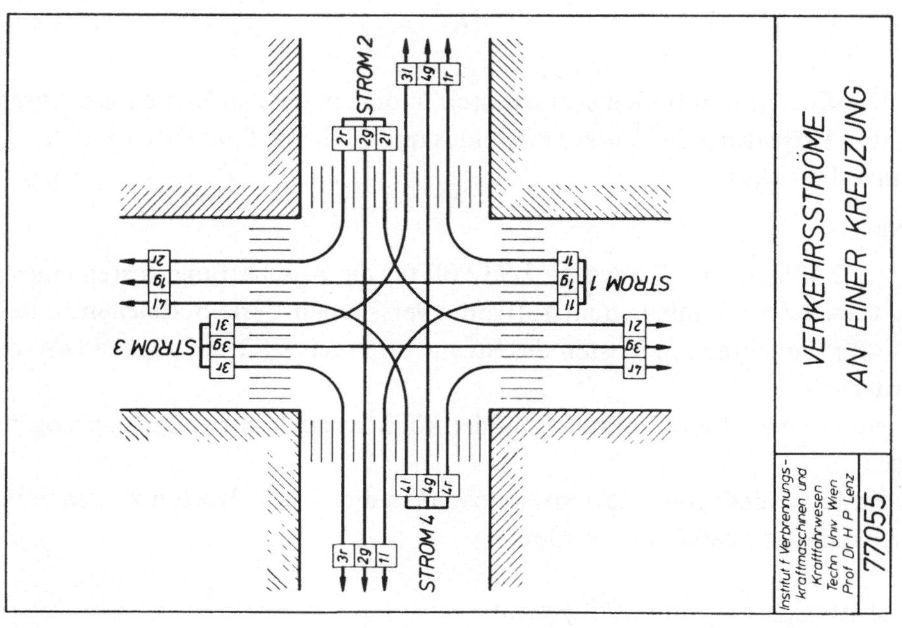

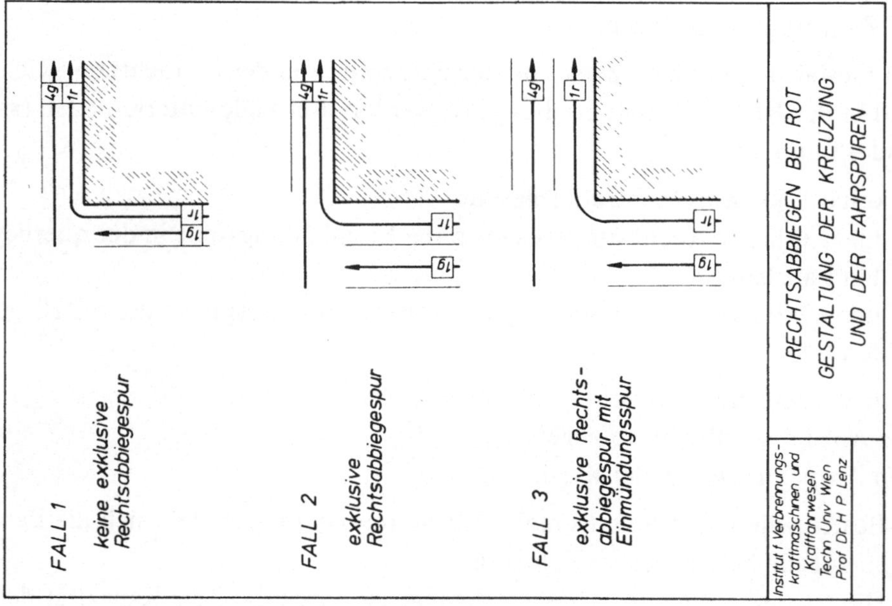

Bild 45: Verkehrsströme an einer Kreuzung

Bild 46: Gestaltung der Fahrspuren für den Rechtsabbiege-Verkehr

Index q	bezieht sich auf Verkehrsstrom quer zur betrachteten Richtung z.B. $F_{1q} = 4g$
Index R	bezieht sich auf Rechtsabbiegende z.B. $F_{1R} = 1_R$
K	Kapazität der Fahrbahn bzw. Fahrspur [PKW – E/h]
A	Freie Kapazität [PKW – E/Rot-Phase]
R	Dauer der roten Phase [s]
G	Dauer der grünen Phase [s]
P	Dauer der Perioden (Umlaufzeiten) (Gelb, Grün, Grünblinken, Rot-Gelb, Rot)

gilt:

$$A_q^* = \frac{K_q}{3600} \cdot R - \frac{F_q \cdot P \cdot R}{3600 \cdot G_q} \quad \text{für } R < G_q$$

$$A_q = \frac{K_q}{3600} \cdot R - \frac{F_q \cdot P}{3600} \quad \text{für } R \geqslant G_q \tag{1}$$

Ist diese Fahrspur exklusiv als Einmündungsspur für Rechtsabbieger ausgelegt, dann gilt:

$$A_q = \frac{K_q \cdot R}{3600}$$

Die Anzahl der Rechtsabbieger, die während der roten Phase an der Kreuzung ankommen und abbiegen möchten, ist gleich

$$\frac{F_R \cdot R}{3600} \tag{1.1}$$

Sind eine exklusive Rechtsabbiegespur und eine Einmündungsspur in der Querfahrbahn vorhanden, können alle Fahrzeuge abbiegen und zwar mit

B_3 Anzahl der Rechtsabbieger im Fall 3

[PKW-E/Rot-Phase]

$$B_3 = \frac{F_R \cdot R}{3600} = \frac{F \cdot R}{3600} \qquad (2)$$

Ist eine exklusive Rechtsabbiegespur aber keine Einmündungsspur vorhanden, dann ist die maximale Anzahl der Rechtsabbieger bei Rot während einer Phase die kleinere der beiden Zahlen $(A_q, F_R \cdot \frac{R}{3600})$. Sie wird mit B_2 bezeichnet.

B_2 Anzahl Rechtsabbieger im Fall 2 in Abhängigkeit von der freien Kapazität und von der Anzahl Rechtsabbieger

[PKW-E/Rot-Phase]

$$B_2 = \text{Min.} \ (A_q, \ \frac{F_R \cdot R}{3600}) = \text{Min.} \ (A_q, \ \frac{F \cdot R}{3600}) \qquad (3)$$

Ist keine exklusive Rechtsabbiegespur vorhanden, dann muß berücksichtigt werden, daß die abbiegenden Fahrzeuge durch die anderen behindert sind. Mit Hilfe einer Wahrscheinlichkeitsüberlegung ist es iterativ möglich, die Anzahl der PKW, die unbehindert abbiegen kann, festzulegen [363].

Mit

B' nächstkleinere ganze Zahl von B_2

C Anzahl möglicher Rechtsabbiegevorgänge im Fall 1 bei einer nicht exklusiven Rechtsabbiegespur im Verhältnis zum gesamten Verkehrsaufkommen in der Spur.

[PKW-E/Rot-Phase].

$$C = \sum_{i=1}^{B'} \ (\frac{F_R}{F})^i + (B_2 - B') \ (\frac{F_R}{F})^{B'+1} , B_2 < 1, C = \frac{F_R}{F} \cdot B_2$$

Die Anzahl der Fahrzeuge, die bei einer nicht exklusiven Rechtsabbiegespur während der roten Phase nach rechts abbiegen können, ist daher die kleinere der beiden Zahlen (A_q, C). Sie wird mit B_1 bezeichnet.

B_1 Anzahl Rechtsabbieger im Fall 1 in Abhängigkeit von der freien Kapazität und von der Anzahl Rechtsabbieger
[PKW-E/Rot-Phase]

$$B_1 \quad = \text{Min. } (A_q, C) \qquad\qquad (4)$$

Zusammengefaßt: die Anzahl der Fahrzeuge, die einen Rechtsabbiegevorgang bei Rot durchführen kann, ist getrennt nach Gestaltung der Fahrspuren

1) $B_1 = \text{Min. } (A_q, C)$

2) $B_2 = \text{Min. } (A_q, \dfrac{F \cdot R}{3600})$

3) $B_3 = \dfrac{F \cdot R}{3600}$

Die Fahrzeuge, die bei Rot an der Kreuzung ankommen, gewinnen bei Einführung der Maßnahme Zeit.

Kommt ein Fahrzeug bei Rot an einer Kreuzung an, muß es durchschnittlich T' ' Sekunden warten.

T ' ' durchschnittliche Wartezeit der bei Rot an einer Kreuzung ankommenden und aufgestauten Fahrzeuge [s]

Berechnung der Wartezeit T ' ' eines bei Rot ankommenden Fahrzeuges:

Ein Fahrzeug, das bei Rot an einer ampelgeregelten Kreuzung ankommt, hat eine durchschnittliche Wartezeit T'' , bis es die Kreuzung bei Grün verlassen kann. Diese Wartezeit ist abhängig von der Kapazität der Fahrbahn und von der Anzahl der aufgestauten Fahrzeuge.

Die Wartezeit der einzelnen Fahrzeuge ist abhängig von dem Zeitpunkt, zu dem sie an der Kreuzung ankommen: die individuelle Wartezeit erstreckt sich von R, die Dauer der roten Phase, für das erste Fahrzeug, das am Anfang der roten Phase angehalten hat, bis zu G_{VR} für das letzte Fahrzeug, das am Ende der roten Phase angekommen war.

G_{VR} Anfahrverzögerungszeitanteil der grünen Phase auf die bei Rot ankommenden Fahrzeuge [s]

Die Zeit G_{VR} läßt sich definieren als der notwendige Zeitanteil der grünen Phase bis die bei Rot aufgestauten Fahrzeuge die Kreuzung verlassen haben:

Q   Frequenz der von der Kreuzung abfahrenden Rechtsabbieger
[PKW -- E/h]

$$Q \cdot G_{VR} = FR$$

$$G_{VR} = \frac{FR}{Q} \qquad (5)$$

Die Wartezeit eines bei Rot ankommenden Fahrzeuges läßt sich mit Hilfe folgender Gleichung ausdrücken

T = Wartezeit des i-ten Fahrzeuges [s]

$$T = a\,(F \cdot t) + b$$

Randbedingungen:

$$t = 0\,,\ T = R \text{ und } t = R,\ T = \frac{F \cdot R}{Q}$$

Hiermit wird

$$T = [\,(\frac{1}{Q} - \frac{1}{F})\,(F \cdot t)\,] + R \qquad (6)$$

Durch Integration läßt sich die durchschnittliche Wartezeit $T^{\,\prime\,\prime}$ eines bei Rot ankommenden Fahrzeuges ermitteln:

$$T^{\,\prime\,\prime} = \frac{1}{FR} \int_{o}^{FR} T \cdot d\ (F\,t)$$

$$T^{\,\prime\,\prime} = \frac{1}{FR} \int_{o}^{FR} [\,(\frac{1}{Q} - \frac{1}{F})\ (F \cdot t)\,d\,(F \cdot t) + Rd\,(F \cdot t)\,]$$

$$T^{\,\prime\,\prime} = \frac{1}{FR} \left[\frac{1}{2}\,(\frac{1}{Q} - \frac{1}{F})\ (F \cdot t)^2 + R\,(F \cdot t)\right] \Big|_{o}^{FR}$$

$$T^{\,\prime\,\prime} = \frac{1}{2}\,R\ \frac{F + Q}{Q}$$

Kann ein Fahrzeug bei Rot abbiegen, so erspart es sich diese Wartezeit. Können B Fahrzeuge bei Rot abbiegen, so ersparen sie sich durchschnittlich $T^{\,\prime\prime}_{B}$

mit:

(Index$_B$) bezieht sich auf B bei Rot nach rechts abbiegende Fahrzeuge

ergibt sich:

$$T``_B = \frac{1}{3600 \cdot B} \ (\frac{1}{Q} - \frac{1}{F}) \ (F \cdot t) \ d \ (F \cdot t) + R \ d \ (F \cdot t)$$

$$T``_B = \frac{1}{3600 \cdot B} \ \frac{1}{2} \ (\frac{1}{Q} - \frac{1}{F}) \ (F \cdot t)^2 + R \ (F \cdot t)$$

$$T``_B = R + \frac{1}{2} \cdot 3600 \cdot B \ (\frac{1}{Q} - \frac{1}{F}) \tag{8}$$

Können B Fahrzeuge bei Rot abbiegen, so ersparen sie sich durchschnittlich $T``_B$, müssen aber auf eine Lücke im Querverkehrsstrom warten.

Die Wartezeit auf eine Lücke im Querverkehrsstrom ist ß und lautet [300], getrennt nach der Gestaltung der Fahrspuren und nach dem Verkehrsaufkommen:

β durchschnittliche Wartezeit eines bei Rot nach rechts abbiegenden Fahrzeuges auf eine Lücke im Querverkehrsstrom [s]

Index$_{11}$ bezieht sich auf $B_1 = C$

Index$_{12}$ bezieht sich auf $B_1 = A_q$

Index$_{21}$ bezieht sich auf $B_2 = (FR)/3600$

Index$_{22}$ bezieht sich auf $B_2 = A_q$

Index$_{31}$ bezieht sich auf $B_3 = (FR)/3600$

n   **Variable für abbiegende PKW (1 bis B)**

Fall 1

für $B_1 = C$:

$$\beta_{11} = \beta_B = \frac{\sum\limits_{n=1}^{B} \left(m_n \cdot \frac{R}{A_q} - n \cdot \frac{3600}{F} \right)}{B} \tag{9.1}$$

(m_n kleinste ganze Zahl, die $n \frac{3600}{F} < m_n \frac{R}{A_q}$ genügt; B auf nächste ganze Zahl runden) für $B_1 = A_q$

$$\beta_{12} = \beta_A = \frac{B+1}{2} \left(\frac{R}{A_q} - \frac{3600}{F} \right) \tag{9.2}$$

Fall 2

für $B_2 = \dfrac{F_R}{3600}$

$$\beta_{22} = \beta_B \tag{9.3}$$

für $B_2 = A_q$

$$\beta_{21} = \beta_A \tag{9.4}$$

Fall 3

$$B_3 = \frac{F_R}{3600}$$

$$\beta = 0 \tag{9.5}$$

Im Fall 3 ist wegen des Vorhandenseins einer Einmündungsspur die Wartezeit auf eine Lücke null.

Fälle 1 und 2

Bei einer nicht exklusiven Rechtsabbiegespur und bei einer exklusiven Rechtsabbiegespur ohne Einmündungsspur in der Querfahrbahn hat ein Fahrzeug, wenn es bei Rot ankommt, den durchschnittlichen Zeitverlust T" (siehe Gleichungen (7) und (8)) und einen Zeitverlust durch Behinderung durch den Fußgängerverkehr.

Biegt es bei Rot ab, tritt an Stelle der oben erwähnten Zahlen die Behinderung durch die Fußgänger quer zur eigenen Fahrbahn und die Wartezeit auf eine Lücke im Querverkehrsstrom (siehe Gleichungen (9.1.) bis (9.5.)).

Fall 3

Bei einer exklusiven Rechtsabbiegespur und exklusiven Einmündungsspur erleidet ein Fahrzeug die gleichen Zeitverluste wie oben, wobei die Wartezeit auf eine Lücke im Querverkehrsstrom entfällt.

Biegen B Fahrzeuge während der roten Phase nach rechts ab, so lauten deren gesamte Zeitersparnisse (bezogen auf die Kürzung der Leerlaufphase):

$\alpha_{R,B}$ Zeitersparnis der bei Rot ankommenden und nach rechts abbiegenden Fahrzeuge [s]

$$\alpha_{R,B} = B \left(T_B^{\,''} - \beta \right)$$

im Fall 3 mit Gleichungen (2), (8) und (9)

$$\alpha_{R,B_3} = \frac{F \cdot R}{3600} \cdot \frac{1}{2} \cdot R \cdot \frac{F+Q}{Q}$$

Zu den Zeitersparnissen der abbiegenden Fahrzeuge müssen die der nachrückenden Fahrzeuge dazu berechnet werden. Der Anzahl der bei rot ankommenden Fahrzeuge, die nachrücken können, ist

$$\frac{F \cdot R}{3600} - B \text{ bei } B_2 \text{ bzw. } B_1 = A_q \text{ siehe (3) und (4)}$$

Die Zeit, die sich diese Fahrzeuge ersparen können, ist die Zeit, die B Fahrzeuge für das Wegfahren bei Grün beansprucht hätten und zwar

$$\frac{B \cdot 3600}{Q}$$

Die Gesamtzeitersparnis der bei Rot nachrückenden Fahrzeuge lautet somit

$$\alpha_{R,(\frac{FR}{3600} - B)} \qquad \text{Zeitersparnis der bei Rot nachrückenden, aber erst bei Grün abbiegenden Fahrzeuge [s]}$$

$$\alpha_{R,(\frac{FR}{3600} - B)} = (\frac{F \cdot R}{3600} - B) \cdot (\frac{B \cdot 3600}{Q}) \tag{11}$$

im Fall 3 mit Gleichung (2)

$$\alpha_{R,(\frac{FR}{3600} - B_3)} = \alpha_{R,(o)} = 0$$

Die Gesamtzeitersparnis der bei Rot ankommenden Fahrzeuge läßt sich aus Gleichungen (10) und (11) ermitteln und ist:

$$\alpha_R \qquad \text{Zeitersparnis der bei Rot ankommenden Fahrzeuge [s]}$$

$$\alpha_R = B (T_B^{''} - \beta) + [(\frac{F \cdot R}{3600} - B) \cdot (\frac{B \cdot 3600}{Q})]$$

mit Gleichung (6) lautet die Gleichung (10):

$$\alpha_R = B \cdot [R + \frac{1}{2} \cdot 3600 \cdot B \cdot (\frac{1}{Q} - \frac{1}{F}) - \beta] + [(\frac{FR}{3600} - B) \cdot (\frac{B \cdot 3600}{Q})] \tag{12}$$

Zu den Zeitersparnissen der bei Rot ankommenden Fahrzeuge müssen die der bei Grün ankommenden Fahrzeuge dazugerechnet werden (Siehe [300] Anhang B).

Die Fahrzeuge, die bei Grün ankommen, können wegen der bei Rot schon abgebogenen Fahrzeuge früher nachrücken und haben daher eine verkürzte Wartezeit an der Kreuzung. Die Zeitersparnis α_G (bezogen auf die Kürzung der Leerlaufphase) lautet:

α_G — Zeitersparnis der bei Grün ankommenden Fahrzeuge [s]

α_G = Wartezeit bei einem Stau von $\left(\dfrac{FR}{3600}\right)$ Fahrzeugen minus die Wartezeit bei einem Stau von $\left(\dfrac{FR}{3600} - B\right)$ Fahrzeugen

Mit ([300], Gleichungen (3) und (7) im Anhang B) läßt sich α_G folgendermaßen ausdrücken:

$$\alpha_G = \frac{F \cdot G}{3600} \left[\frac{F^2 \cdot R^2}{2 \cdot Q \cdot G \cdot (Q-F)} - \frac{(FR - B \cdot 3600)^2}{2 \cdot Q \cdot G \cdot (Q-F)}\right]$$

somit:

$$\alpha_G = \frac{F \cdot B \cdot (2 \cdot F \cdot R - B \cdot 3600)}{2 \cdot Q \cdot (Q - F)} \tag{13}$$

Die Gesamtzeitersparnis an einer Kreuzung beim Abbiegen von B Fahrzeugen pro Phase bei Rot nach rechts lautet:

α — Gesamtzeitersparnis beim erlaubten Rechtsabbiegen bei Rot in einer Richtung an einer ampelgeregelten Kreuzung [s]

$$\alpha = \alpha_R + \alpha_G$$

Mit Gleichungen (10) und (11)

$$\alpha = B\left[R + \frac{1}{2} \cdot 3600 \cdot B \cdot \left(\frac{1}{Q} - \frac{1}{F}\right) - \beta\right] + \left[\left(\frac{FR}{3600} - B\right) \cdot \left(\frac{B \cdot 3600}{Q}\right)\right] +$$

$$+ \left[\frac{F \cdot B \cdot (2 \cdot F \cdot R - B \cdot 3600)}{2 \cdot Q \cdot (Q - F)}\right]$$

Mit einigen Umformungen läßt sich die Gleichung wie folgt schreiben:

$$\alpha = B \left(\frac{F \cdot Q \cdot R - 1800 \cdot B \cdot Q}{F \cdot (Q - F)} - \beta \right) \tag{14}$$

Aus der Zeitersparnis kann die Kraftstoffverbrauchsersparnis N in Litern ermittelt werden. Es werden 312 Tage pro Jahr, 12 Stunden pro Tag und ein Leer-
laufverbrauch von 1,5 Litern durchschnittlich angesetzt.
Die Gesamtkraftstoffersparnis läßt sich wie folgt berechnen:

N   Gesamtkraftstoffersparnis beim erlaubten Rechtsabbiegen bei Rot
        in einer Richtung an einer ampelgeregelten Kreuzung [Liter/Jahr]

$$N = \frac{\alpha}{3600} \cdot \frac{3600}{P} \cdot 12 \cdot 312 \cdot 1{,}5 = \frac{5616}{P} \cdot \alpha \tag{15}$$

Mit Hilfe der Gleichungen (14) und (15) ist es möglich, für eine Richtung einer
ampelgeregelten Kreuzung die Zeit- und Kraftstoffersparnis beim Rechtsabbiegen
bei Rot zu errechnen.

Die Kraftstoffersparnisse, die durch Einführung des Rechtsabbiegens bei
Rot an ampelgeregelten Kreuzungen zu erwarten wären, sind für zwölf repräsen-
tative Kreuzungen (für alle Richtungen) berechnet worden.

Die Ergebnisse sind in den **Tabellen 36 und 37** enthalten.

Kreuzung	Kraftstoffersparnisse [Liter]
1	6615
2	5908
3	0
4	5826
5	669
6	2701
7	4132
8	4080
9	2500
10	174
11	1834
12	2957

Tabelle 37: Gesamtkraftstoffersparnisse, die an zwölf ampelgeregelten Kreuzungen in Niederösterreich durch
Einführung des Rechtsabbiegens bei Rot erzielt
werden können.

Kreuzung	Richtung	Fahrspur Gestaltung	R s	P s	F PKW-E/h	F_R PKW-E/h	B PKW-E/Phase	α s/Phase	N Liter/Jahr
1 B12/Gattringerstr. Brunn am Gebirge	1r	Fall 1	52	72	174	71	0,41	18,1	1412
	2r	Fall 2	27	72	388	388	2,91	57,7	4501
	3r	Fall 1	29	72	615	170	0,31	9	702
	Alle								6615
2 B16/LH 150 Ebreichsdorf	1r	Fall 2	39	65	208	208	2,25	50,2	4304
	4r	Fall 1	41	65	146	93	0,64	18,7	1604
	Alle								5908
3 B305/Haidhofstr. Baden	1r	Fall 1	36	50	27	3	0		0
	2r	Fall 1	26	50	192	1	0		0
	3r	Fall 2	24	50	11	11	0,07		0
	4r	Fall 2	32	50	10	10	0,09		0
	Alle								0
4 B55/LN45/33 Krems Nord	1r	Fall 2	49	65	143	143	1,95	50,9	4400
	2r	Fall 2	33	65	10	10	0,08		0
	3r	Fall 1	37	65	248	11	0		0
	4r	Fall 2	41	65	67	67	0,76	16,5	1426
	Alle								5826
5 B3/Liebleitnerring Korneuburg	1r	Fall 1	36	60	86	35	0,14	4,65	435
	2r	Fall 1	22	60	156	12	0		0
	3r	Fall 1	36	60	33	16	0,078		
	4r	Fall 2	22	60	39	39	0,24	2,5	234
	Alle								669
6 B3/Weisses Kreuz Langenzersdorf	1r	Fall 1	44	60	109	102	1,14	28,9	2701
	4r	Fall 2	26	60	3	3	0,02	0	0
	Alle								2701
7 B17/B11 Wien Guntramsdorf	1r	Fall 2	37	60	191	191	1,96	38,6	3616
	4r	Fall 1	16	60	688	232	0,34	5,52	516
	Alle								4132
8 B10/B11 Brauhausstr. Schwechat	4r	Fall 2	69	90	72	72	1,38	50,3	3142
	3r	Fall 2	28	90	136	136	1,06	15	938
	Alle								4080

Kreuzung	Richtung	Fahrspur Gestaltung	R s	P s	F PKW-E/h	F_R PKW-E/h	B PKW-E/Phase	α s/Phase	N Liter/Jahr
9 B10 Mötring Schwechat	1r	Fall 1	43	60	83	75	0,81	17,01	1592
	2r	Fall 2	15	60	80	80	0,33	2,2	206
	3r	Fall 1	43	60	65	32	0,19	7,5	702
	Alle								2500
10 B20 Heidenheimerstr. St. Pölten	1r	Fall 1	28	60	18	12	0,06	0	0
	2r	Fall 1	28	60	435	4	0	0	0
	3r	Fall 1	28	60	30	20	0,1	1,86	174
	4r	Fall 1	28	60	466	72	0,09	0	0
	Alle								174
11 B333/L5128 Khittelstr. St. Pölten	1r	Fall 2	46	72	43	43	0,55	2,1	164
	2r	Fall 1	23	72	152	47	0,009	0	0
	3r	Fall 1	46	72	353	117	0,34	21,4	1670
	4r	Fall 1	33	72	1118	26	0,006		0
	Alle								1834
12 Praterstr.- Goldeggerstr. St Pölten	4r	Fall 1	23	72	984	47	0,01		0
	1r	Fall 1	46	72	300	150	0,73	24,9	1943
	2r	Fall 1	33	72	969	101	0,1	3	234
	3r	Fall 2	56	72	25	25	0,39	10	780
	Alle								2957

Tabelle 36: Berechnung der möglichen Kraftstoffersparnisse, die an zwölf ampelgeregelten Kreuzungen in Niederösterreich durch Einführung des Rechtsabbiegens bei Rot erzielt werden können.

Im Durchschnitt ergeben sich Zeitgewinne von 23.970 [s/Tag] und Kraftstoffersparnisse von 3.116 [Liter/Jahr] pro Kreuzung bzw. 5.992 [s/Tag] und 780 [Liter/Jahr] pro Richtung.

Die Kraftstoffersparnisse streuen zwischen 0 und 4.501 [Liter/Jahr] pro Richtung und zwischen 0 und 6.615 [Liter/Jahr] pro Kreuzung.

Amerikanische Untersuchungen im Staat Virginia [363] weisen durchschnittliche Zeitersparnisse von 5.647 [s/Tag] pro Richtung auf.

Gesamtnutzen

Bei einer geschätzten Anzahl von 1.400 ampelgeregelten Kreuzungen in Österreich sind folgende Ersparnisse durch Einführung des Rechtsabbiegens bei Rot zu erwarten:

$$4{,}36 \cdot 10^6 \text{ [Liter/Jahr]}$$
$$\text{bzw. } 3{,}27 \cdot 10^3 \text{ [t/Jahr]}$$

bezogen auf den derzeitigen Gesamtkraftstoffverbrauch an Normal- und Superbenzin von $2{,}16 \cdot 10^6$ [t] (1976) sind dies 0,15 %.

Gesamtkosten:

Bei einer geschätzten Anzahl von 1400 ampelgeregelten Kreuzungen in Österreich ist mit Anschaffungskosten in der Höhe von 16,4 Millionen öS und mit laufenden Kosten von 0,5 Millionen öS pro Jahr zu rechnen. Hinzu kommen noch Kosten für die Planung, Errichtung der Verkehrstafeln und Überwachung.

Nutzen-Kosten Verhältnis

Das durchschnittliche Nutzen-Kosten Verhältnis der Maßnahme „Rechtsabbiegen bei Rot" beträgt über einen Zeitraum von **10 Jahren**:

$$N/K = 2{,}035 \text{ [Liter/öS]}$$

Betrachtet über einen Zeitraum von **20 Jahren** ergibt sich für das Nutzen-Kosten-Verhältnis der Maßnahme „Rechtsabbiegen bei Rot" im Durchschnitt

$$N/K = 1{,}66 \text{ bis } 2{,}27 \text{ [Liter/öS]}$$

6.18 Dieselmotor statt Ottomotor – die Bevorzugung des Dieselantriebes bei der Neuanschaffung eines Fahrzeuges (DI)

Der Dieselmotor zeichnet sich im Vergleich zum Ottomotor durch einen höheren effektiven Wirkungsgrad, der im wesentlichen auf dem besseren thermischen Wirkungsgrad des Dieselarbeitsverfahrens beruht, aus. Die bessere Ausnutzung der Energie beim Dieselmotor führt zwangsläufig zu der Überlegung, ob nicht eine Erhöhung des Anteils der mit einem Dieselmotor angetriebenen PKW im Hinblick auf eine Energieeinsparung sinnvoll wäre.

In der Folge soll die Bevorzugung eines Diesel-PKW bei der Neuanschaffung eines Fahrzeuges als Maßnahme zur Erzielung eines sinnvolleren Kraftstoffverbrauches im Individualverkehr untersucht werden.

Betroffener Bereich:

Die Maßnahme betrifft alle Käufer eines neuen PKW und die Automobilhersteller.

Jetzige Situation:

Die am meisten verbreiteten Antriebe für PKW sind der Ottomotor und der Dieselmotor.

Der Bestand an Fahrzeugen mit Otto- bzw. Dieselmotor ist in Tabelle 38 für die Jahre 1965 bis 1977 jeweils nach dem Stand vom 31. Dezember nach [320] angegeben: ein konstant bleibender Anteil der mit Dieselmotoren angetriebenen PKW von rund 3 % der gesamt zugelassenen PKW zeigt sich für den Zeitraum 1965 bis 1977.

Bei der Prognose für den PKW-Bestand im Bild 7 können $2480 \cdot 10^3$ PKW für das Jahr 1988 angenommen werden.

Bei einer unveränderten Entwicklung des Bestandes an PKW mit Dieselmotoren, d.h. bei einem gleichbleibenden Anteil der PKW mit Dieselmotoren von 3 % der insgesamt zugelassenen PKW, wären 1988   74 400 PKW mit Dieselmotor zu erwarten. Dieser Fall würde dem **Ist-Zustand** entsprechen.

Erreichbare Situation:

Bei Einführung einer Maßnahme zur Förderung der Diesel-PKW am Anfang des Jahres 1979, die nach 10 Jahren eine Verdoppelung des Anteiles der PKW mit Dieselantrieb zu Folge haben würde, läßt sich der **Soll-Zustand** mit 148 800 zugelassenen PKW mit Dieselmotor im Jahre 1988 angeben.

Die Annahme einer Verdoppelung des Anteiles der Diesel-PKW am Gesamtbestand der PKW und Kombis in den nächsten 10 Jahren erscheint realistisch und deckt sich unter anderem mit Prognosen der ARAL AG [88].

Vor- und Nachteile:

Gegenüberstellung Dieselmotor-Ottomotor

Der Vergleich eines Fahrzeuges mit Ottomotor und einem mit Dieselmotor kann wegen des Unterschiedes bez. deren Hubraum, Leistung und Gewicht nicht ohne weiteres durchgeführt werden. Vergleicht man z.B. zwei Fahrzeuge mit gleichem Motorhubraum, so müssen verschiedene Leistungen berücksichtigt werden, (bei gleichem Hubraum hat der Diesel eine kleinere Leistung als der Ottomotor bzw. bei gleicher Leistung einen größeren Hubraum).

Jahr	Gesamtbestand PKW	Anzahl PKW mit Diesel-Antrieb	Diesel [%]	Otto [%]
1965	790 675	22 549	2,85	97,15
1966	855 498	26 143	3,05	96,95
1967	935 929	29 319	3,04	96,96
1968	1 056 290	33 860	3,20	96,80
1969	1 124 183	35 923	3,19	96,81
1970	1 196 584	37 484	3,13	96,87
1971	1 325 162	39 719	3,00	97,00
1972	1 140 163	42 321	2,90	97,1
1973	1 540 749	44 107	2,86	97,14
1974	1 635 926	47 836	2,92	97,08
1975	1 720 722	51 643	3,00	97,00
1976	1 828 055	55 100	3,01	96,99
1977	1 965 250	58 847	2,99	97,01

Tabelle 38: PKW-Bestand vom Jahr 1965 bis zum Jahr 1977 differenziert nach Antriebsart

Für einen sinnvollen Vergleich verschiedener Fahrzeuge erscheint es zweckmäßig, bei verschiedener Motorbauart aber sonst gleichen Fahrzeugmerkmalen gleiche oder zumindest annähernd gleiche Motorleistungen vorauszusetzen.

Der Dieselmotor weist bessere Kraftstoffverbrauchswerte als der Ottomotor speziell im Teillastbereich auf; hier soll noch vermerkt werden, daß bei einem Vergleich von Kraftstoffverbrauchswerten von Diesel- und Ottomotoren die unterschiedlichen Dichten und Heizwerte der Kraftstoffe berücksichtigt werden müssen.

Die Kraftstoffverbräuche der PKW mit Dieselmotoren sind im Europatestfahrzyklus und bei den Konstantfahrgeschwindigkeiten von 90 [km/h] und 120 [km/h] in den Bildern 32, 33 und 34 gesondert gekennzeichnet. Bei einer näheren Betrachtung dieser Bilder ist zu ersehen, daß:

1. Die Kraftstoffverbrauchswerte im Europatestfahrzyklus der Fahrzeuge mit Dieselmotor eindeutig im untersten Kraftstoffverbrauchsbereich liegen; dies ist unabhängig vom Parameter der Darstellung.

2. Bei den Konstantfahrgeschwindigkeiten von 90 [km/h] und 120 [km/h] die Kraftstoffverbrauchswerte der Dieselfahrzeuge keine nennenswerten Unterschiede gegenüber denen der PKW mit Ottomotor zeigen.

Die höheren Anschaffungskosten eines Diesel-PKW sind ein Nachteil.

Hiezu kommt noch die relativ hohe Besteuerung des Diesel-Kraftfahrzeuges, das mit seinem Hubraum sehr zu seinem Nachteil eingestuft wird. Mit nur einer Ausnahme   sind die aufgezeichneten Diesel-PKW in den Steuerklassen eingestuft, in denen nur 20 % der PKW mit Ottomotoren eingestuft sind. Alle anderen PKW mit Ottomotoren sind niedriger eingestuft (siehe Bild 35).

Die Belastung durch die Haftpflichtversicherung bleibt jedoch bei Fahrzeugen mit gleichen maximalen Motorleistungen wegen der Bemessung nach diesem Parameter gleich.

Die Dieselkraftstoffpreise sind noch immer niedriger als die von Super- und Normalbenzin.

Die Lebensdauer der Dieselmotoren kann zur Zeit größer als die der Ottomotoren angenommen werden.

Die Beeinträchtigung der Umwelt durch den Betrieb eines Diesel-PKW anstelle eines Ottomotors ist schwer zu erfassen: durch die vollständigere Verbrennung tritt zwar eine Verringerung der gesetzlich begrenzten Abgasemissionen ein (stark reduzierte CO-Emissionen und niedrigere HC- und NO_x-Emissionen), es muß aber berücksichtigt werden, daß eine Belästigung durch Rußausstoß, Geruch und Lärm auftritt.

Einführbarkeit der Maßnahme:

Der derzeitige Bestand weist einen Anteil von 3 % für PKW mit Diesel-Antrieb auf. Dieser Anteil ist über die letzten 12 Jahre konstant geblieben und läßt daher eine Informationskampagne, eine Werbekampagne bzw. Förderungsmaßnahmen als notwendig erscheinen, soll dieser Anteil freiwillig erhöht werden.

Als mögliche Förderungsmaßnahmen sind Subventionen oder Kredite beim Ankauf, ermäßigte KFZ-Steuer oder sogar eine Neuregelung der KFZ-Steuer, wobei die Bemessungsgrundlage der Kraftstoffverbrauch des KFZ z.B. im Europatestfahrzyklus sein könnte (siehe Kapitel 4.6.2.) denkbar. Diese Maßnahme würde jedoch nur die Neuzulassungen betreffen.

Qualitative Bewertung der sonstigen Wirkungen:

Kosten	− 2
Umweltbelastung	− 1
Devisenbedarf	− 1
Realisierungszeitraum	− 1

Tabelle 39: Qualitative Bewertung der sonstigen Wirkungen der Maßnahme „Diesel-PKW"

Quantitative Bewertung:

Drei „PKW-Paare" 'A', 'B', 'C' [302] werden als vergleichbar angenommen und werden für die Berechnungen der Kosten und Energieersparnisse, die mit dieser Maßnahme verbunden sind, herangezogen. Siehe **Tabellen 40, 41 und 42.**

Kosten

Die Kosten unterteilen sich in die einmaligen Kosten des erhöhten Anschaffungspreises eines Diesel-PKW und die laufenden Kosten des unterschiedlichen Aufwandes an KFZ-Steuern und Versicherungsprämien.

Wer die Kostenträger sind und wie die Kosten aufgeteilt sind (d.h. ob und in welchem Ausmaß gefördert wird) wird in dieser Berechnung nicht ausgewiesen.

Kraftstoffersparnisse

Fahrleistungen in Österreich

Im Jahre 1971 betrugen die durchschnittlichen speziellen Jahresfahrleistungen der PKW 14.070 km [317].

Differenziert nach Hubraumgröße:

bis 1.000 cm³   11.947 km
1.001 bis 1.500 cm³   13.720 km
1.501 bis 2.000 cm³   15.847 km
und über 2.000 cm³   17.556 km

Im Jahre 1976 betrugen die durchschnittlichen speziellen Fahrleistungen 12 265 km (siehe Kapitel 3.2.).

Unter der Annahme einer Entwicklung der Jahresfahrleistungen unabhängig von der Hubraumgröße und unter Berücksichtigung der Hubraumgrößen der PKW im Jahre 1976, lassen sich die durchschnittlichen speziellen Jahresfahrleistungen differenziert nach Hubraumgröße für das Jahr 1976 ermitteln:

bis 1.000 cm³   10.174 km
1.001 bis 1.500 cm³   11.685 km
1.501 bis 2.000 cm³   13.496 km
über 2.000 cm³   14.952 km

Aufteilung der Fahrleistungen

Nach Kapitel 3.3.1. gilt folgende Aufteilung der Fahrleistungen für die durchschnittliche Benützung von PKW:

Ortsgebiet 42 %, Freilandverkehr 58 % (10 % Autobahn)

Um Extremfälle der Fahrleistungen bei diesem Vergleich Ottomotor – Dieselmotor zu berücksichtigen, werden die zwei Fälle 5.000 km/Jahr und 20.000 km/Jahr nur im Ortsgebiet zusätzlich durchkalkuliert.

Kraftstoffverbrauch

Für den Kraftstoffverbrauch in Ortsgebieten wird der Kraftstoffverbrauch gemessen im Europatestfahrzyklus herangezogen. Als repräsentativ für den Kraftstoffverbrauch im Freilandverkehr (nicht Autobahn) wird der Verbrauch gemessen bei einer konstanten Geschwindigkeit von 90 [km/h] herangezogen. Als repräsentativ für den Kraftstoffverbrauch auf Autobahnen wird der Verbrauch gemessen bei einer konstanten Geschwindigkeit von 120 [km/h] herangezogen.

Die Kraftstoffverbrauchswerte sind [341] entnommen worden (siehe auch Bilder 32, 33 und 34).

Fahrzeug	'A' Benzin	'A' Diesel
Anschaffung ö.S.	82 960	95 310
Hubraum [cm^3]	1 093	1 471
KFZ-Steuer [öS/Jahr]	780	900
Maximalleistung [kW/1/min]	37/6000	37/5000
KFZ-Versicherung Haftpflicht, Variante A [öS/Jahr]	2 747	2 747
Kraftstoffverbrauch [Liter/100 km]		
Europatest	9,0	6,9
90 [km/h]	6,5	5,4
120 [km/h]	9,2	7,6
Kosten [öS]	13 433 bis	13 775
Kraftstoffersparnisse [Liter/Jahr]	Durchschnitt: 183 Streuung: 105 bis 420	
N/K [Liter/öS]	Durchschnitt: 0,133 bis 0,136 Streuung: 0,076 bis 0,313	

Tabelle 40: Nutzen-Kosten Bewertung der Maßnahme „Diesel-PKW" am Beispiel des Fahrzeugpaares 'A', Betrachtungszeitraum: 10 Jahre [302].

Fahrzeug	'B' Benzin	'B' Diesel
Anschaffung [öS]	116 220	156 000
Hubraum [cm^3]	1 796	2 304
KFZ-Steuer [öS/Jahr]	1 440	2 448 (1 632 nach 36 Monaten)
Maximalleistung [kW/1/min.]	53,5/5000	46,5/4500
KFZ-Versicherung Haftpflicht, Variante A [öS/Jahr]	4 221	3 377
Kraftstoffverbrauch [Liter/100 km]		
Europatest	12,8	8,3
90 [km/h]	7,9	6,6
120 [km/h]	10,5	9,3
Kosten [öS]	38 358 bis 38 920	
Kraftstoffersparnisse [Liter/Jahr]	Durchschnitt: 356 Streuung: 225 bis 900	
N/K [Liter/öS]	Durchschnitt: 0,092 bis 0,093 Streuung: 0,058 bis 0,253	

Tabelle 41: Nutzen-Kosten Bewertung der Maßnahme „Diesel-PKW" am Beispiel des Fahrzeupaares 'B' [302] Betrachtungszeitraum 10 Jahre

Fahrzeug	'C' Benzin	'C' Diesel
Anschaffungspreis [öS]	190 320	241 020
Hubraum [cm^3]	1 988	3 005
KFZ-Steuer [öS/Jahr]	1 440	4 500 (3000 nach 36 Monate)
Maximalleistung [kW/min.]	69/4800	59/4000
KFZ-Versicherung Haftpflicht, Variante A [öS/Jahr]	4 538	4 221
Kraftstoffverbrauch [Liter/ 100 km]		
Europatest	15,1	10,3
90 [km/h]	9,4	7,8
120 [km/h]	12,2	11,5
Kosten [öS]	66 313 bis 70 121	
Kraftstoffersparnisse [Liter/Jahr]	Durchschnitt: 427 Streuung: 240 bis 960	
N/K [Liter/Jahr]	Durchschnitt: 0,061 bis 0,064 Streuung: 0,034 bis 0,145	

Tabelle 42: Nutzen-Kosten Bewertung der Maßnahme „Diesel-PKW" am Beispiel des Fahrzeugpaares 'C' [302], Betrachtungszeitraum 10 Jahre

Gesamtnutzen

Unter Berücksichtigung der errechneten durchschnittlichen jährlichen Kraftstoffverbräuche der verschiedenen Fahrzeugpaare (siehe **Bild 47**) ergeben sich folgende Gesamt-Jahreskraftstoffverbräuche:

Fahrzeugpaar 'A'

914 Liter Normalbenzin bzw. 731 Liter Diesel pro Jahr

Fahrzeugpaar 'B'

1.379 Liter Normalbenzin bzw. 1.023 Liter Diesel pro Jahr

Fahrzeugpaar 'C'

1.805 Liter Superbenzin bzw. 1.378 Liter Diesel pro Jahr.

Es lassen sich die Gesamtkraftstoffersparnisse in Anlehnung an die jetzige Zusammensetzung des Diesel-PKW-Bestandes und unter der Voraussetzung, daß die angenommene Erhöhung des Anteiles der Diesel-PKW von 3 % auf 6 % des Gesamtbestandes durch einen Zuwachs vor allem bei mittelgroßen Fahrzeugen und bei „Zweit"-Fahrzeugen zustande kommen wird, errechnen.

Die Zusammensetzung der infolge der Einführung der Maßnahme im Jahre 1988 zusätzlich zugelassenen PKW mit Dieselmotor wird für die betrachteten Fahrzeugkategorien wie folgt angenommen:

Fahrzeug 'A'   50 %
Fahrzeug 'B'   40 %
Fahrzeug 'C'   10 %

Unter Berücksichtigung, daß der Bestand an Diesel-PKW im Jahr 1978 nahezu ausschließlich aus Fahrzeugen der Kategorie 'C' besteht, ergibt sich für das Jahr 1988 folgende Zusammensetzung des Diesel-PKW-Bestandes:

Fahrzeug 'A'   25 %
Fahrzeug 'B'   20 %
Fahrzeug 'C'   55 %

Es wird zwecks Abschätzung der Bandbreite -- innerhalb der die Ersparnisse liegen können -- folgende Streuung der Zusammensetzung der im Jahre 1988 zusätzlich zugelassenen PKW mit Dieselmotor für die betrachteten Fahrzeugkategorien angenommen:

von

Fahrzeug 'A'   100 %
Fahrzeug 'B'   0 %
Fahrzeug 'C'   0 %

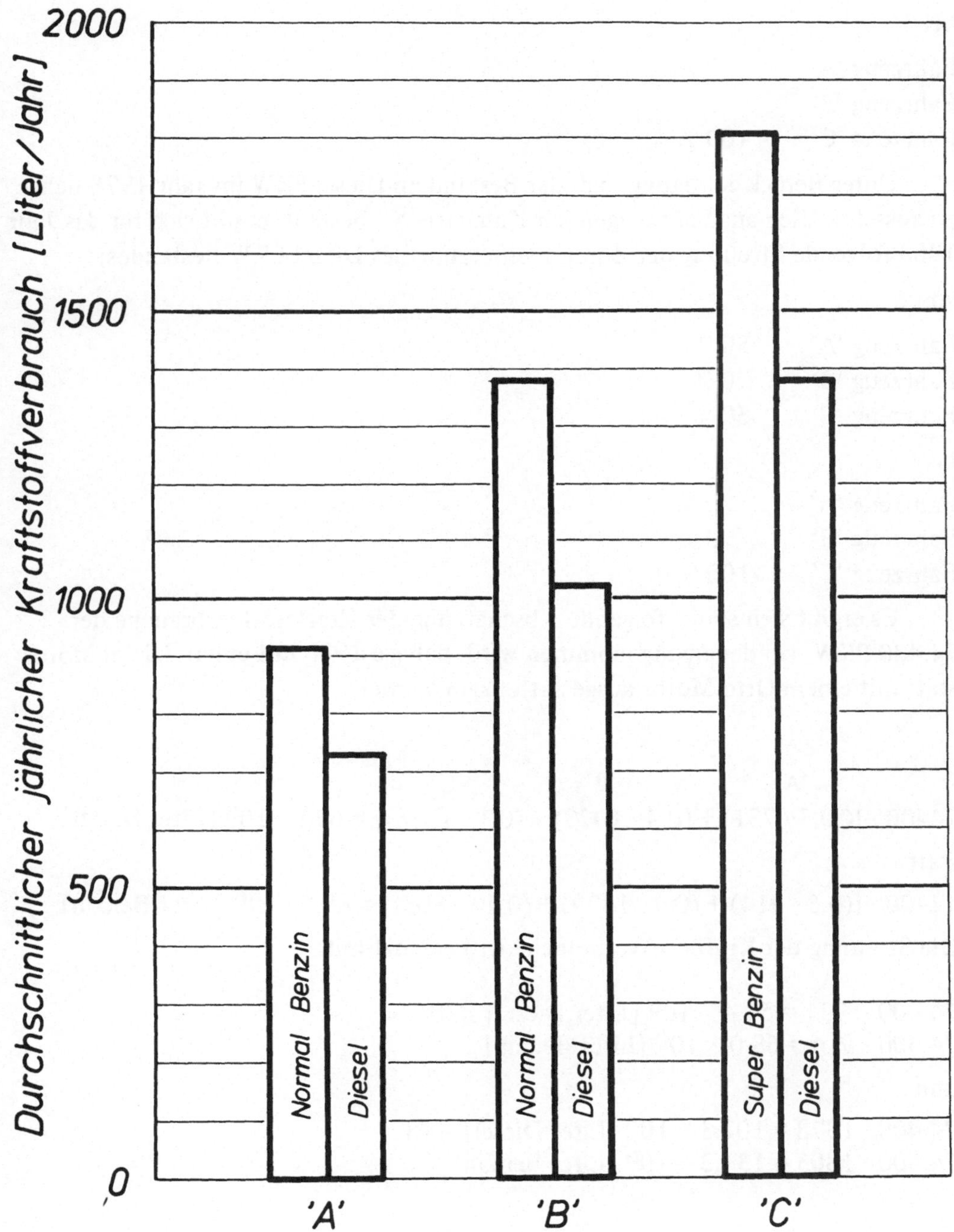

Bild 47: Durchschnittlicher jährlicher Kraftstoffverbrauch der Fahrzeuge "A", "B" und "C" bei Dieselantrieb bzw. Antrieb mit Otto-Motor

bis

Fahrzeug 'A'	0 %
Fahrzeug 'B'	0 %
Fahrzeug 'C'	100 %

Unter Berücksichtigung, daß der Bestand an Diesel-PKW im Jahr 1978 nahezu ausschließlich aus Fahrzeugen der Kategorie 'C' besteht, ergibt sich für das Jahr 1988 folgende Streuung der Zusammensetzung des Diesel-PKW-Bestandes:

von

Fahrzeug 'A'	50 %
Fahrzeug 'B'	0 %
Fahrzeug 'C'	50 %

bis

Fahrzeug 'A'	0 %
Fahrzeug 'B'	0 %
Fahrzeug 'C'	100 %

Es ergibt sich somit folgende Abschätzung der Kraftstoffverbräuche der 74.400 PKW, bei denen angenommen wird, daß sie 1988 mit einem Diesel-Motor statt mit einem Otto-Motor ausgestattet sein werden:

$$74400 \cdot [(\underset{'A'}{0,5 \cdot 731}) + (\underset{'B'}{0,4 \cdot 1023}) + (\underset{'C'}{0,1 \cdot 1378})] = 67,9 \cdot 10^6 \text{ [Liter Diesel]}$$

statt

$$74400 \cdot [(0,5 \cdot 914) + (0,4 \cdot 1379) + (0,1 \cdot 1805)] = 88,5 \cdot 10^6 \text{ [Liter Benzin]}$$

Die Streuung der Kraftstoffverbräuche ist begrenzt mit:

$$74\,400 \cdot 731 = 54,4 \cdot 10^6 \text{ [Liter Diesel] statt}$$
$$74\,400 \cdot 914 = 68,0 \cdot 10^6 \text{ [Liter Benzin]}$$

und

$$74\,400 \cdot 1378 = 102,5 \cdot 10^6 \text{ [Liter Diesel] statt}$$
$$74\,400 \cdot 1805 = 134,3 \cdot 10^6 \text{ [Liter Benzin]}$$

Unter Berücksichtigung folgender Dichten

Super   0,73 bis 0,78 [kg/Liter]   Durchschnitt 0,755 [kg/Liter]
Normal 0,715 bis 0,755 [kg/Liter]   Durchschnitt 0,735 [kg/Liter]
Diesel 0,815 bis 0,855 [kg/Liter]   Durchschnitt 0,835 [kg/Liter]

ergeben sich folgende durchschnittliche Kraftstoffverbrauchswerte in [kg]:

$57 \cdot 10^6$ [kg Diesel] statt

$66 \cdot 10^6$ [kg Benzin]

und ein Streubereich von

$45 \cdot 10^6$ [kg Diesel] statt

$51 \cdot 10^6$ [kg Benzin]

bis

$86 \cdot 10^6$ [kg Diesel] statt

$100 \cdot 10^6$ [kg Benzin].

Es erscheint sinnvoll, die Kraftstoffersparnisse auf den geschätzten Kraftstoffverbrauch des Jahres 1988 zu beziehen. Die im Bild 8 abgebildete Prognose ergibt folgende Verbräuche für das Jahr 1988:

$3,2 \cdot 10^6$ [Tonnen Benzin]
$1,7 \cdot 10^6$ [TonnenDiesel]

Bezogen auf diese prognostizierten Werte für den Kraftstoffverbrauch im Jahre 1988 ergeben sich durch eine Erhöhung des Anteiles der mit Dieselkraftstoff betriebenen PKW von 3 % auf 6 % (d.h. eine geschätzte Erhöhung um 74 400 Fahrzeuge) folgende Änderungen der Kraftstoffverbräuche:

2 ⁄o weniger Benzin (Streuung von 1,6 % bis 3,1 %)
3,3% mehr Diesel (Streuung von 2,6 % bis 5,0 %)

Nutzen - Kosten – Verhältnisse

Fahrzeugpaar 'A'

N/K = 0,076 bis 0,313 [Liter/öS]
Durchschnitt: 0,133 bis 0,136 [Liter/öS]

Fahrzeugpaar 'B'

N/K = 0,058 bis 0,235 [Liter/öS]
Durchschnitt: 0,092 bis 0,093 [Liter/öS]

Fahrzeugpaar 'C'

N/K = 0,034 bis 0,145 [Liter/öS]
Durchschnitt: 0,061 bis 0,064 [Liter/öS]

Berechnungen der Nutzen-Kosten-Verhältnisse nach dem in [375] ausgearbeiteten Vergleich Ottomotor − Dieselmotor, in dem nach drei Preisklassen unterschieden wird, sowie nach den entsprechenden jährlichen Fahrleistungen, Durchschnittskraftstoffverbrauchswerten und nach den Differenzen in den Anschaffungskosten, jedoch nicht nach unterschiedlichen Belastungen durch KFZ-Steuer und Versicherungsprämien, ergeben folgende Streuung, bezogen auf einen Zeitraum von 10 Jahren: N/K = 0,26 bis 0,514 [Liter/öS] (siehe **Bild 48**).

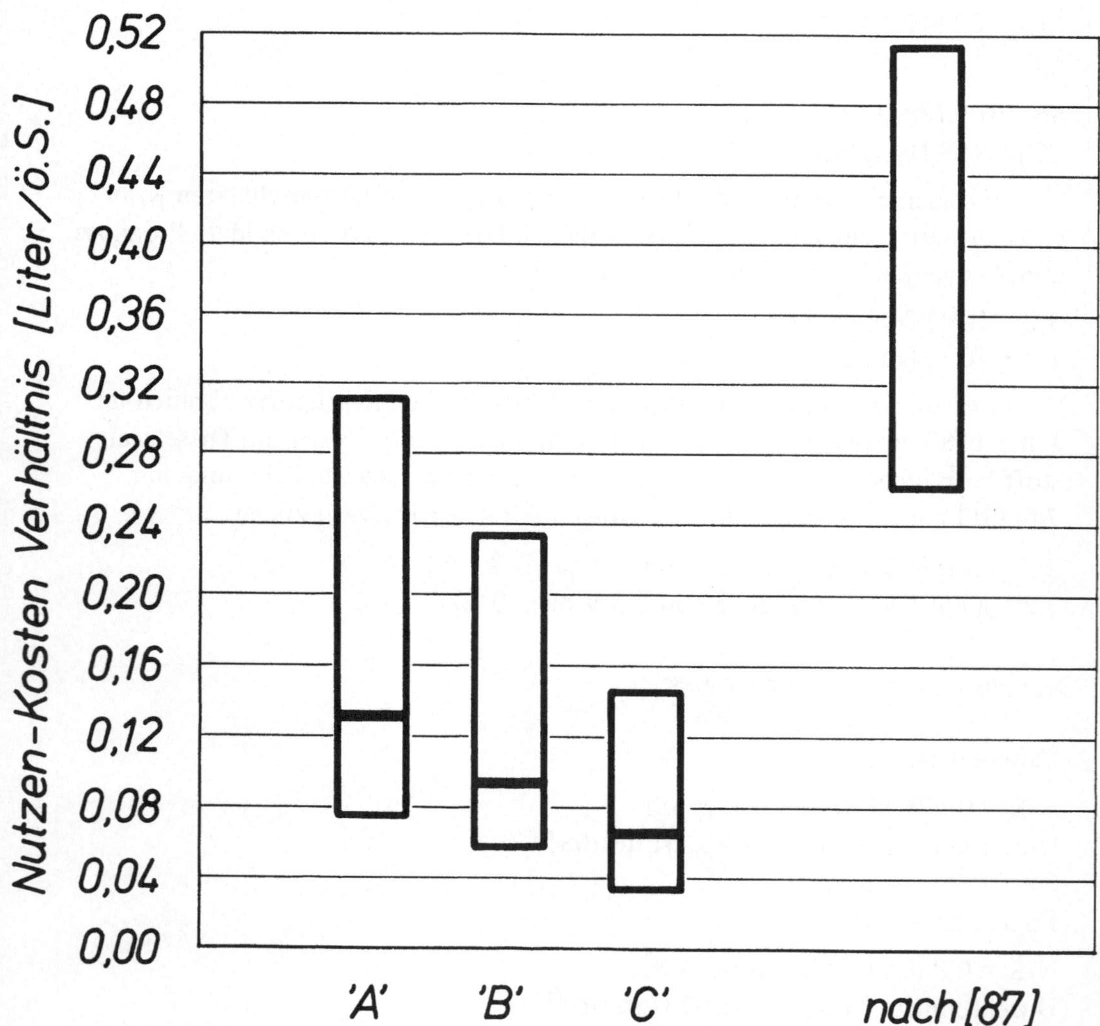

Bild 48: Nutzen-Kosten Verhältnisse der Maßnahme „Diesel-PKW statt Otto-PKW", Betrachtungszeitraum 10 Jahre

— Durchschnitt

Wird ein Betrachtungszeitraum von 20 Jahren zugrunde gelegt, lassen sich für unsere Untersuchung Nutzen-Kosten-Verhältnisse von

N/K = 0,028 bis 0,349 [Liter/öS]

und durchschnittlich

N/K = 0,051 bis 0,151 [Liter/öS]

errechnen.

6.19. Regelmäßige Überprüfung des CO-Gehaltes der Abgase von PKW im Leerlauf (WA)

Regelmäßige Fahrzeuginspektionen werden zwar von den Herstellern empfohlen, Untersuchungen der Deutschen Automobil-Treuhand GmbH. (DAT) in der Bundesrepublik Deutschland haben aber gezeigt, daß von den erforderlichen Fahrzeuginspektionen an PKW nur 62,5 % ausgeführt werden, exakt nach den Empfehlungen der Hersteller sogar weniger als 40 % [378]. Zusätzlich ist zu bemerken, daß das Wartungsbewußtsein der deutschen PKW-Besitzer in den letzten Jahren abgenommen hat. Weitere Merkmale kennzeichnen die Durchführung von Wartungs- und Instandsetzungsarbeiten: 50 % werden von einer Vertragswerkstätte der eigenen Marken durchgeführt, 10 % von einer sonstigen Werkstätte, 7 % von einer Spezialwerkstätte, 7% an einer Tankstelle, 21% selbst oder mit Hilfe von Bekannten. Große Inspektionen werden 0,6 Mal pro Jahr und PKW durchgeführt, kleine Inspektionen 0,5 Mal und sonstige Inspektionen (einschl. Motortest) 0,3 Mal.

Nach einer Untersuchung des ADAC [381] beachten nur 69,2 % der Autofahrer die fachgerechte und von den Firmen vorgeschriebene Wartung. Ferner lassen nur 62,1 % der Autofahrer ihren Vergaser in den vorgeschriebenen Abständen warten, 21,8 % in längeren Intervallen und 16,1 % nur bei Störungen.

Nachdem der Kraftstoffverbrauch des Einzelfahrzeuges unter anderem auch von dem Wartungszustand des Fahrzeuges abhängt, führen diese Zahlen zwangsläufig zu der Überlegung, ob nicht durch die Durchführung von regelmäßigen Wartungsarbeiten ein Beitrag zur Reduzierung des Kraftstoffverbrauches im Straßenverkehr geleistet werden könnte.

Die regelmäßige optimale Einstellung der CO-Emissionen im Leerlauf soll als eine der möglichen Wartungsmaßnahmen zur Reduzierung des Kraftstoffverbrauches im Straßenverkehr hier untersucht werden. Es soll jedoch nicht außer acht gelassen werden, daß auch andere Wartungsarbeiten am Fahrzeug wie z.B. Überprüfung des Zündsystems, der Ventilspieleinstellung u.a. zu Kraftstoffersparnissen führen können.

Betroffener Bereich:

Die Maßnahme betrifft alle PKW-Besitzer sowie indirekt die Werkstätten, wo die Überprüfung durchgeführt werden soll.

Jetzige Situation:

Im Rahmen der wiederkehrenden Begutachtung gemäß § 57a Abs. 4 des KFG 1967 muß unter anderem kontrolliert werden, ob der CO-Gehalt der Abgase der PKW und Kombis im Leerlauf unter 4,5 Vol% liegt. Die erste Prüfung findet drei Jahre nach der Erstzulassung statt; die weiteren Prüfungen erfolgen jeweils in Abständen von einem Jahr.

Seit 76-10-01 sind Bestimmungen der 7. Novelle zur KDV 1967 hinsichtlich der Kohlenmonoxid-Emission im Leerlauf in Kraft. Die Leerlaufgemischregulierschraube muß so gesichert sein (z.B. durch eine Kappe), daß eine Verstellung der Leerlaufdrehzahl möglich ist, ohne daß der Grenzwert des CO-Gehaltes im Leerlauf von 4,5 Volumen % überschritten werden kann.

Untersuchungen der Champion Sparking Plug Company in den Jahren 1973 bis 1974 haben gezeigt, daß in vierzehn europäischen Städten über 38,6 % von 5321 untersuchten Fahrzeugen eine Leerlauf-Einstellung mit CO-Emissionen im Leerlauf von mehr als 4,5 % gehabt haben. 42,5 % der untersuchten Wiener Fahrzeuge haben zu hohe Leerlauf CO-Emissionen gehabt [379].

Bei Vergasereinstellaktionen haben Messungen des ARBÖ [380] gezeigt, daß im Jahre 1971 der durchschnittliche CO-Gehalt der Abgase im Leerlauf von 4600 untersuchten Fahrzeugen 5,8 Vol%, im Jahre 1973 der durchschnittliche CO-Gehalt der Abgase im Leerlauf von 826 untersuchten Fahrzeugen 6,13 Vol% und im Jahre 1977 der durchschnittliche CO-Gehalt der Abgase im Leerlauf von 3814 untersuchten Fahrzeugen 4,28 Vol% betragen hat. Die Untersuchungen des Jahres 1977 haben ferner gezeigt, daß 35,5 % der Fahrzeuge einen CO-Gehalt im Abgas im Leerlauf von über 4,5 Vol% aufgewiesen haben.

Erreichbare Situation:

Durch eine regelmäßige Überprüfung des CO-Gehaltes der Abgase im Leerlauf und eine hiermit verbundene optimale Einstellung könnte dieser gesenkt werden. Eine optimale Einstellung unter dem gesetzlichen Limit von 4,5 % ist bei modernen PKW in der Regel zu erreichen.

Nach [380] ist im Rahmen der Vergasereinstellaktionen im Jahre 1971 eine durchschnittliche Absenkung des CO-Gehaltes der Abgase im Leerlauf um 1,4 Vol% auf 4,4 Vol% erreicht worden, im Jahre 1973 um 2,16 Vol% auf 3,97 Vol% und im Jahre 1977 um 1,36 Vol% auf 2,92 Vol %.

Vor- und Nachteile:

Eine Absenkung des CO-Gehaltes der Abgase im Leerlauf führt zu einer Re-

duzierung der Belastung der Umwelt beim Betrieb der Fahrzeuge im Leerlauf
und damit vor allem zu einer Reduzierung der Belastung der Umwelt im städtischen Bereich.

Eine Absenkung des Kraftstoffverbrauches im Leerlauf wird wegen der im
Zusammenhang mit der Reduzierung des CO-Gehaltes im Leerlauf stehenden Ver-
schiebung des Motor-Betriebes zu höheren Luftzahlen erreicht.

Es muß jedoch darauf hingewiesen werden, daß der Erfolg dieser Überprüfungen eine gute Ausstattung der Werkstätten mit CO-Meßgeräten sowie deren
regelmäßige Wartung und Eichung voraussetzt.

Als Nachteile sind der Zeitaufwand und die Kosten, die mit einer regelmäßigen Überprüfung verbunden sind, zu nennen.

Einführbarkeit

Die Einführung dieser Maßnahme könnte auf freiwilliger Basis erfolgen, die
Zahlen der derzeit regelmäßig durchgeführten Fahrzeuginspektionen lassen jedoch
an einem Erfolg zweifeln. Aufklärungsaktionen könnten zur Anregung durchgeführt werden.

Neue oder geänderte Gesetzgebung könnte zu einer Einstellung des CO-Gehaltes im Leerlauf in regelmäßigen Abständen verpflichten. Eine Förderung durch
den Gesetzgeber könnte erwogen werden. Als Förderungsmöglichkeiten kommen
z.B. die Übernahme der Überprüfungskosten oder eines Teiles davon oder eine
steuerliche Absetzbarkeit dieser Kosten infrage.

Qualitative Bewertung der sonstigen Wirkungen:

Kosten	– 1
Umweltbelastung	+ 2
Zeit	– 1
Durchsetzbarkeit	– 1

Tabelle 43: Qualitative Bewertung der sonstigen
Wirkungen der Maßnahme „Wartung"

Quantitative Bewertung:

Kosten

In Anlehnung an die derzeitigen Kosten für die Überprüfung nach § 57a
Abs. 4 des KFG 1967 und unter Berücksichtigung der Tatsache, daß nur die CO-
Emission im Leerlauf zu überprüfen, dafür aber auch optimal einzustellen ist, wer-
den ebenfalls Kosten von öS 118,– inkl. MWSt. angenommen.

Für eine Überprüfung pro 5.000 [km], d.h. bei durchschnittlich 12.265 [km/ Jahr] für 2 1/2 Überprüfungen/Jahr, werden Kosten von öS 295,--/Jahr angesetzt.

Kraftstoffersparnisse

Unter Beachtung des Zusammenhanges zwischen der Luftzahl λ und dem CO-Gehalt des Abgases (siehe **Bild 49**, dargestellt für einen 1,6 Liter Motor eines typischen Mittelklasse-PKW) ergibt eine Änderung der Luftzahl von z.B. $\lambda = 0,8$ zu $\bar{\lambda} = 1$ eine Änderung des CO-Gehaltes der Abgase von 7,5 Vol% auf 0,5 Vol %

Unter Berücksichtigung des Zusammenhanges zwischen der Luftzahl λ und dem Kraftstoffverbrauch, die in diesem Bereich zueinander annähernd umgekehrt proportional sind, können ferner die durch Einstellung der CO-Emission im Leerlauf zu erzielenden Kraftstoffersparnisse errechnet werden.

Nach der Definition der Luftzahl λ als dem Verhältnis von tatsächlich verbrauchter Luftmenge zu der für eine stöchiometrische Verbrennung notwendigen Luftmenge läßt sich für herkömmliche Kraftstoffe folgende Beziehung angeben:

$$\lambda = \frac{\dot{m}_L}{\dot{m}_B \cdot 14,5} \qquad \begin{array}{l} \dot{m}_L \quad \text{Luftmassenverbrauch [kg/h]} \\ \dot{m}_B \quad \text{Kraftstoffverbrauch} \quad \text{[kg/h]} \end{array}$$

Im betrachteten Luftzahlbereich kann der Luftmassenverbrauch annähernd unabhängig von der Luftzahl als konstant angenommen werden. Somit ergibt sich

$$\dot{m}_B \sim \frac{K}{\lambda} \qquad \text{K Konstante}$$

Maximale Ersparnisse von 25% des Kraftstoffverbrauches im Leerlauf können durch Einstellung des CO-Gehaltes der Abgase im Leerlauf für Fahrzeuge, die vor dem 1. Oktober 1976 zugelassen worden sind, erzielt werden.

Für Fahrzeuge, die nach dem 1. Oktober des Jahres 1976 zugelassen worden sind und den Bestimmungen der 7. Novelle zur KDV 1967 unterliegen, können maximale Ersparnisse bei einer Verstellung von 4,5 Vol % CO im Leerlauf auf 0,5 Vol % im Leerlauf erreicht werden. Kraftstoffersparnisse von 16 % des Verbrauches im Leerlauf können erzielt werden.

Unter Berücksichtigung der Verhältnisse in dem für den Stadtverkehr repräsentativen Europatestfahrzyklus können die aus einer Reduzierung des Verbrauches im Leerlauf für den Stadtbetrieb resultierenden Ersparnisse errechnet werden. Im Europatestfahrzyklus entspricht der Betriebszustand Leerlauf 30,8 % der Betriebszeit. Der Kraftstoffverbrauch eines typischen Mittelklasse-PKW entspricht während der Leerlaufphase 22,6 % des gesamten Kraftstoffverbrauches gemessen im Europatestfahrzyklus.

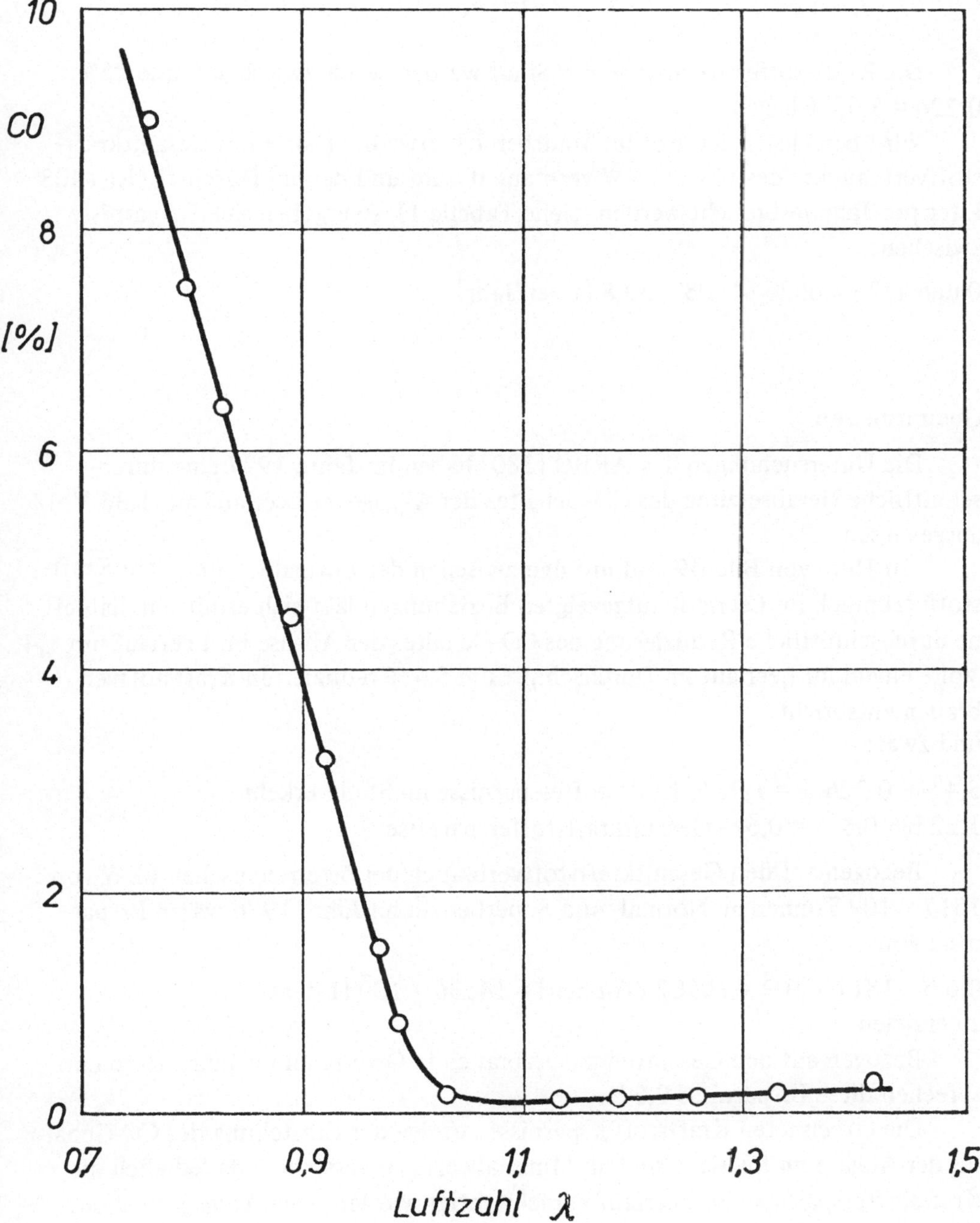

Bild 49: Abhängigkeit der CO-Konzentration im Abgas von der Luftzahl λ bei sonst konstant bleibenden Betriebsparametern für den 1,6 Liter Motor eines typischen Mittelklasse-PKW

Die Kraftstoffersparnisse in der Stadt werden somit zwischen 0 und 25 %.
0,226 = 5,65 % liegen.

Wird berücksichtigt, daß im Stadtbereich etwa die Hälfte des Gesamtkraftstoffverbrauches des Einzel-PKW verbraucht wird und daß im Durchschnitt 1408 Liter pro Jahr verbraucht werden (siehe Tabelle 1), so ergeben sich Ersparnisse zwischen:

$$0 \text{ und } 1/2 \cdot 5,65 \% \cdot 1408 = 39,8 \text{ [Liter/Jahr]}$$

Gesamtnutzen

Die Untersuchungen des ARBÖ [380] haben im Jahre 1977 eine durchschnittliche Herabsetzung des CO-Gehaltes der Abgase im Leerlauf mit 1,36 Vol% ausgewiesen.

Mit Hilfe von Bild 49 und mit den zwischen der Luftzahl λ und dem Kraftstoffverbrauch im Leerlauf aufgezeigten Beziehungen läßt sich ermitteln, daß eine durchschnittliche Reduzierung des CO-Gehaltes der Abgase im Leerlauf um 1,4 Vol% einem im Leerlauf im Durchschnitt um 5,4 % reduzierten Kraftstoffverbrauch entspricht
und zwar:

$$5,4 \% \cdot 0,226 \quad = 1,22 \% \text{ Kraftstoffersparnisse im Stadtverkehr}$$
$$1,22 \% \cdot 0,5 \quad = 0,6 \% \text{ Gesamtkraftstoffersparnisse}$$

Bezogen auf den Gesamtkraftstoffverbrauch der österreichischen PKW von $1817 \cdot 10^3$ Tonnen an Normal- und Superbenzin im Jahre 1976 wären Ersparnisse von

$$0,6 \% \cdot 1817 \cdot 10^3 = 10902 \text{ [Tonnen]} = 14536 \cdot 10^3 \text{ [Liter]}$$
zu erzielen.

Bezogen auf den Gesamtbenzinverbrauch in Österreich im Jahre 1976 entsprechen diese Ersparnisse 0,5 %.

Die errechneten Kraftstoffersparnisse zufolge der Einstellung des CO-Gehaltes der Abgase im Leerlauf sind als Minimalwerte zu verstehen, da lediglich die Kraftstoffersparnisse im Leerlauf berücksichtigt wurden, eine Abmagerung des Gemisches im Leerlauf jedoch auch eine Kraftstoffverbrauchsverbesserung im unteren Teillastbereich des Motors bewirkt.

Gesamtkosten

Bezogen auf den durchschnittlichen Bestand an benzinbetriebenen PKW im Jahre 1976, berechnet aus dem Bestand

am 31.12.1975 von $1669 \cdot 10^3$ benzinbetriebenen PKW und
am 31.12.1976 von $1773 \cdot 10^3$ benzinbetriebenen PKW

d.s. $1721 \cdot 10^3$, und bezogen auf die durchschnittlichen Kosten von 295,–
[öS/Jahr] ergeben sich Gesamtkosten von

$$1721 \cdot 10^3 \cdot 295 = 508 \cdot 10^6 \ [öS]$$

Nutzen-Kosten-Verhältnis

Bezogen auf einen Zeitraum von 10 Jahren ergibt sich unter Berücksichtigung der Kostensteigerung und der Abzinsung ein durchschnittliches Nutzen-Kosten-Verhältnis von

$$N/K = 0,024 \text{ bis } 0,032 \ [Liter/öS]$$

mit folgendem Streubereich

$$N/K = 0 \text{ bis } 0,15 \ [Liter/öS]$$

Bezogen auf einen Zeitraum von 20 Jahren ergibt sich ein durchschnittliches Nutzen-Kosten-Verhältnis von

$$N/K = 0,02 \text{ bis } 0,036 \ [Liter/öS]$$

mit folgendem Streubereich

$$N/K = 0 \text{ bis } 0,17 \ [Liter/öS]$$

Wird weniger oder mehr gefahren als durchschnittlich, so sinken bzw. steigen sowohl die Ersparnisse als auch die Kosten der Überprüfungen, sodaß das angegebene Nutzen-Kosten-Verhältnis in etwa erhalten bleibt.

6.20. Regelbarer Kühlerventilator (KV)

Man unterscheidet bei der Kühlung von Fahrzeugmotoren zwischen Luftkühlung und Flüssigkeits(Wasser-) Kühlung. Die folgenden Betrachtungen beschränken sich auf PKW mit wassergekühltem Motor und Frontkühler.

Der Kühlerventilator, der vor oder nach dem Kühler des Fahrzeugmotors eingebaut ist, dient zur Gewährleistung eines genügenden Durchflusses an Kühlluftmenge durch den Wasserkühler.

Im folgenden sollen die Ausführungsmöglichkeiten konventioneller Lüfter und deren Regelung aufgezählt werden (diese Regelung der Kühlerventilatoren soll nicht mit der thermostatischen Regelung des Kühlstromes, die zur schnellen Erreichung der Betriebstemperatur dient und die im wesentlichen zur Schliessung des Wasserzulaufes zum Kühler vorgesehen ist, verwechselt werden)[384].

A. Starrer Antrieb über Riemen-keine Regelung

Der Ventilator wird mittels Riemen von der Kurbelwelle starr angetrieben und besitzt keine Regeleinrichtung.

B. Zweipunkt-Regelung mittels elektromagnetischer Kupplung

Der Ventilator wird über eine elektromagnetische Kupplung mit der Antriebsscheibe, die mittels Riemen von der Kurbelwelle angetrieben wird, verbunden. Der Ventilator wird nur dann angetrieben, wenn die Kühlwassertemperatur es erfordert und dem Elektromagneten Strom zugeführt wird.

C. Regelung mittels Viskosekupplung

a) Drehmomentbegrenzte Kupplung

Das Antriebsmoment für den Lüfter wird durch ein zähflüssiges Silicon-Öl verschleißfrei auf die Kupplungsteile übertragen.

b) Temperaturgesteuerte Kupplung

Dieser Kupplungstyp wird gegenüber a) heute bevorzugt. Eine Steuerung erfolgt mittels Bimetallstreifen. Überschreitet die Lufttemperatur am Kühleraustritt einen bestimmten Grenzwert, wird ein Ventil geöffnet und ein Ölkreislauf bewirkt die Mitnahme des Lüfterrades. Die Lüfterdrehzahl steigt in Abhängigkeit von der Ventilöffnung. Bei der maximalen Drehzahl, bei voller Ventilöffnung, wirkt die Kupplung zusätzlich drehmomentgeregelt. Bei geschlossenem Ventil läuft die Kupplung im abgeschalteten Zustand mit der sogenannten Leerlaufdrehzahl, die von der Antriebsdrehzahl abhängig ist, weiter.

c) Drehzahlbegrenzte Kupplung

Diese ist eine Sonderausführung für Lüfter mit hoher Lüfterleistung, welche nur im unteren Drehzahlbereich benötigt wird. Eine Abschaltung erfolgt über ein Fliehkraftventil bei Überschreitung einer bestimmten Antriebsdrehzahl

D. Zweipunkt-Regelung durch Elektromotorantrieb

Diese Ausführungsmöglichkeit wird bei Fahrzeugen kleiner und mittlerer Leistung eingesetzt. Der Antrieb des Lüfters ist unabhängig vom Motorbetrieb. Die Drehzahl des Lüfters ist im eingeschalteten Zustand konstant. Der Ventilator wird in Abhängigkeit von der Kühlmitteltemperatur über Relais ein- und ausgeschaltet.

E. Permanentmagnet-Kupplung

Diese Ausführung tritt nur bei Lüftern kleiner Leistung auf. Die Kupplung ist drehmomentbegrenzt. Die Drehmomentübertragung erfolgt über ein System aus Permanentmagneten und magnetischer Hysterese-Legierung.

Dimensionierung der Kühlanlage – Leistungsbedarf des Kühlerventilators

Die Kühlanlage von PKW-Motoren wird für folgende Betriebszustände dimensioniert [388].

1. Das Fahrzeug muß eine 10%ige Steigung mit einer Geschwindigkeit von 25 [km/h] bei voller Zuladung und maximaler Hängerlast im Dauerbetrieb fahren können.

2. Das Fahrzeug muß die Höchstgeschwindigkeit uneingeschränkt fahren können.

Diese Betriebszustände entsprechen extremen Fahrverhältnissen mit extrem großer Wärmeentwicklung des Motors und damit hohem Kühlleistungsbedarf, sodaß die Leistungsfähigkeit des für diese Betriebszustände ausgelegten starr angetriebenen Kühlerventilators oft größer sein wird, als der Luftbedarf des Kühlsystems unter üblichen Fahrverhältnissen. Es entsteht wegen der Dimensionierung nach 1. und 2. ein hoher Lüfterleistungsbedarf bei hoher Motordrehzahl.

Der Leistungsbedarf variiert mit der Ausführungsart der Kühlanlage und des Kühlerventilators.

Leistungsbedarf eines Kühlerventilators bei starrem Antrieb

Nach [384] und [386] beträgt bei Motornennleistung (Motorhöchstleistung) die Lüfterleistung von sieben untersuchten PKW-Motoren 4 bis 11,2 kW, das sind 6,9 % bis 14 % der Motornennleistung. Diese Unterschiede sind auf unterschiedliche Größen der Kühlerstirnfläche und auf unterschiedliche Lüfterwirkungsgrade zurückzuführen.

Im Europatestfahrzyklus entspricht die Leistungsaufnahme durch den starr angetriebenen Kühlerventilator etwa 7 bis 9 % (bezogen auf die durchschnittliche effektiv abgegebene Motorleistung), der anteilige Kraftstoffverbrauch liegt bei etwa 4 bis 7 % des Gesamtkraftstoffverbrauches im Europatestfahrzyklus. Im Leerlauf ist der anteilige Verbrauch des Kühlerventilators mit etwa 1 % sehr klein.

Leistungsbedarf eines Kühlerventilators mit Elektromotorantrieb

Die Leistungsaufnahme des Elektromotors beträgt je nach Ausführung zwischen 80 und 100 Watt.

Leistungsbedarf eines Kühlerventilators mit Viskosekupplung

Der Gesamtleistungsbedarf (Lüfterleistung plus Schlupfleistung) der temperaturgesteuerten Viskosekupplung beträgt nach [384] in zugeschaltetem Zustand 25 % der Leistungsaufnahme des starr angetriebenen Lüfters (wenn ein Schlupf von 50 % angenommen wird).

Einschaltdauer des regelbaren Kühlerventilators

Die unterschiedlichen Kraftstoffverbräuche beruhen einerseits auf dem unterschiedlichen Leistungsbedarf der verschiedenen Ventilatoren im eingeschalteten Zustand und andererseits auf einer Reduzierung der Einschaltdauer und der damit verbundenen Verminderung des Leistungsbedarfes eines abschaltbaren Kühlerventilators gegenüber einem starr angetriebenen Ventilator.

Der (temperaturgesteuerte) regelbare Kühlerventilator wird ein- und ausgeschaltet in Abhängigkeit von der Betriebstemperatur des Kühlwassers bzw. der Lufttemperatur am Kühleraustritt.

Untersuchungen [387] haben gezeigt, daß im Stadtfahrbetrieb nach einem Kaltstart ein regelbarer Ventilator während der ersten zwei Kilometer nicht eingeschaltet ist. Bei weiteren Fahrtstrecken in der Stadt variiert die Einschaltdauer des Ventilators zwischen einer Einschaltung nur im Leerlauf, das sind 30,8 % der Betriebszeit, bis zu einer Einschaltung während 41,5 % [99] der Betriebszeit.

Im Freilandverkehr schaltet sich der Kühlerventilator wegen der ausreichenden Fahrtwindkühlung unter normalen Betriebszuständen nicht ein.

Unter Berücksichtigung der durchschnittlichen jährlichen Fahrleistungen der PKW (siehe Tabelle 1), der Aufteilung der Fahrleistungen in solche innerhalb von Ortsgebieten (42 %) und solche auf Freilandstraßen (58 %) (siehe Tabelle 2), sowie der zeitlichen Aufteilung des Motorbetriebes innerorts (72 %) und außerorts (28 %), ferner unter Berücksichtigung der Anzahl der jährlichen Fahrten (siehe Kapitel 3.3.3.) läßt sich errechnen, daß ein regelbarer Kühlerventilator im Durchschnitt zwischen 15,2 % und 20,5 % der Betriebszeit eingeschaltet ist. Wird die Betriebszeit im Leerlauf des Motors nicht berücksichtigt, ergibt sich eine durchschnittliche Einschaltdauer von 5,3 % der Betriebszeit.

In [384] wird die Einschaltdauer des regelbaren Kühlerventilators mit 5 % der Betriebszeit angegeben (offensichtlich bezogen auf die reine Fahrtzeit), während [391] eine Einschaltdauer von etwa einem Sechstel (16,7 %) der Betriebszeit eines Fahrzeuges im gemischten Fahrbetrieb (Stadt, Landstraße, Autobahn) angibt.

Es stellt sich jetzt die Frage, wie stark der regelbare Kühlerventilator beim derzeitigen PKW-Bestand verbreitet ist und ob durch eine legislative Maßnahme, die eine Pflichtausstattung der betroffenen PKW mit regelbaren Kühlerventilatoren fordern würde, Kraftstoffersparnisse im Individualverkehr zu erzielen wären.

Ausstattung des PKW-Bestandes mit regelbaren Kühlerventilatoren [382] [383]

Bei einer Erfassung von 84 % der Ende 1977 in Österreich zugelassenen PKW [320] ergeben sich folgende Zahlen:

23,05 %   Luftkühlung
30,84 %   Wasserkühlung mit regelbarem Kühlerventilator
46,11 %   Wasserkühlung ohne regelbaren Kühlerventilator

Σ = 100,00 %

60 % der wassergekühlten PKW waren demnach im Jahre 1977 nicht mit einem regelbaren Kühlerventilator ausgestattet.

Aus der Neuzulassungsstatistik [342] ergibt sich bei einer Erfassung von 84,7 % der 1976 neu zugelassenen PKW folgende Aufgliederung:

 6,64 %   Luftkühlung
48,56 %   Wasserkühlung mit regelbarem Kühlerventilator
44,80 %   Wasserkühlung ohne regelbaren Kühlerventilator

Σ = 100,00 %

48 % der 1976 neu zugelassenen wassergekühlten PKW waren demnach nicht mit einem regelbaren Kühlerventilator ausgestattet.

Bei einer Erfassung von 83,9 % der 1977 neu zugelassenen PKW und Kombis:

 5,83 %   Luftkühlung
54,43 %   Wasserkühlung mit regelbarem Kühlerventilator
39,74 %   Wasserkühlung ohne regelbaren Ventilator ·

Σ = 100,00 %

42,2 % der 1977 neu zugelassenen wassergekühlten PKW waren nicht mit einem regelbaren Kühlerventilator ausgestattet.

Nutzen-Kosten-Überlegungen zur Austattung eines PKW mit einem regelbaren Kühlerventilator

In der Folge soll die Ausstattung eines PKW mit einem regelbaren Kühlerventilator als Maßnahme zur Reduzierung des Kraftstoffverbrauches im Individualverkehr untersucht werden.

Die Maßnahme betrifft die Käufer eines neuen PKW und die Hersteller von Fahrzeugen ohne regelbaren Kühlerventilator.

Betroffener Bereich:

Ende 1977 waren etwa 60 % der wassergekühlten PKW-Motoren nicht mit regelbarem Kühlerventilator ausgestattet. Diese Zahl nimmt, wie die Ausstattung der Neuzulassungen ersehen läßt (48 % 1976 und 42,2 % 1977), ab. Wenn berücksichtigt wird, daß die jährlichen Neuzulassungen zwischen 10 % und 15 % des Bestandes betragen und die durchschnittliche Lebensdauer eines PKW zwischen 10 und 13 Jahren ([389] und siehe Bild 36) beträgt, so kann angenommen werden, daß sich die Ausstattung aller PKW mit wassergekühlten Motoren mit einem regelbaren Kühlerventilator über eine lange Zeitspanne erstrecken wird. Eine Beschleunigung dieses Prozesses könnte angestrebt werden.

Vor- und Nachteile der Maßnahme:

Kraftstoffersparnisse können vor allem im Teillastbereich mit einem regelbaren Ventilator erzielt werden. Eine Absenkung der Umweltbelastung durch Abgase kann im selben Ausmaß erwartet werden.

Durch eine Verringerung der Einschaltdauer des Kühlerventilators kann auch eine Verminderung der Lärmbelästigung erzielt werden.

Diese Vorteile beziehen sich vor allem auf das städtische Gebiet.

Als Nachteil muß ein erhöhter Aufwand für die Hersteller von PKW ohne regelbaren Kühlerventilator berücksichtigt werden. Dieser wird sich in erhöhten Kosten für die Käufer niederschlagen.

Einführbarkeit der Maßnahme:

Die Einführung dieser Maßnahme könnte weiterhin auf freiwilliger Basis erfolgen. Die zunehmende Anzahl der Fahrzeuge, die mit einem regelbaren Kühlerventilator ausgestattet sind, zeigt dies deutlich. Eine Beschleunigung der Ausstattung der Fahrzeuge mit einem regelbaren Kühlerventilator wäre allerdings durch neue Gesetzgebung zu erreichen: entweder indirekt durch eine KFZ-Steuer, die auf dem Kraftstoffverbrauch basiert (siehe Kapitel 4.6.2) bzw. durch Kraftstoffverbrauchsnormen oder direkt durch die Forderung der „Pflichtausstattung aller neu zugelassenen wassergekühlten PKW mit einem regelbaren Kühlerventilator".

Die Maßnahme betrifft nur die Neuzulassungen und kann daher ihre volle Wirkung nur stufenweise erreichen.

Qualitative Bewertung der sonstigen Wirkungen:

Realisierungszeitraum	– 1
Kosten	– 1
Umweltbelastung	+ 1
Durchsetzbarkeit	– 1

Tabelle 44: Qualitative Bewertung der sonstigen Wirkungen der Maßnahme „Regelbarer Kühlerventilator"

Quantitative Bewertung:

Die Maßnahme wird anhand von drei Beispielen untersucht.

1. Die Originalausstattung eines PKW mit einem Zweipunkt-regelbaren Ventilator mit elektromagnetischer Kupplung und Keilriemenantrieb

2. Die Originalausstattung eines PKW mit einem Zweipunkt-regelbaren Ventilator mit Elektromotorantrieb

3. Die Originalausstattung eines PKW mit einer temperaturgesteuerten Viskosekupplung

statt mit einem mittels Keilriemen starr angetriebenen Ventilator.

Kosten

Werden die Ersatzteilpreise [390] betrachtet, so ergeben sich folgende Mehrkosten gegenüber den starr angetriebenen Ventilatoren für einen

1. Kühlerventilator mit elektromagnetischer Kupplung: öS 627,– + MWSt.
2. Kühlerventilator mit elektrischem Motorantrieb: öS 989,– + MWSt.
3. Kühlerventilator mit Viskosekupplung: öS 1.725,– + MWSt.

Unter Berücksichtigung der Tatsache, daß Ersatzteilpreise über den Herstellkosten liegen und höher als der anteilige Preis des in einem neuen Fahrzeug eingebauten Teiles sind, wird angenommen, daß der Mehraufwand für einen regelbaren Ventilator etwa 40 % der vorhin angegebenen Beträge entspricht:

1. öS 300,–
2. öS 500,–
3. öS 800,–

Kraftstoffersparnisse

Unter Berücksichtigung der Einschaltdauer eines regelbaren Kühlerventilators läßt sich bei ausschließlicher Betrachtung der Kraftstoffersparnisse im Stadtverkehr, wo etwa die Hälfte der Gesamtmenge an Kraftstoff verbraucht wird, errechnen, daß 2 % bis 4 % des durchschnittlichen jährlichen Gesamtkraftstoffverbrauches mit einem regelbaren Kühlerventilator einzusparen wären. Die größten Kraftstoffersparnisse wären mit dem mittels Elektromotor angetriebenen Ventilator zu erreichen.

Nach [384] sind sowohl bei einem mittels elektromagnetischer Kupplung regelbaren Ventilator als auch bei einem mittels Viskosekupplung temperaturabhängig regelbaren Ventilator mit einer Zuschaltdauer von etwa 5 % der gesamten Betriebszeit Kraftstoffeinsparungen von rd. 3 % zu erwarten.

Der durchschnittliche Jahreskraftstoffverbrauch des Einzel-PKW im Jahre 1976 betrug 1.408 [Liter] (siehe Tabelle 1). Dieser Wert wird für die Berechnungen der Kraftstoffersparnisse herangezogen, und es ergeben sich folgende durchschnittliche Kraftstoffersparnisse zufolge eines regelbaren Ventilators:

28 bis 56 [Liter/Jahr]

Gesamtnutzen

Wenn die bereits zugelassenen PKW mit wassergekühltem Motor, Frontkühler und starrgekuppelten Kühlerventilatoren augenblicklich auf regelbare Ventilatoren umgestellt werden könnten, wären – bezogen auf den Gesamtverbrauch an Vergaserkraftstoff durch die österreichischen PKW – im ersten Jahr folgender Ersparnisse zu erwarten:

$0{,}46 \cdot (2 \text{ bis } 4\,\%) = 0{,}92 \text{ bis } 1{,}84\,\%$

bzw. bezogen auf den Kraftstoffverbrauch von $1{,}817 \cdot 10^6$ t Benzin durch die österreichischen PKW im Jahr 1976 (siehe Tabelle 1)

$16{,}7 \cdot 10^3$ t bis $33{,}4 \cdot 10^3$ t.

Da durch die Einführung eines neuen Gesetzes nur die Neuzulassungen erfaßt werden können (siehe Bild 36), ist es jedoch ein langwieriger Prozeß, bis alle PKW mit einem regelbaren Kühlerventilator ausgestattet werden.

Die Annahme wird getroffen, daß die Anzahl der neu zugelassenen PKW mit Luftkühlung in Zukunft etwa 6 % der Neuzulassungen betragen wird und daß der Trend einer jährlich erhöhten Anzahl der mit regelbaren Kühlerventilatoren ausgestatteten, neu zugelassenen PKW anhalten wird, sodaß in 10 bis 13 Jahren auch ohne Gesetzgebung die neu zugelassenen PKW alle mit einem regelbaren Kühlerventilator ausgestattet sein werden (Ist-Zustand: siehe **Bild 50**).

In **Tabelle 45** sind für den Zeitraum ab dem Jahr 1979 bis zu dem Jahr 1988 die zu erwartende Anzahl neuzugelassener wassergekühlter PKW mit regelbarem Kühlerventilator (Tabelle 45, **Spalte (1)**), die ohne Gesetzgebung zu erwartende Anzahl neuzugelassener wassergekühlter PKW ohne regelbaren Kühlerventilator (Tabelle 45, **Spalte (2)**), die insgesamt zu erwartende Anzahl der PKW (die Daten des Bildes 36 wurden zugrundegelegt) – die durch Einführung einer Gesetzgebung zur Forderung einer Pflichtausstattung aller neu zugelassenen wassergekühlten PKW mit einem regelbaren Kühlerventilator betroffen wären (Tabelle 45, **Spalte (3)** - und die Kraftstoffersparnisse, die durch diese Maßnahme erzielt werden könnten (Tabelle 45, **Spalte (4)** eingetragen.

Im ersten Jahr nach Einführung der neuen Gesetzgebung wären 0,08 % bis 0,18 % des Gesamtbenzinverbrauches durch die österreichischen PKW zu ersparen. Insgesamt über die zehn betrachteten Jahre wären 1,6 bis 4 % des in einem Jahr durch die österreichischen PKW verbrauchten Benzins einzusparen.

Unter Berücksichtigung der Daten der Tabelle 45, Spalte (3), der prognostizierten Entwicklung des PKW-Bestandes in Österreich (siehe Bild 7) und der durchschnittlichen Kraftstoffersparnisse zufolge eines regelbaren Ventilators läßt sich errechnen, daß durch Anwendung gesetzgeberischer Mittel zwischen 38 10^3 t und $97 \cdot 10^3$ t zwischen dem Jahr 1979 und dem Jahr 1988 eingespart werden könnten.

Jahr	(1) % Neuzu-lassungen		(2) % Neuzu-lassungen		(3) % Gesamt Bestand		(4) % Benzinverbrauch durch die Österr. PKW	
1979	67	bis 69	33	bis 31	0,046	bis 0,043	0,084	bis 0,18
1980	72	75	28	25	0,076	0,07	0,142	0,3
1981	75	80	25	20	0,1	0,085	0,168	0,39
1982	79	84	20	16	0,107	0,097	0,192	0,43
1983	83	88	17	12	0,123	0,104	0,208	0,49
1984	86	92	14	8	0,13	0,096	0,19	0,52
1985	90	95	10	5	0,132	0,092	0,18	0,53
1986	92	97	8	3	0,117	0,086	0,17	0,47
1987	95	99	5	1	0,110	0,078	0,16	0,44
1988	97	100	3	0	0,149	0,068	0,14	0,6

Tabelle 45: Kraftstoffersparnisse durch Einführung einer Gesetzgebung zur Forderung einer Pflicht-ausstattung aller neu zugelassenen wassergekühlten PKW mit einem regelbaren Kühlerventilator

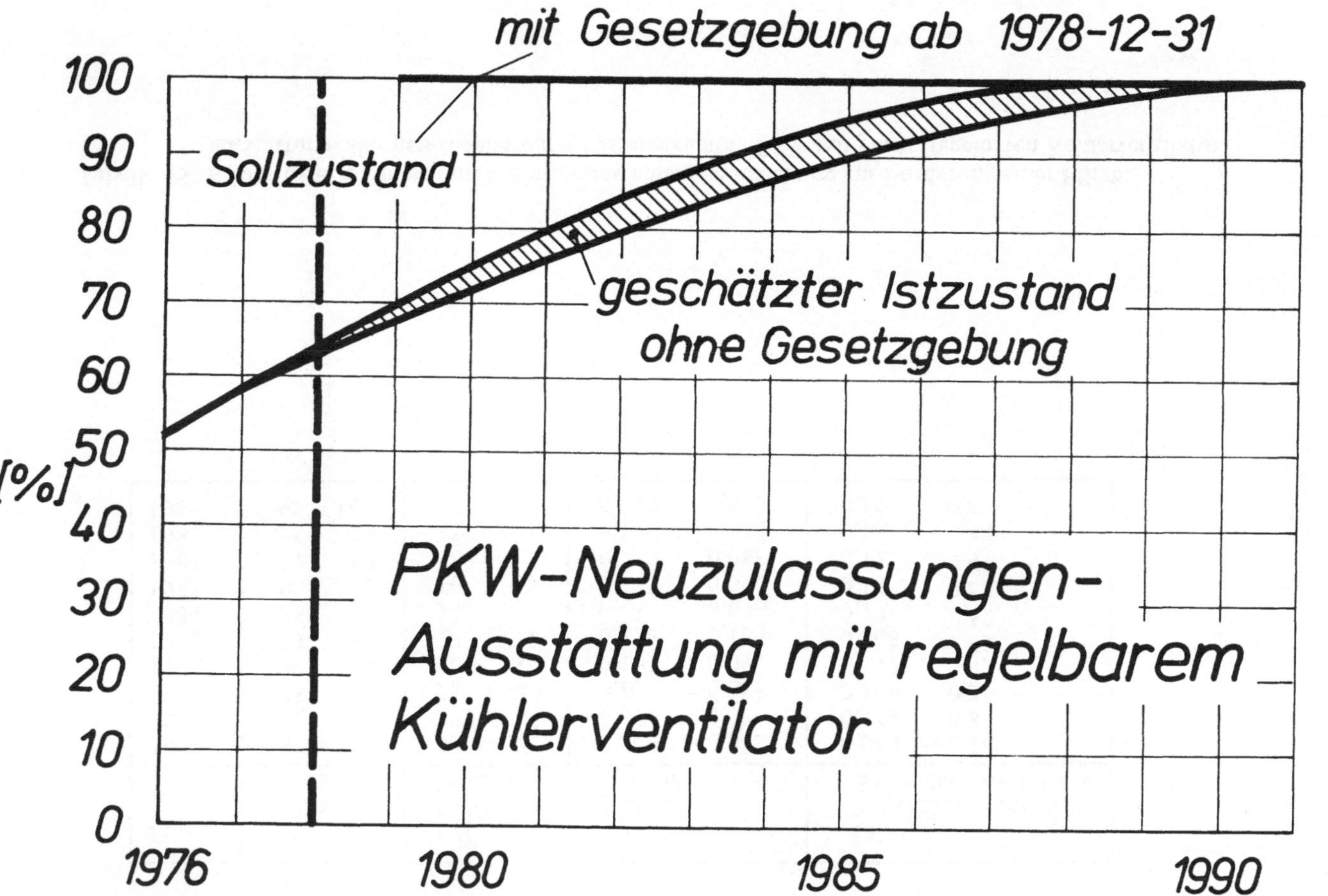

Bild 50: Die Ausstattung der neuzugelassenen wassergekühlten PKW mit einem regelbaren Kühlerventilator in dem Zeitraum von 1976 bis zum Jahr 1990 — mit und ohne Gesetzgebung —

Gesamtkosten:

Unter Berücksichtigung eines Anteiles der neuzugelassenen PKW von 14 % des gesamten PKW-Bestandes eines Jahres läßt sich mit den Daten der Tabelle 45, Spalte (2), und der prognostizierten Entwicklung des PKW-Bestandes in Österreich (siehe Bild 7) errechnen, daß zwischen $0{,}36 \cdot 10^6$ und $0{,}5 \cdot 10^6$ PKW durch die Gesetzgebung zur Forderung eines regelbaren Kühlerventilators bei allen neu zugelassenen PKW mit wassergekühltem Motor über 10 Jahre betroffen wären.

Es würden sich somit Gesamtkosten zwischen 104 und 377 Millionen öS im Zeitraum ab dem Jahr 1979 bis zum Jahr 1988 ergeben.

Nutzen-Kosten-Verhältnis

Bei einem Nutzen zwischen 28 und 56 [Liter/Jahr] und einmaligen Kosten von öS 300,–, 500,– bzw. 800,– ergibt sich für den Einzel-PKW für einen Zeitraum von 10 Jahren ein Nutzen-Kosten-Verhältnis von:

$N/K = 0{,}35$ bis $1{,}87$ [Liter/öS.]

Dieser Wert gilt für durchschnittliche Fahrleistungen und eine durchschnittliche Aufteilung dieser Fahrleistungen in solche innerhalb und solche außerhalb von Ortsgebieten.

Wird zwecks Vergleich mit den verkehrstechnischen Maßnahmen ein Zeitraum von 20 Jahren betrachtet und werden die Kostensteigerung und die Abzinsung berücksichtigt, ergibt sich für den Einzel-PKW ein Nutzen-Kosten-Verhältnis von:

$N/K = 0{,}29$ bis $2{,}08$ [Liter/öS].

Werden die der Einführung der Gesetzgebung folgenden zehn Jahre betrachtet, ergibt sich durch die Gesamtkraftstoffersparnisse und die Gesamtkosten unter Berücksichtigung des Anteils der jährlich neuzugelassenen PKW ein durchschnittliches Nutzen-Kosten-Verhältnis von 0,09 bis 0,99 [Liter/öS] (die Kostensteigerung und die Abzinsung wurden berücksichtigt).

6.21. Geschwindigkeitsbegrenzungen (GB)

Der Zusammenhang zwischen der Fahrgeschwindigkeit und dem Kraftstoffverbrauch eines Fahrzeuges und die Zunahme des wegbezogenen Kraftstoffverbrauches mit steigenden Fahrgeschwindigkeiten (über etwa 60 bis 70 [km/h]) läßt die Einführung von Geschwindigkeitsbegrenzungen als eine mögliche Maßnahme zur Reduzierung des Kraftstoffverbrauches im freien Verkehr erscheinen (siehe Bild 23).

Betroffener Bereich:

Die Maßnahme betrifft alle Fahrzeuglenker und die Verkehrsverhältnisse auf Überlandstraßen.

Jetzige Situation:

Geschwindigkeitsbegrenzungen sind nach der „Erdölversorgungskrise 1973/74" eingeführt worden. Es gelten derzeit Beschränkungen von 130 [km/h] auf Autobahnen und 100 [km/h] auf Landesstraßen und Bundesstraßen außerhalb von Ortsgebieten.

Erreichbare Situation:

Durch eine Absenkung der maximal zulässigen Geschwindigkeiten auf Autobahnen von 130 [km/h] auf 100 [km/h] bzw. 80 [km/h] und auf Bundesstraßen und Landesstraßen von 100 [km/h] auf 80 [km/h] könnte der Kraftstoffverbrauch der PKW im Überlandverkehr gesenkt werden.

Vor- und Nachteile:

Eine Absenkung der Fahrgeschwindigkeiten im Freilandverkehr hat Kraftstoffersparnisse und eine Reduzierung der Umweltbelastung zur Folge. Diese Reduzierung der Umweltbelastung ist jedoch wegen der niedrigen Gesamt-Schadstoffbelastung auf Überlandstraßen gegenüber einer Reduzierung der Umweltbelastung im städtischen Bereich von eher untergeordneter Bedeutung.

Unfallhäufigkeit in Österreich [397]: im Jahre 1976 sind 38 % der Unfälle mit Personenschaden und 66 % der tödlichen Unfälle auf Freilandstraßen vorgekommen. Auf Autobahnen sind 12,7 % aller Unfälle mit Personenschaden und 8,2 % aller tödlichen Unfälle vorgekommen. Auf Bundesstraßen und Landesstraßen sind im Freilandverkehr 29 % bzw. 55 % aller Unfälle aufgetreten. Nach Untersuchungen der Bundesrepublik Deutschland [396] waren im Jahre 1976 17,6 % aller Unfälle und 22,9 % aller tödlichen Unfälle auf eine „nicht angepaßte Geschwindigkeit" zurückzuführen. Eine Abnahme der Unfallhäufigkeit ist daher nach einer Herabsetzung der maximal zulässigen Geschwindigkeiten auf Freilandstraßen zu erwarten [395].

Die Einführung von niedrigen maximal zulässigen Geschwindigkeiten (z.B. 80 [km/h]) auf Autobahnen erscheint wegen der Konzeption dieser Straßen als „Schnellstraßen" mit hoher Leistungsfähigkeit eher fragwürdig. Die möglichen Energieersparnisse sollen jedoch in der Folge errechnet werden, um den Einsatz dieser Maßnahme im Rahmen von Sonderaktionen bei akuter Energieknappheit zu bewerten.

Die Erhöhung der Reisezeiten muß jedoch als Nachteil betrachtet werden.

Die Schwierigkeiten bei der Durchsetzung von neuen Geschwindigkeitsbegrenzungen und die Geschwindigkeiten, mit denen tatsächlich gefahren wird, müssen berücksichtigt werden.

Einführbarkeit

Eine Änderung der derzeitigen Gesetzgebung wäre erforderlich, um die auf Freilandstraßen maximal zulässigen Geschwindigkeiten herunterzusetzen.

Qualitative Bewertung der sonstigen Wirkungen

Umweltbelastung	+ 1
Sicherheit	+ 2
Zeit	– 1
Durchsetzbarkeit	– 2
Gesetzesänderung	– 1

Tabelle 46: Qualitative Bewertung der Maßnahme „Geschwindigkeitsbegrenzungen"

Quantitative Bewertung

Kosten

Bedeutende Kosten sind bei der Einführung von neuen Geschwindigkeitsbegrenzungen nicht zu nennen. Die Kosten einer Aufklärungsaktion, die der Einführung dieser Maßnahme vorangehen sollte, mögen jedoch berücksichtigt werden. Höhere Kosten werden erst erforderlich sein, um eine rigorose Einhaltung der vorgeschriebenen Maximalgeschwindigkeiten zu gewährleisten: verstärkte Überwachung durch die Exekutive, Radarkontrollen etc.

Kraftstoffersparnisse

Nach Kapitel 3.3.1. wird angenommen, daß 10 % der Gesamt-Jahresfahrleistungen der PKW auf Autobahnen zurückgelegt werden, d.h. auf Straßen mit einer Geschwindigkeitsbegrenzung von 130 [km/h], 48 % der Fahrleistungen werden auf Bundes- und Landesstraßen außerhalb von Ortsgebieten, d.h. auf Straßen mit einer Geschwindigkeitsbegrenzung von 100 [km/h] zurückgelegt.

Für einen typischen Mittelklasse-PKW, siehe Bild 23, bedeutet eine Herabsetzung der Fahrgeschwindigkeit von 130 [km/h] auf 100 [km/h] bei einer Fahrt mit konstanter Geschwindigkeit eine Absenkung des Kraftstoffverbrauches um 2,2 [Liter/100 km], bei einer Herabsetzung der Fahrgeschwindigkeit von 130 [km/h] auf 80 [km/h] eine Herabsetzung des Kraftstoffverbrauches um 3,9 [Liter/100 km]. Wird bei einer Fahrt mit konstanter Fahrgeschwindigkeit die Fahrgeschwindigkeit von 100 [km/h] auf 80 [km/h] herabgesetzt, belaufen sich die Kraftstoffersparnisse auf 1,1 [Liter/100 km].

Diese Ersparnisse können jedoch nur theoretisch erzielt werden. Um die Auswirkungen gesenkter Geschwindigkeitsbegrenzungen auf den Kraftstoffverbrauch abschätzen zu können, bedarf es einer genauen Analyse der Fahrgewohnheiten und der Durchsetzbarkeit von Geschwindigkeitsbegrenzungen.

Mangels Daten aus einer österreichischen Untersuchung werden die Ergebnisse einer schwedischen Studie herangezogen [395]. Aus den Geschwindigkeitsverteilungen auf Überlandstraßen verschiedener Typen unter „normaler" Beachtung der Geschwindigkeitsbegrenzungen von 110, 90 und 80 [km/h] können mittels Extrapolation die Verteilung der Geschwindigkeiten bei Geschwindigkeitsbegrenzungen von 130, 100 und 80 [km/h] abgeleitet werden.

Bei einer Reduzierung der maximal zulässigen Geschwindigkeiten auf Autobahnen von 130 [km/h] auf 100 [km/h] sinkt die mittlere Geschwindigkeit um 8 [km/h], Karftstoffersparnisse von durchschnittlich etwa 0,5 [Liter/100 km] können somit erzielt werden. Wird die auf Autobahnen maximal zulässige Geschwindigkeit weiter reduziert auf 80 [km/h], sinkt die mittlere Geschwindigkeit um insgesamt 19 [km/h], die durchschnittlichen Kraftstoffersparnisse steigen auf 0,8 [Liter/100 km].

Wird die maximal zulässige Geschwindigkeit auf Bundes- und Landesstraßen von 100 [km/h] auf 80 [km/h] herabgesetzt, kann eine Absenkung der mittleren Fahrgeschwindigkeit um 8 [km/h] erzielt werden, womit durchschnittliche Kraftstoffersparnisse von etwa 0,5 [Liter/100 km] erreicht werden können.

Die durch eine Herabsetzung der maximal zulässigen Geschwindigkeit auf Überlandstraßen unter „normaler" Beachtung dieser Geschwindigkeitsbegrenzung zu erzielenden durchschnittlichen Kraftstoffersparnisse sind, unter Berücksichtigung der Jahresfahrleistungen und des Jahresgesamtkraftstoffverbrauches der Einzel-PKW (siehe Tabelle 1):

Auf Autobahnen bei einer Reduzierung der maximal zulässigen Geschwindigkeiten von 130 [km/h] auf 100 [km/h]:

6,1   [Liter pro PKW und Jahr]

0,4 %   des Gesamtkraftstoffverbrauches durch die österreichischen PKW

Auf Autobahnen bei einer Reduzierung der maximal zulässigen Geschwindigkeit von 130 [km/h] auf 80 [km/h]:

9,8   [Liter pro PKW und Jahr]

0,7 %   des Gesamtkraftstoffverbrauches durch die österreichischen PKW

Auf Bundesstraßen und Landesstraßen bei einer Reduzierung der maximal zulässigen Geschwindigkeiten von 100 [km/h] auf 80 [km/h]:

29,4   [Liter pro PKW und Jahr]

2 %   des Gesamtkraftstoffverbrauches durch die PKW in Österreich

Größere Kraftstoffersparnisse könnten durch eine bessere Einhaltung der Geschwindigkeitsbegrenzungen erzielt werden. Aufklärungsaktionen und eine intensive Überwachung durch die Exekutive würden sicher fördernd wirken. Die niedrigsten mittleren Geschwindigkeiten, die hierdurch erreicht werden könnten, sind in Anlehnung an [395] ermittelt worden. Die mittlere Geschwindigkeit auf Autobahnen könnte – bei einer „extremen" Beachtung der Geschwindigkeitsbegrenzung von 100 [km/h] – 90 [km/h] betragen, d.h. 10 km/h niedriger liegen als bei einer „normalen" Beachtung der Geschwindigkeitsbegrenzungen. Bei einer Geschwindigkeitsbegrenzung von 80 [km/h] auf Autobahnen könnte die mittlere Geschwindigkeit auf 78 [km/h] gesenkt werden, d.h. 11 km/h unter dem Wert für den „normalen" Fall. Auf Bundes- und Landesstraßen mit einer Geschwindigkeitsbegrenzung von 80 [km/h] könnte unter den besten Umständen die mittlere Geschwindigkeit auf 77 [km/h] herabgesetzt werden, d.h. je nach Straßentyp um 7 bis 9 [km/h] unter den Werten für eine „normale" Beachtung der vorgeschriebenen maximalen Geschwindigkeiten.

Die maximal möglichen durchschnittlichen Kraftstoffersparnisse, die bei einer Herabsetzung der Geschwindigkeitsbegrenzungen auf Freilandstraßen in Österreich erzielt werden könnten, betragen:

Auf Autobahnen bei einer Reduzierung der maximal zulässigen Geschwindigkeiten von 130 [km/h] auf 100 [km/h]:

9,8   [Liter pro PKW und Jahr]

0,7 %   des Gesamtkraftstoffverbrauches durch die österreichischen PKW

Auf Autobahnen bei einer Reduzierung der maximal zulässigen Geschwindigkeiten von 130 [km/h] auf 80 [km/h]:

17,2   [Liter pro PKW und Jahr]

1,2 %   des Gesamtkraftstoffverbrauches durch die österreichischen PKW

Auf Bundesstraßen und Landesstraßen bei einer Reduzierung der maximal zulässigen Geschwindigkeiten von 100 [km/h auf 80 [km/h]:

47,1   [Liter pro PKW und Jahr]

3,3 %   des Gesamtkraftstoffverbrauches durch die PKW in Österreich

Gesamtnutzen

Unter Berücksichtigung des PKW-Bestandes des Jahres 1976 wären durch neue Geschwindigkeitsbegrenzungen folgende jährliche Ersparnisse zu erzielen:

Auf Autobahnen bei einer Herabsetzung der maximal zulässigen Geschwindigkeiten von 130 [km/h] auf 100 [km/h]

$10{,}8 \cdot 10^6$ [Liter] bis $17{,}4 \cdot 10^6$ [Liter]

Auf Autobahnen bei einer Herabsetzung der maximal zulässigen Geschwindigkeiten von 130 [km/h] auf 80 [km/h]

$17{,}4 \cdot 10^6$ [Liter] bis $30{,}5 \cdot 10^6$ [Liter]

und auf Bundes- und Landesstraßen außerhalb von Ortsgebieten bei einer Herabsetzung der maximal zulässigen Geschwindigkeiten von 100 [km/h] auf 80 [km/h]

$52{,}2 \cdot 10^6$ [Liter] bis $83{,}6 \cdot 10^6$ [Liter]

Allein auf Bundes- und Landesstraßen wären Gesamtkraftstoffersparnisse zwischen 2 und 3 % des Gesamtkraftstoffverbrauches im Individualverkehr in Österreich zu erzielen.

Gesamtkosten und Nutzen-Kosten-Verhältnis

Da keine bedeutenden Kosten bei der Einführung von neuen Geschwindigkeitsbegrenzungen zu nennen sind, ergibt sich ein sehr hohes Nutzen-Kosten-Verhältnis für diese Maßnahme.

Werden nur die Kosten einer Aufklärungsaktion pro Jahr (siehe Kapitel 6.16) in Rechnung gestellt, so ergibt sich ein jährliches durchschnittliches Nutzen-Kosten-Verhältnis von

$\dfrac{N}{K} = 10{,}8$ bis $17{,}4$ [Liter/öS]   bei einer Absenkung der maximal zulässigen Geschwindigkeiten auf Autobahnen von 130 [km/h] auf 100 [km/h]

$\dfrac{N}{K} = 17{,}4$ bis $30{,}5$ [Liter/öS]   bei einer Absenkung der maximal zulässigen Geschwindigkeiten auf Autobahnen von 130 [km/h] auf 80 [km/h]

$\dfrac{N}{K} = 52{,}2$ bis $83{,}6$ [Liter/öS]   bei einer Absenkung der maximal zulässigen Geschwindigkeiten auf Bundes- und Landesstraßen von 100 [km/h] auf 80 [km/h].

Werden die Berechnungen einem Zeitraum von 10 Jahren zugrundegelegt und werden die Kostensteigerung und die Abzinsung für die jährlichen Aufklärungsaktionen berücksichtigt, ergeben sich Nutzen-Kosten-Verhältnisse von jeweils 9,0 bis 19,2 [Liter/öS] bzw. 15,2 bis 33,8 [Liter/öS] und 43,9 bis 92,5 [Liter/öS].

Für einen Zeitraum von 20 Jahren betragen die Nutzen-Kosten-Verhältnisse jeweils 7,3 bis 21,5 [Liter/öS] bzw. 12,5 bis 37,6 [Liter/öS] und 35,9 bis 103,2 [Liter/öS].

Um die möglichen Kraftstoffersparnisse durch eine Herabsetzung der Geschwindigkeitsbegrenzungen in Österreich noch genauer abschätzen zu können, wäre eine Analyse der auf österreichischen Straßen tatsächlich gefahrenen Geschwindigkeiten erforderlich.

Zeitlich begrenzte Einführung von neuen Geschwindigkeitsbegrenzungen

Wird die saisonale Schwankung des PKW-Verkehrs betrachtet (siehe Kapitel 3.3.4.1.), so ist es ersichtlich, daß die durchschnittliche tägliche PKW-Verkehrsmenge in den Sommermonaten außerhalb von Ortsgebieten um fünfzig Prozent über der durchschnittlichen täglichen PKW-Verkehrsmenge in den Wintermonaten liegt. Ferner zeichnen sich die Monate Juli und August durch die größten monatlichen Anteile am jährlichen Gesamtkraftstoffverbrauch aus.

Die Einführung von gesenkten Geschwindigkeitsbegrenzungen könnte sich ausschließlich auf die Sommermonate beziehen. Die Einführung einer Geschwindigkeitsbegrenzung von 80 [km/h] auf Bundesstraßen und Landesstraßen außerhalb der Ortsgebiete – ausschließlich in den Monaten Juli und August – würde Ersparnisse zwischen 0,43 und 0,7 % des gesamten jährlichen Kraftstoffverbrauches durch die PKW in Österreich mit sich bringen.

6.22. Entwicklung eines neuartigen Stadtbusses (SB)

Mit Stadtbussen üblicher Bauart, sei es als Standardbus oder als Gelenkbus, wird es nie möglich sein, völlig zufriedenstellende Ein- und Ausstiegverhältnisse zu erreichen, da infolge des relativ großen Radstandes und der daraus resultierenden erforderlichen Bodenfreiheit gewisse Fußbodenhöhen nicht unterschritten werden können.

Hier zeigt der derzeitige City-Bus der Steyr-Daimler-Puch AG einen prinzipiellen Vorsprung. Es wurde daher untersucht, ob dieser Vorzug des City-Busses auch für eine größere Transportkapazität verwendbar ist. Das Ergebnis der Untersuchung ist der Vorschlag des City-Bus-Zuges.

Es werden zwei oder drei grundsätzlich unveränderte City-Busse als City-Bus-Zug miteinander verbunden.

Der Fahrer befindet sich im ersten City-Bus des Zuges und steuert dieses Fahrzeug in konventioneller Weise.

Die Lenkwinkel des Lenkrades, die Bewegung von Gas- und Bremspedal, die

Getriebestellung und weitere Signale (Licht, Türbetätigung etc.) werden elektronisch aufgenommen und an den zweiten bzw. dritten City-Bus des Zuges weitergegeben. Hier werden über Servoeinrichtungen die entsprechenden Vorgänge durchgeführt.

Ein Teil der Signale wird unverändert umgesetzt (Licht, Türbetätigung etc.), ein anderer Teil der Signale elektronisch modifiziert, z.B. werden die Lenkwinkel des zweiten und dritten Busses insbesondere bei Kurveneinlauf- und Kurvenauslaufvorgängen nicht identisch mit denen des ersten Wagens sein. Beim Bremsen kann es vorteilhaft sein, durch geeignete Bremskraftverteilung den Zug gestreckt zu halten.

Grundsätzlich aber behalten alle 2 – 3 Busse ihre Hauptfunktionen bei: Lenken, Bremsen, Antreiben, allerdings gesteuert vom ersten Fahrzeug.

Ein solches Konzept würde bei etwa gleicher Beförderungskapazität (84 Personen) wie ein Standardbus folgende Vorzüge aufweisen:

a) Leichte Anpassung des Zuges an das Fahrgastaufkommen: in Spitzenverkehrszeiten werden alle drei Fahrzeuge gekoppelt gefahren; in Zeiten geringen Verkehrsaufkommens nur zwei oder ein Fahrzeug. Die restlichen Fahrzeuge werden an Endhaltestellen oder an anderer geeigneter Stelle bis zur Wiederverwendung abgestellt.

b) Aufgrund Pkt. a) erhebliche Kraftstoff-Verbrauchsersparnis gegenüber einem Standardbus.

c) Optimaler, mit einem Standardbus nie zu erreichender Komfort beim Ein- und Aussteigen. Dies sowohl für unbehinderte wie behinderte Fahrgäste, für Kinder, Kinderwagen, selbst Rollstühle.

d) Größe des Fahrgastraumes dem Individualempfinden der Fahrgäste mehr entsprechend als bei einem großen Fahrzeug.

e) Günstige Verhältnisse hinsichtlich Fahrgastwechsel.

f) Wendekreis geringer als bei einem Standardbus.

g) Geringere Schadstoff- und Lärmemissionen gegenüber einem üblichen Direkteinspritzer-Dieselmotor dank des Vorkammer-Diesel-Verfahrens.

h) Insgesamt geringerer Gesamtverschleiß aller Komponenten.

i) Einheitliches Fahrzeug für Transportkapazitäten von 1x, 2x, 3 x 28 Personen.

Selbstverständlich weist das vorliegende Konzept auch Nachteile gegenüber einem Standardbus auf. Diese sind:

a) Höhere Anschaffungskosten von drei City-Bussen plus elektronischer Steuerung gegenüber einem Standardbus.

b) Größere Gesamtlänge bei gleicher Fahrgastkapazität (evtl. Ausnahmegenehmigung erforderlich, die aber wahrscheinlich erteilt würde, da Fahrverhalten besser als von konventionellen Fahrzeugen mit 18 m Gesamtlänge).

Qualitative Bewertung der sonstigen Wirkungen:

Umweltbelastung	+ 2
Finanzierbarkeit	− 2
Kosten KFZ-Benützer	+ 1
Realisierungszeitraum	− 1
Annehmlichkeit	− 1
Frequenzsteigerungen	+ 2
Zeit	− 2

Tabelle 47: Qualitative Bewertung der sonstigen Wirkungen der Maßnahme „Neuartiger Stadtbus"

Die Vorzüge scheinen aber die Nachteile zu übertreffen; z.B. wurde betreffs des Kraftstoffverbrauches folgendes berechnet. Dabei wurden Betriebszustände wie im Europafahrzyklus angenommen:

Anzahl der Fahrgäste	14	28	42	56	70	84
Kraftstoffverbrauch [Liter/100 km] Standardbus	41	44	46	49	52	54
City-Bus-Zug aus 1 − 3 Fahrzeugen [Liter/100 km]	14 1 Bus	18 1 Bus	32 2 Busse	36 2 Busse	50 2 Busse	54 3 Busse
Verbrauch des City-Bus-Zuges in % des Standardbusses	34 %	41 %	70 %	74 %	96 %	100 %

Tabelle 48: Kraftstoffverbrauch des City-Bus-Zuges

Man erkennt, daß bei Verwendung eines City-Busses, d.h. bis zu 28 Fahrgästen nur rd. 40 % des Brennstoffverbrauches eines Standardbusses verbraucht werden. Bei bis zu 56 Fahrgästen, d.h. bei Koppelung von zwei City-Bussen, werden rd. 75 % des Brennstoffverbrauches eines Standardbusses benötigt; bei Koppelung von drei City-Bussen ist der Verbrauch ungefähr in der gleichen Höhe wie bei einem Standardbus.

Rechnet man im Mittel mit einer 50 %igen Auslastung der Busse, so ergibt sich für den Standardbus ein Kraftstoffverbrauch von rd. 7,3 [kg/h], für den City-Bus-Zug von rd. 5 [kg/h], d.h. der City-Bus-Zug bringt eine Ersparnis von rd. 2,3 [kg] Kraftstoff bzw. rd. 14 öS pro Stunde. Bei 10-stündiger Betriebszeit pro Tag und rd. 250 Einsatztagen pro Jahr ergäbe dies eine Ersparnis von rd. 35.000 [öS/Jahr]. Zusätzlich kommen noch der geringere Verschleiß des City-Bus-Zuges und der niedrigere Schmierölverbrauch hinzu, sodaß zu erwarten ist, daß die Mehrkosten der Anschaffung von einem City-Bus-Zug, bestehend aus drei City-Bussen gegenüber einem Standardbus während der zu erwartenden Lebensdauer ungefähr grössenordnungsmäßig kompensiert werden.

Es ergibt sich- betrachtet über 10 Jahre- ein **Nutzen-Kosten-Verhältnis** von etwa

$$N/K = \frac{50.000}{350.000} = 0,143 \ [\text{Liter/öS}]$$

Über 20 Jahre ergibt sich ein Nutzen-Kosten-Verhältnis von

$$N/K = 0,116 \ \text{bis} \ 0,16 \ [\text{Liter/öS}]$$

Wenn diese oben erwähnten wirtschaftlichen Überlegungen auch nur grobe Schätzungen darstellen, so sollte das Konzept doch einer eingehenden Betrachtung unterzogen werden.

7. GEGENÜBERSTELLUNG UND VERGLEICH DER ENERGIESPARMASS–NAHMEN

7.1. Gegenüberstellung der Nutzen-Kosten-Verhältnisse der einzelnen Energiesparmaßnahmen

Die Nutzen-Kosten-Verhältnisse der im Kapitel 6 untersuchten Maßnahmen sind mit deren Streuband im **Bild 51** im logarithmischen Maßstab dargestellt. Der zugrundegelegte Zeitraum beträgt 20 Jahre.

Die Maßnahmen „Aufklärung" (Kapitel 4.5.1.) und „Erhöhung des Kraftstoffendverbraucherpreises" (Kapitel 4.6.1.) treten wegen des nicht abzuschätzenden Nutzens in dieser Darstellung nicht auf. Die Maßnahme „Umlegung der Bemessungsgrundlage der KFZ-Steuer" (Kapitel 4.6.2.2.) verursacht nur geringe Kosten und hat somit ein sehr hohes, jedoch ebenfalls nicht darstellbares Nutzen-Kosten-Verhältnis.

7.2. Gegenüberstellung der qualitativen Bewertungen der sonstigen Wirkungen der einzelnen Energiesparmaßnahmen

Die qualitative Punktebewertung der sonstigen Wirkungen der einzelnen Maßnahmen ist in **Tabelle 49** zusammengefaßt. Die in Kapitel 6 untersuchten Maßnahmen sind durch die „Aufklärung" (Kapitel 4.5.1.) und die „Umlegung der Bemessungsgrundlage der KFZ-Steuer" (Kapitel 4.6.2.2.) ergänzt worden.

Die sich aus den Saldentests (siehe Kapitel 5.3.) ergebende Bewertung der einzelnen Maßnahmen ist in **Tabelle 50** angegeben.

Die sich aus den Saldentests ergebende Reihung der einzelnen Energiesparmaßnahmen ist in **Tabelle 51** wiedergegeben. Die höchste Zahl kennzeichnet die höchst bewertete Maßnahme.

Die Maßnahme „Aufklärung" und die Maßnahmen der Verkehrslenkung haben sehr hohe Rangwerte.

Die in diesem Kapitel angegebenen Bewertungen der sonstigen Wirkungen der einzelnen Energiesparmaßnahmen sind alle ohne Gewichtung der individuellen Kriterien erfolgt.

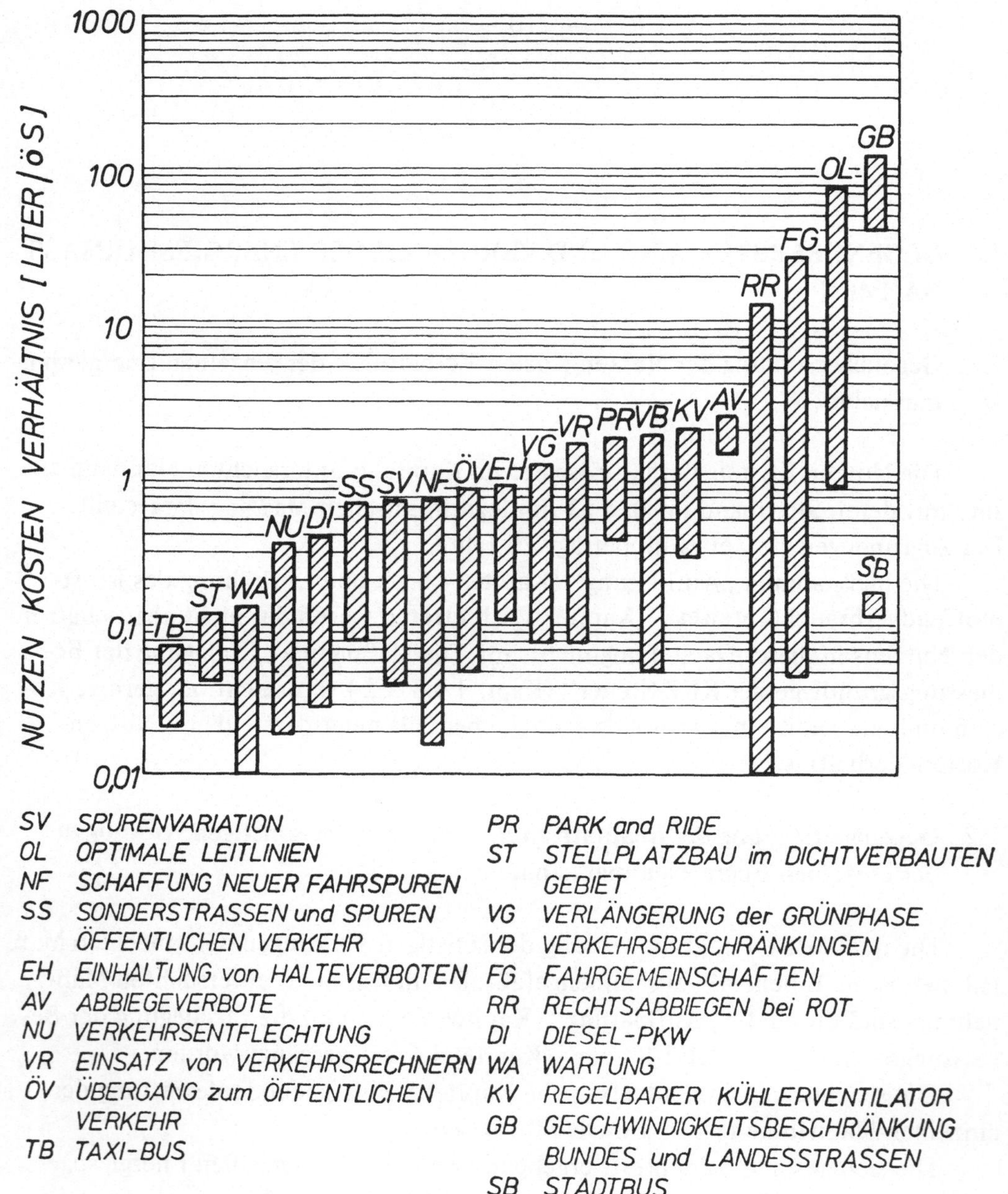

Bild 51: Nutzen-Kosten-Verhältnisse einzelner Energiesparmaßnahmen im Straßenverkehr

	Sicherheit	Umweltbelastung	Finanzierbarkeit	Zeit	Behinderungen	Kosten KFZ-Benützer	Annehmlichkeit	Frequenzsteigerung ö. Verkehr	Devisenbedarf	Gesetzesänderung	Realisierungszeitraum	Durchsetzbarkeit
Spuren Variation	1	2	0	2	0	2	0	0	0	0	-1	0
Optimale Leitlinien	1	2	0	2	0	2	0	0	0	0	0	0
Schaffung neuer Fahrspuren	1	1	-1	2	-1	2	0	0	0	0	-1	0
Sonderstraßen	1	2	-1	2	-1	2	0	1	0	0	-1	0
Einhaltung von Halteverboten	2	2	0	2	-2	2	0	0	0	0	0	-1
Abbiegeverbote	2	2	0	2	0	2	0	0	0	0	0	0
Verkehrsentflechtung	2	2	-2	2	0	2	0	0	0	0	-2	0
Einsatz von Verkehrsrechnern	1	2	-1	2	0	2	0	0	-1	0	-1	0
Übergang zum öffentlichen Verkehr	0	2	-2	-2	0	1	-2	2	1	-2	-2	-2
Taxi-Bus	0	0	0	-2	0	1	-2	0	0	-2	0	0
Park and Ride	0	2	-1	-1	0	2	-1	2	0	0	-1	0
Stellplatzbau im dichtverbauten Gebiet	0	0	-2	2	0	-2	2	-2	0	0	-2	0
Verlängerung der Grünphase	0	0	-1	0	0	0	0	2	0	0	-1	0
Verkehrsbeschränkungen	0	2	0	-2	-1	-1	-2	2	0	-2	0	-2
Fahrgemeinschaften	0	2	0	-1	0	2	-2	-1	0	0	0	-2
Rechtsabbiegen bei Rot	-2	2	0	2	0	0	1	0	0	-2	0	0
Diesel-PKW	0	-1	0	0	0	-2	0	0	-1	0	-1	0
Wartung	0	2	0	-1	0	-1	0	0	0	0	0	-1
Regelbarer Kühlerventilator	0	1	0	0	0	-1	0	0	0	0	-1	-1
Geschwindigkeitsbegrenzungen	2	1	0	-1	0	0	0	0	0	-1	0	-2
Aufklärung	0	1	0	0	0	0	0	0	0	0	-1	-1
KFZ-Steuer	0	0	0	0	0	0	0	0	0	-2	-1	0
Stadtbus	0	2	-2	-2	0	1	-1	2	0	0	-1	0

Tabelle 49: Qualitative Punktebewertung der sonstigen Wirkungen der einzelnen Energiesparmaßnahmen im Straßenverkehr.

Maßnahme	Sicherheit	Umweltbelastung	Finanzierbarkeit	Zeit	Behinderungen	Kosten Kfz-Benützer	Annehmlichkeit	Frequenzsteigerung ö. Verkehr Devisenbedarf	Gesetzesänderung	Realisierungszeitraum	Durchsetzbarkeit	Salden
Spurenvariation	14	11	7	18	4	13	16	5	5	12	14	16	135
Optimale Leitlinien	13	3	16	14	3	12	17	7	13	17	18	18	151
Schaffung neuer Fahrspuren	12	12	5	19	5	14	18	4	8	15	4	12	128
Sonderstraßen	11	9	8	13	2	6	19	18	9	14	7	9	125
Einhaltung von Halteverboten	15	14	9	20	1	15	15	16	15	18	20	3	161
Abbiegeverbote	16	4	13	15	6	10	13	14	14	20	17	6	148
Verkehrsentflechtung	17	16	2	21	7	16	21	3	7	19	2	20	151
Einsatz von Verkehrsrechner	18	15	6	22	17	18	20	2	2	21	12	21	174
Übergang zum öffentlichen Verkehr	21	21	0	1	22	22	1	22	18	11	0	0	139
Taxi-Bus	8	20	17	3	18	5	2	15	1	3	11	15	118
Park and Ride	20	19	1	4	21	21	3	21	17	5	1	13	146
Stellplatzbau im dichtverbauten Gebiet	9	8	3	17	19	2	22	1	6	9	3	19	118
Verlängerung der Grünphase	1	1	11	7	8	1	12	17	12	16	13	10	109
Verkehrsbeschränkungen	22	22	14	0	0	0	0	20	19	0	5	1	103
Fahrgemeinschaften	10	18	21	5	20	20	5	0	16	10	19	2	146
Rechtsabbiegen bei Rot	0	6	12	16	9	11	14	6	11	1	16	5	107
Diesel-PKW	4	0	10	8	12	7	7	10	0	7	8	17	90
Wartung	6	17	18	11	13	17	10	8	3	6	15	7	131
Regelbarer Kühlerventilator	2	5	20	9	11	8	8	9	4	8	9	11	104
Kfz-Steuer-Änderung	3	13	22	10	14	3	9	11	22	2	10	8	127
Aufklärung	5	10	15	12	16	9	11	13	21	22	21	22	177
Geschwindigkeitsbeschränkung Bundes- und Landesstraßen	19	2	19	6	15	19	6	12	20	13	22	4	157
Stadtbus	7	7	4	2	10	4	4	19	10	4	6	14	91

Tabelle 50: Ergebnisse der Vergleiche der einzelnen Energiesparmaßnahmen mittels Saldentests

Maßnahme	Rangwert
Aufklärung	22
Einsatz von Verkehrsrechnern	21
Einhaltung von Halteverboten	20
Geschwindigkeitsbeschränkung Bundes- und Landesstraßen	19
Verkehrsentflechtung	18
Optimale Leitlinien	18
Abbiegeverbote	16
Park and Ride	15
Fahrgemeinschaften	15
Übergang zum öffentlichen Verkehr	13
Spurenvariation	12
Wartung	11
Schaffung neuer Fahrspuren	10
KFZ-Steuer	9
Sonderstraßen	8
Stellplatzbau im dichtverbauten Gebiet	7
Taxi Bus	7
Verlängerung der Grünphase	5
Rechtsabbiegen bei Rot	4
Regelbarer Kühlerventilator	3
Verkehrsbeschränkungen	2
Stadtbus	1
Diesel-PKW	0

Tabelle 51: Reihung der einzelnen Energiesparmaßnahmen nach den mittels Saldentests bewerteten sonstigen Wirkungen.

7.3. Wechselwirkungen zwischen den einzelnen Energiesparmaßnahmen

Die Wechselwirkungen zwischen den einzelnen Maßnahmen sind in **Bild 52** dargestellt. Es wurde berücksichtigt, ob einzelne Maßnahmen sich ergänzen können bzw. ob sie einander ausschließen.

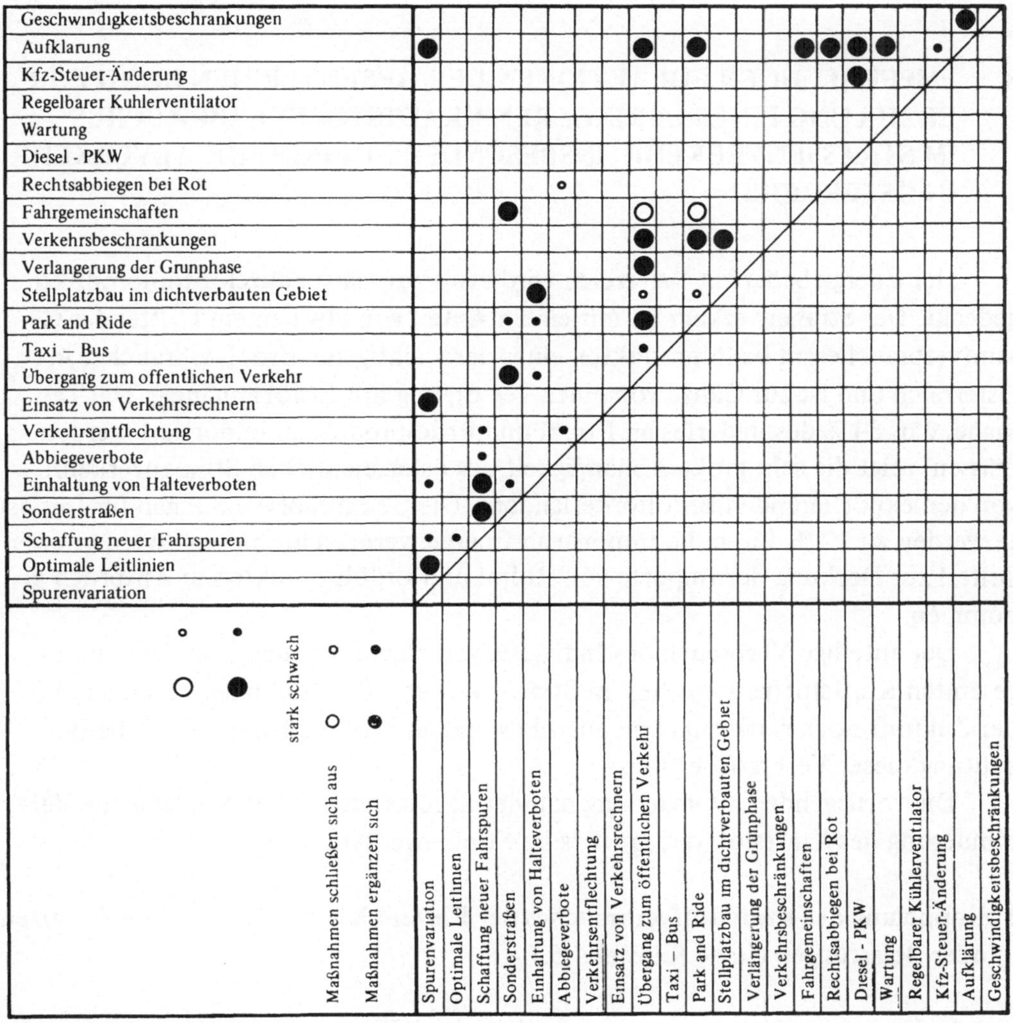

	Spurenvariation	Optimale Leitlinien	Schaffung neuer Fahrspuren	Sonderstraßen	Einhaltung von Halteverboten	Abbiegeverbote	Verkehrsentflechtung	Einsatz von Verkehrsrechnern	Übergang zum öffentlichen Verkehr	Taxi – Bus	Park and Ride	Stellplatzbau im dichtverbauten Gebiet	Verlängerung der Grünphase	Verkehrsbeschränkungen	Fahrgemeinschaften	Rechtsabbiegen bei Rot	Diesel - PKW	Wartung	Regelbarer Kühlerventilator	Kfz-Steuer-Änderung	Aufklärung	Geschwindigkeitsbeschränkungen
Geschwindigkeitsbeschrankungen																					●	
Aufklarung	●								●		●				●	●	●	●		•		
Kfz-Steuer-Änderung																	●					
Regelbarer Kuhlerventilator																						
Wartung																						
Diesel - PKW																						
Rechtsabbiegen bei Rot						∘																
Fahrgemeinschaften				●					○		○											
Verkehrsbeschrankungen									●		●	●										
Verlangerung der Grunphase									●													
Stellplatzbau im dichtverbauten Gebiet					●				∘		∘											
Park and Ride				•	•				●													
Taxi – Bus									•													
Übergang zum offentlichen Verkehr				●	•																	
Einsatz von Verkehrsrechnern	●																					
Verkehrsentflechtung			•			•																
Abbiegeverbote			•																			
Einhaltung von Halteverboten	•		●	•																		
Sonderstraßen			●																			
Schaffung neuer Fahrspuren	•	•																				
Optimale Leitlinien	●																					
Spurenvariation																						

	stark	schwach
	○	∘
	●	•
Maßnahmen schließen sich aus	○	∘
Maßnahmen ergänzen sich	●	•

Bild 52: Wechselwirkungen zwischen den einzelnen Energiesparmaßnahmen

8. EMPFEHLUNGEN FÜR AKTIONEN DER ÖFFENTLICHEN HAND ZUR ERZIELUNG EINES GERINGEREN KRAFTSTOFFVERBRAUCHES IM STRASSENVERKEHR, INSBESONDERE IM INDIVIDUALVERKEHR, IN ÖSTERREICH

Der Energiebedarf in Österreich wird etwa zur Hälfte durch Erdölprodukte gedeckt. Der Straßenverkehr ist mit einem Anteil von etwa einem Drittel des Gesamtverbrauches an Erdölprodukten einer der wichtigsten Erdölverbraucher in Österreich und ist zur Gänze von einer Versorgung mit Erdöl abhängig. Die Tatsache, daß 84 % des Bedarfes an Rohöl und Erdölprodukten importiert werden müssen, zeigt die sehr große Abhängigkeit des österreichischen Straßenverkehrs von den exportierenden Erdölförderländern. Die Gesamtaufwendungen für Importe werden zu 12 % durch die Importe an Energie verursacht, hiervon werden zwei Drittel zur Deckung der Importe von Rohöl und Erdölprodukten in Anspruch genommen.

Der anteilige Verbrauch des Individualverkehrs entspricht zwei Drittel des gesamten Kraftstoffverbrauches im Straßenverkehr. Prognosen zeigen einen in der Zukunft noch stark zunehmenden Bestand an PKW und weisen auf die Bedeutung dieser Verbraucher hin.

Die vorliegende Untersuchung mündet in folgenden Empfehlungen zur Verminderung des Kraftstoffverbrauches im Straßenverkehr:

1. Koppelung des Kraftstoffverbrauches der Einzel-PKW mit finanziellen Anreizen oder Belastungen (siehe Kapitel 4.6.)

    1.1. Umlegung der Bemessungsgrundlage der KFZ-Steuer vom Hubraum auf den Kraftstoffverbrauch der einzelnen PKW-Modelle, gemessen in Anlehnung an ECE-Empfehlung A (70) (Europatestfahrzyklus), da die Ermittlung nach diesem Verfahren wirklichkeitsnahe Werte ergibt.

    1.2. Regelmäßige Erhöhung des Kraftstoffendverbraucherpreises zumindest in Konformität zum Verbraucherpreisindex zwecks Vermeidung einer relativen Verbilligung des Treibstoffes.

2. Aufklärungsaktionen (siehe Kapitel 4.5.)

    2.1. Angabe des Kraftstoffverbrauches der einzelnen PKW-Modelle durch die

Hersteller in Anlehnung an die ECE-Empfehlung A (70).

2.2. Kennzeichnung der zum Verkauf angebotenen PKW-Modelle mit deren Kraftstoffverbrauch entsprechend ECE-Empfehlung A (70).

2.3. Jährliche Veröffentlichung der Kraftstoffverbrauchswerte aller neuen PKW-Modelle durch das Bundesministerium für Handel, Gewerbe und Industrie.

2.4. Durchführung von Aufklärungsaktionen, die an den Fahrzeuglenker gerichtet sind und das Fahrverhalten betreffen.

2.5. Durchführung von Aufklärungsaktionen, die an den Fahrzeughalter gerichtet sind und die Bedeutung einer regelmäßigen und sorgfältigen Wartung besonders hervorheben.

3. Verkehrstechnische Maßnahmen (Kapitel 6)

3.1. Verstärkte Maßnahmen zur Verbesserung der Flüssigkeit des Straßenverkehrs im innerörtlichen Bereich, entsprechend den in dieser Studie aufgezeigten Prioritäten (Kapitel 7). Im besonderen kommen hier Maßnahmen der Verkehrslenkung in Frage, die keine baulichen Investitionen erfordern.

3.2. Geschwindigkeitsbegrenzungen im Freilandverkehr auf Bundes- und Landesstraßen auf 80 km/h.

4. Fahrzeugtechnische Maßnahmen (Kapitel 6)

4.1. Verbrauchsgünstige Fahrzeuge sollen über 1.1., 1.2., 2.1., 2.2., 2.3. gefördert werden.

4.2. Es wird daher empfohlen, von Einzelforderungen an den Fahrzeughersteller Abstand zu nehmen und diesen den Weg zur Erreichung von niedrigen Kraftstoffverbrauchswerten frei zu überlassen.

Die vorgenannten Empfehlungen wurden am 20. Februar 1979 im Bundesministerium für Handel, Gewerbe und Industrie dem Arbeitskreis „Sinnvoller Energieeinsatz im Verkehr" präsentiert und zur Diskussion gestellt.

Diese Diskussion sowie weitere schriftliche Stellungnahmen kompetenter österreichischer Stellen führten zu folgender Gliederung der zu empfehlenden Maßnahmen:

Maßnahmen, deren sofortige Einführung empfohlen wird:

– Angabe des Kraftstoffverbrauches der einzelnen PKW-Modelle durch die Hersteller in Anlehnung an die ECE-Empfehlung A (70). Die entsprechende österreichische Norm ist bereits fertiggestellt.

- Kennzeichnung der zum Verkauf angebotenen PKW-Modelle mit deren Kraftstoffverbrauch entsprechend der ECE-Empfehlung A (70).

- Jährliche Veröffentlichung der Kraftstoffverbrauchswerte aller neuen PKW-Modelle durch das Bundesministerium für Handel, Gewerbe und Industrie.

- Verstärkte Durchführung von Aufklärungsaktionen über den Einfluß des Fahrverhaltens auf den Kraftstoffverbrauch.

- Verstärkte Durchführung von Aufklärungsaktionen über den Einfluß der Motorwartung auf den Kraftstoffverbrauch.

- Forderung nach optimaler Vergasereinstellung im Leerlauf im Rahmen der Begutachtung nach § 57a des KFG 1967 (bei entsprechend erhöhten Kosten der Begutachtung).

- Vermehrte Schaffung von Parkplätzen an den Endstationen der öffentlichen Verkehrsmittel zur Förderung des „Park and Ride"-Systems.

- Vermehrte Sonderspuren für den öffentlichen Verkehr, wo eine größere Beförderungsleistung gegenüber dem Individualverkehr erbracht werden kann.

- Verstärkte Überwachung bestehender und zusätzlicher künftiger Halteverbote bei gleichzeitiger Intensivierung des Stellplatzbaues im dicht verbauten Gebiet.

- Weitere Maßnahmen zur Verbesserung der Flüssigkeit des Verkehrs im innerörtlichen Bereich, wobei darauf geachtet werden muß, daß hiedurch kein Übergang von öffentlichen Verkehrsmitteln zu privaten Verkehrsmitteln erfolgt.

Maßnahmen, deren Einführung nur für Krisenzeiten empfohlen wird:

Die Reduzierung der Höchstgeschwindigkeit auf Bundes und Landesstraßen auf 80 km/h bei gleichzeitiger Intensivierung der Überwachung.

Maßnahmen, deren Einführung weitere Vorarbeiten bedingen:

- Umlegung der Bemessungsgrundlage der KFZ-Steuer vom Hubraum auf den Kraftstoffverbrauch der einzelnen PKW-Modelle, gemessen in Anlehnung an die ECE-Empfehlung A (70).

- Fahrgemeinschaften nur nach Klärung der Gesetzeslage bezüglich des Gelegenheitsverkehrsgesetzes und nach Aufhebung der Haftfälligkeit bei Verletzungen von Insassen.

- Einsatz des Verkehrsrechners nach weiterer Überprüfung des Nutzens.

-- Linksabbiegeverbote, bei denen überprüft werden muß, ob nicht erhöhter Kraftstoffverbrauch infolge erzwungener Umwege entstehen kann.

Maßnahmen, deren Einführung abgelehnt wird:

– Rechtsabbiegen bei Rot nach dem Stehenbleiben an ampelgeregelten Kreuzungen wegen der Gefährdung der Sicherheit der Verkehrsteilnehmer.

ABKÜRZUNGSVERZEICHNIS:

ADAC	Allgemeiner Deutscher Automobil Club
ARBÖ	Auto-, Motor-, Radfahrerbund Österreichs
BDI	Bundesverband der Deutschen Industrie e.V.
CO	Kohlenmonoxid
DAT	Deutsche Automobil Treuhand GmbH (BRD)
DIN	Deutsche Industrie Norm
DTV	Durchschnittlicher täglicher PKW-Verkehr
ECE	Economic Commission for Europe
EG	Europäische Gemeinschaften
EPA	Environmental Protection Agency (USA)
FEA	Federal Energy Administration (USA)
GE	Geldeinheit
IEA	Internationale Energieagentur
IVK	Institut für Verbrennungskraftmaschinen und Kraftfahrwesen, TU-Wien
K	Kosten
KFG	Das österreichische Kraftfahrzeuggesetz
KFZ	Kraftfahrzeug
LKW	Lastkraftwagen
mpg	miles per gallon (235/mpg = 1/100 km)
N	Nutzen
ÖAMTC	Österr. Automobil-, Motorrad- und Touring-Club
OECD	Organisation for Economic Cooperation and Development
PKW	Personenkraftwagen
PKW-E	Personenkraftwagen-Einheit
SKE	Steinkohleneinheit
VDA	Verband der Automobilindustrie e.V.
WIFO	Österr. Institut für Wirtschaftsforschung

ABKÜRZUNGEN DER UNTERSUCHTEN MASSNAHMEN

SV   Spurenvariation
OL   Optimale Leitlinien
NF   Schaffung neuer Fahrspuren
SS   Sonderstraßen und -spuren für den öffentlichen Verkehr
EH   Einhaltung von Halteverboten
AV   Abbiegeverbote
NU   Verkehrsentflechtung durch Niveauunterschiede
VR   Einsatz von Verkehrsrechnern
ÖV   Übergang zum öffentlichen Verkehr
TB   Taxi-Bus
PR   Park and Ride
ST   Stellplatzbau im dichtverbauten Gebiet
VG   Verlängerung der grünen Phase für den öffentlichen Verkehr
VB   Räumliche und zeitliche Verkehrsbeschränkungen
FG   Fahrgemeinschaften
RR   Rechtsabbiegen bei Rot
DI   Dieselmotor
WA   Wartung- Regelmäßige Überprüfung des CO-Gehaltes der PKW-Abgase im Leerlauf
KV   Regelbarer Kühlerventilator
GB   Geschwindigkeitsbeschränkung auf Bundes- und Landesstraßen
SB   Entwicklung eines neuartigen Stadtbusses

LITERATURVERZEICHNIS

Literatur (Kapitel 2)

ENERGIE-VERBRAUCH – ALLGEMEIN

[1] BECKER, H.: Sandkastenspiele auf Datenverarbeitungsanlagen, Energie-
modelle für die Bundesrepublik Deutschland. Arbeitsseminar 30/31.1.75
in Jülich VDI – Z Band 117 (1975) Nr. 9, S. 409.

[2] BUNDESMINISTERIUM FÜR HANDEL, GEWERBE UND INDUSTRIE,
ÖSTERREICH: Energieplan 1975.

[3] DEPARTMENT OF ENERGY GREAT BRITAIN: Energy Saving. Press
notices 20.12.79, 9.12.74, 18.11.74.

[4] DEUTSCHES INSTITUT FÜR WIRTSCHAFTSFORSCHUNG: Direkter
und indirekter Einsatz von Energie in der Bundesrepublik Deutschland im Jahre 1972. DIW Wochenbericht 1 – 2. 74.

[5] DEUTSCHES INSTITUT FÜR WIRTSCHAFTSFORSCHUNG: Erdölkrise-
Auswirkungen auf Preisniveau und Preisgefüge in der Bundesrepublik
Deutschland DIW Wochenbericht 3.74.

[6] EUROPÄISCHE GEMEINSCHAFTEN: Stellungnahme zu der Mitteilung
der Kommission an den Rat „Programme für Forschungs- und Entwick-
lungsaktionen auf dem Gebiet der Energie" Amtsblatt der Europäischen
Gemeinschaften 17.11.75.

[7] FEDERATION OF SWEDISH INDUSTRIES: Energy Conservation in
Swedish Industry, 4.75.

[8] LANTZKE: „Das internationale Energieprogramm – Schwerpunkte und
zukünftige Aufgaben". Referat von Herrn Ministerialdirektor Dr. Lantzke, Exekutivdirektor der Internationalen Energieagentur 30.1.75.

[9] N.N.: Antwort der Bundesregierung (BRD) betr. rationelle und sparsame Energieverwendung Drucksache 7/3595, 5.5.75.

[10] N.N.: IEA International Energy Agency Development Forum Bd. III,
Nr. 9, 12.75.

[11] N.N.: Energy and the Environment Journal of the Air Pollution Control
Association, Sept. 75, S. 910 – 917.

[12] SCHMITT, D.: Die Internationale Energieagentur. Erdöl und Kohle. Bd. 28,
Heft 3, März 1975, S. 155 – 158.

[13] STANKOVSKY, J., SUPPANZ, H.: Auswirkungen der Verteuerung von
       Energie auf die Zahlungsbilanz und die Preisentwicklung in 1974, 7.10.74.
[14] UNITED NATIONS ECONOMIC AND SOCIAL COUNCIL: Study on
       measures taken, or which may be taken, to achieve increased economy
       and efficiency in the extraction, conversion, transport and use of energy
       in the ECE Region. E/ECE/883 17.2.75.
[15] WIENER STADTWERKE GENERALDIREKTION ENERGIEWIRTSCHAFT-
       LICHES REFERAT: Energiekonzept der Stadt Wien. April 1975.
[16] BUNDESMINISTERIUM FÜR HANDEL, GEWERBE UND INDUSTRIE:
       Energieplan 1976.
[17] BUNDESMINISTERIUM FÜR HANDEL, GEWERBE UND INDUSTRIE
       ÖSTERREICH: Taschenbuch für Energiestatistik, Berichtsjahr 1975,
       Bohmann Verlag K.G. Wien 1976.
[18] DUNCOMBE, H.L.: Economics of Energy Policy, Energy and Transporta-
       tion SAE Paper SP-406, 2.76, S. 1 – 4.
[19] ECONOMIC COMMISSION FOR EUROPE: Increased Energy Economy
       and Efficiency in the ECE Region E/ECE/883/Rev. 1, United Nations
       Publication E. 76. II. E. 2.
[20] FOLEY, K.: Moving into an Energy Efficient Society, Statement before the
       Royal Commission on Electric Power Planning November 24 th 1976.
[21] KUTSCHER, R.E., BOWMAN, C.T.: Industrial Use of Petroleum: effect on
       employment. Monthly Labour Review, 3.74, S. 3 – 8.
[22] PHALEN, C.A.: The National Energy Problem – Demand and Conserva-
       tion Outlook SAE Paper 740683.
[23] URBAN TRANSPORTATION DEVELOPMENT CORPORATION LTD:
       Moving into an Energy Efficient Society, November 1976.
[24] U.S. CONGRESS: Energy Policy and Conservation Act Public Law 94 – 163,
       94 th Congress, S. 622, Dez. 22nd 1975.

ENERGIEVERBRAUCH –AUTOMOBILINDUSTRIE

[25] BRENKEN, G.: Die technische Situation der Automobilindustrie nach der
       Energiekrise. Automobil-Industrie 3.74, S. 47 – 50.
[26] GEBHARDT, M.: New Priorities for the Automotive Engineer. Automotive
       Engineering July 1974, S. 38 – 41, S. 63.
[27] GLATER, D., REDFIELD, S.: Federal Legislation Affecting Motor Vehicle
       Design. Report Nr. DOT-TSC-OST-74-27, USA 1974.
[28] HEDLEY, T.: Energy Conservation: Automotive Vehicles and Industry. Ener-
       gy Research Group ERG 75-5, Carleton University, Canada Nov. 75.
[29] SOCIETY OF MOTOR MANUFACTURERS AND TRADERS Ltd., Great
       Britain: Energy Policy and the Motor Industry. October 1974.

[30] U.S. DEPARTMENT OF TRANSPORTATION, U.S. ENVIRONMENTAL
PROTECTION AGENCY: Potential for Motor Vehicle Fuel Economy
Improvement, Report to the Congress 24.10.74.

ENERGIEVERBRAUCH – VERKEHR

[31] CROW, R.T., SAVILT, J.: The Impact of Petroleum Shortages on Inter-Ci-
ty Travel and Modal Choice, 1974, Transpn. Res. Bd. 8, S. 383 – 397.
[32] DEUTSCHE VERKEHRSWISSENSCHAFTLICHE GESELLSCHAFT, e.V.,
Köln: Verkehr in Ballungsräumen. DVG e.V. Bd. B 24, AMK Berlin.
[33] EBNER, J.: Konsequenzen aus der energiepolitischen Entwicklung für
den Verkehr, Verkehrsannalen 2.3. 1974, S. 146.
[34] GOODWIN, P.B.: The Scope for Saving Fuel by Car to Bus Transfer. Public
Transport Division, Greater London Council, Great Britain Dec. 1974.
[35] HUSTED, R.: Mass Transit Impact on Energy Consumption. SAE 730521.
[36] LEUTZBACH, W.: Verkehr in Ballungsräumen. Internationales Verkehrswesen November/Dezember 1974, S. 249 – 252.
[37] MAYER, H.: Auswirkungen der veränderten Energiesituation auf den Verkehr. Internationales Verkehrswesen Juli/August 74, S. 168.
[38] MOGRIDGE, M.J.H.: The Future of the Car. Traffic Engineering and Control, March 1976, S. 101 – 115.
[39] SEIDENFUS, H.S.: Energie und Verkehr. Verkersannalen 2.3.1974, S. 129.
[40] WINGER, J.G.: Energy Crisis and Transportation. Automotive Engineering
March 73, S. 38 – 39.
[41] BAUER, C.S.: Some Energy Considerations in Traffic Signal Timing, Traffic
Engineering February 1975, S. 19 – 25.
[42] HIGHWAY RESEARCH BOARD: Improved street utilisation through
traffic engineering. Special Report No. 93, 1967.
[43] HIGHWAY RESEARCH BOARD: Traffic control and driver information.
Highway Research Record No. 366, 1971.
[44] PONTIER, W.E., MILLER, P.W., KRAFT, W.H., NATIONAL COOPERA-
TIVE HIGHWAY RESEARCH PROGRAM: Optimizing flow on exi-
sting street networks Report No. 113, 1971.
[45] TIEMAN, N.T.: Transportation Management – A look ahead. Traffic Engineering Vol. 46 No. 4, April 1976, S. 15 – 18.
[46] WECKESSER, P.M., DODGE, K.W.: Efficient Use of a Busy Roadway.
Traffic Engineering Vol. 46 No. 4. April 1976, S. 20 – 24.
[47] WEINBERG, M.F., THARP, K.J., NATIONAL COOPERATIVE HIGH-
WAY RESEARCH PROGRAMM: Application of vehicle operating charac-
teristics to geometric design and traffic conditions. Report No. 68, 1969.

KRAFTSTOFFVERBRAUCH IM STRASSENVERKEHR: EINFLUSS-
FAKTOREN UND SPARMASSNAHMEN

[48] ADAC: Grundlagen für ein mittelfristiges Energiekonzept des ADAC. Publikation der Verkehrsabteilung der ADAC, Januar 1975.

[49] ADAMS, J.D., FOLEY, R.L., NIELSON, R.L.: Energy Conservation in
Perspective of International Energy Requirements. „Energy" MIT
PRESS 1973.

[50] AGENCE POUR LES ECONOMIES D'ENERGIE: Publication 1975, Transports S. 21 – 23.

[51] AGENCE POUR LES ECONOMIES D'ENERGIE: Des Faits, . . . Des
Chiffres, 1975.

[52] AGENCE POUR LES ECONOMIES D'ENERGIE: I.N.F. Economies
d'Energie, 1975, Nr. 3 Entretien d'une voiture.

[53] AGENCE POUR LES ECONOMIES D'ENERGIE: Rapport d'activité, 1975.

[54] AUSTIN, T.C., HELLMAN, K.H., U.S. ENVIRONMENTAL PROTEC-
TION AGENCY: Passenger Car Fuel Economy, Trends and Influencing
Factors, SAE 730790.

[55] AUSTIN, T.C., HELLMAN, J.K., EPA: Passenger Car Fuel Economy as
Influenced by Trip Length. SAE 75004, Feb. 1975.

[56] BERRY, D.L.: Nine Ways to Get Better Fuel Mileage. Automotive Engineering, August 1974, S. 51 – 55.

[57] BP PRESSEINFORMATION: Richtige Fahrweise, Oktanrichtiges Tanken,
April 1975.

[58] CLAYTON LA POINTE FORD MOTOR COMPANY: Factors Affecting
Vehicle Fuel Economy. SAE 730791.

[59] CLIPPEL, M. De: Problèmes Energétiques et Transports Urbains et Subur-
bains en Belgique, Juni 1976, Persönliche Mitteilung.

[60] COON, C.W., WOOD, C.D.: Improvement of Automobile Fuel Economy,
Southwest Research Institute. SAE 740969.

[61] DAWSON, R.F.F., VASS, P.: Vehicle Operating Costs in 1973. TRRL
Lab. Report 661.

[62] DIW DEUTSCHES INSTITUT FÜR WIRTSCHAFTSFORSCHUNG: Zur
Auswirkung eines Sonntagsfahrverbotes für PKW auf den Kraftstoffverbrauch in der Bundesrepublik Deutschland, Wochenbericht 46/73,
15.11.73, S. 424 – 426.

[63] DVG DEUTSCHE VERGASER GESELLSCHAFT MBH und CO. Kg.:
Sparsam Fahren, Kraftstoffverbrauch bei Ottomotoren.

[64] EUROPÄISCHE GEMEINSCHAFT: Aktionsprogramm der Europäischen
Gemeinschaft im Bereich der rationellen Energienutzung, 18.9.74.
K EG - XVII/A 2/160 – geändert S. 20.

[65] EUROPÄISCHE GEMEINSCHAFT: Aktionsprogramm der Europäischen
Gemeinschaft und Entwurf einer Entschliessung des Rates im Bereich
der rationellen Energienutzung. KOM (74) 1950 endg. 27.11.74.

[66] EUROPÄISCHE GEMEINSCHAFT: Energieeinsparung, Kurzfristige Ziele,
Kommission der EG 31.1.75. KOM (75) 22 endg.

[67] EUROPÄISCHE GEMEINSCHAFT: Les problèmes de la réduction de la
consommation de carburants des véhicules à moteur par l'amélioration
de leur construction et la promotion des moteurs Diesel, 31.1.75. XI/14/
75 — F.

[68] EUROPÄISCHE GEMEINSCHAFT: Entwurf eines Zwischenberichtes über
das gemeinschaftliche Aktionsprogramm im Bereich der rationellen
Energienutzung, 19.6.75. XVII/194/75 — D.

[69] EUROPÄISCHE GEMEINSCHAFT: Community Action Programme for
the Rational Use of Energy, Sub-Group C, Interim Report 30.6.75.
XVII/16/75 — E.

[70] EUROPÄISCHE GEMEINSCHAFT: Aktionsprogramm Sinnvoller Energieeinsatz, Maßnahmen, Verbesserung der Fahrzeugkonstruktion, Förderung von Dieselmotoren. Mitteilung der Deutschen Shell Aktiengesellschaft, 18.8.75.

[71] EUROPÄISCHE GEMEINSCHAFT: Energieeinsparungen kurzfristige Ziele 1976 — 77, Kommission der EG, 17.9.75. Kom (75) 474 endg.

[72] EUROPÄISCHE GEMEINSCHAFT: EG-Aktionsprogramm Sinnvoller
Energieeinsatz Bereich Kraftfahrzeugbau. Eingelangt von der Deutschen
Shell Aktiengesellschaft am 4.76.

[73] EVERALL, P.F.: The Effect of Road and Traffic Conditions on Fuel Consumption, RRL Crowthorne 1968.

[74] FORD GUIDE TO PETROL SAVING: 7.11.73 News Release — not remove
cooling fans, not overinflate tires, Do's and Don't s, Total Oil sponsored
Economy Event 19.9.74.

[75] FRENCH, A., WYLIE, L.D.: Highway Transport and Energy Problems in
Europe, World Survey of Current Research and Development on Roads
and Road Transport prepared by International Road Federation, December 1975, S. 578 — 630.

[76] FRENCH, A., LISTON, L.L.: Highway and the Petroleum Problem. U.S.
Dept. of Transportation Federal Highway Administration, 2.10.1975.

[77] GREATER LONDON COUNCIL: Supplementary Licensing. Publication
7168 05405 1974.

[78] HIRST, E.: Transportation Energy Conservation Policies, Science, 2.4.76,
Bd. 192, S. 15 — 20.

[79] HIRST, E., HERENDEEN, R.: Total Energy Demand for Automobiles,
SAE 730065.

[80] HUEBNER, G.J.Jr., GASSER, J.: Energy and the Automobile-General
       Factors Affecting Vehicle Fuel Consumption. SAE 730518.

[81] HWANG, D.N., FORD MOTOR CO.: Fundamental Parameters of Vehicle
       Fuel Economy and Acceleration. SAE 690541.

[82] INSTITUTE FOR ROAD VEHICLES TNO: Der Energieverbrauch der
       Transportmittel, Vergleichende Studie, 6.74.

[83] LANGE, K.: Benzin Sparen. Christophorus, S. 12 – 16.

[84] LISTON, L.L.: Carpool Savings Analysis. Chief, Vehicles, Drivers and Fuel
       Branch, Highway Statistics Division Activities, U.S. Dept. of Transpor-
       tation, Federal Highway Administration, 9.12.75.

[85] MAC DONALD, H.C.: Fuel Consumption Trends in Today's Vehicles,
       Ford Motor Co. SAE 730517.

[86] MACMILLAN, R.H.: Energy and the Environment-Road Transport. Di-
       rector, Motor Industry Research Association, Great Britain, 11.75.

[87] MALLIARIS, A.C., STROMBOTNE, R.L.: Demand for Energy by the
       Transportation Sector and Opportunities for Energy Conservation.
       „Energy", MIT PRESS 1973.

[88] MINISTRE DE L'INDUSTRIE ET DE LA RECHERCHE, France: Les
       Problemes de Transport. Les économies d'énergie dans le secteur des
       Transports. Eingelangt April 1976.

[89] MOTOR VEHICLE MANUFACTURERS ASSOCIATION, USA: Auto-
       mobile Fuel Economy, 1973.

[90] MRDJENOVICH, R.: Lightweight Castings Can Save Energy. Automotive
       Engineering June 74.

[91] N.N.: Factors Affecting Fuel Economy. Automotive Engineering Nov. 73,
       S. 46   50.

[92] N.N.: How Components and Accessories Affect Auto Fuel Consumption.
       Automotive Engineering July 73, Bd. 81 Nr. 7, S. 51 – 52.

[93] N.N. Individual-Verkehr und Energiesparmaßnahmen. Die Strasse, Nov.
       74, S. 11.

[94] N.N.: Möglichkeiten der Energieeinsparung beim Betrieb von Automobi-
       len, Internationales Verkehrswesen 7/8 75, S. 186 – 195.

[95] N.N.: The Energy Crisis: Alternatives for Transportation. Automotive
       Engineering, March 73, S. 40 – 44.

[96] OECD: Energy Conservation in the UK Transport Sector. Paper for
       OECD Research Group T 12, File 590/16/19, Sept. 75.

[97] OECD: Report of the Ad hoc Group on the effects of the Energy Crisis.
       OECD RR/SC/WD/76.8/April 76.

[98] ORSHANSKY, E., HUNTLEY, P.: Automobile Fuel Economy with Hydro-
       mechanical Transmission by Simulation Studies. SAE 740308.

[99] RUDOLPH, M., München: Energetisches Betriebsverhalten von Verkehrsmitteln. Brennst – Wärme – Kraft 27 (1975) Nr. 9 Sept. S. 358 – 360.

[100] SCHEFFLER, C.E., NIEPOTH, G.W.: Customer Fuel Economy Estimated
from Engineering Tests. SAE 650861.

[101] SEIDENFUS, H. St.: Energie und Verkehr. Beiträge aus dem Institut für
Verkehrswissenschaft an der Universität Münster, herausgegeben von
H.St. Seidenfus, Heft 77, Vandenhoeck und Ruprecht, Göttingen, 1975.

[102] SHIELDS, M.J., ROBINSON, M.S.: Low Energy Car, Indications from
the Literature 1975. MIRA Motor Industry Research Organisation
Great Britain.

[103] SOCIETY OF MOTOR MANUFACTURERS AND TRADERS Ltd. Great
Britain: Energy Policy and the Motor Industry, October 74.

[104] STICHTING CONCAWE: Rational Use of Fuel in Private Transport
(RUFIT) Attachments concerning two meetings held in Brussels 19. –
20. Febr. 1976 under the auspices of the EEC Directorates General
For Energy (DG XVII) and   Transport (DG VII).

[105] U.S. DEPT. OF TRANSPORTATION, FEDERAL HIGHWAY ADMINI-
STRATION: The Effect of Speed on Automobile Gasoline Consumption Rates, Oct. 73.

[106] U.S. ENVIRONMENTAL PROTECTION AGENCY, WASHINGTON
D.C. 20460: A Report on Automotive Fuel Economy, Febr. 1974.

[107] U.S. ENVIRONMENTAL PROTECTION AGENCY, EMISSION CON-
TROL TECHNOLOGY DIVISION: Factors Affecting Automotive
Fuel Economy, Sept. 1975.

[108] VDI. Aktuelle Wege zu verbesserter Energieanwendung. VDI-Tagung
11. – 12.11.75.

[109] VERBAND DER AUTOMOBILINDUSTRIE E.V.: Mehr Kilometer für
weniger Geld, Bericht und Druckschrift, 4.12.74.

[110] VERBAND DER AUTOMOBILINDUSTRIE E.V.: Vorschläge für Ent-
wicklungs- bzw. Forschungsaufgaben zur Lösung der Probleme durch
Rohölverknappung, Mittelfristiges Programm 29.1.75.

[111] VERBAND DER AUTOMOBILINDUSTRIE E.V.: Möglichkeiten der Einsparung von Energie beim Betrieb von Automobilen, Stellungnahme
zum Unterpunkt „Alternative Antriebssysteme" des „Langfristigen
Programms". Brief an Daimler-Benz AG von PORSCHE, 20.2.75.

[112] VERBAND DER AUTOMOBILINDUSTRIE E.V.: Bericht über die 5.
Sitzung des VDA-AK „Sinnvoller Energieeinsatz" vom 17.3.75.

[113] VDA-ARBEITSKREIS „SINNVOLLER ENERGIEEINSATZ": Konzept
für das „Langfristige Programm", 11.4.75.

– 233 –

[114] VERBAND DER AUTOMOBILINDUSTRIE E.V.: Vorschläge für Entwicklungs- bzw. Forschungsaufgaben zur Lösung der sich aus einer Verknappung der Primärenergie aus fossilen Brennstoffen ergebenden Probleme, Mittelfristiges Programm, Mai 1975.

[115] VERBAND DER AUTOMOBILINDUSTRIE E.V.: Bericht des Arbeitskreises „Sinnvoller Energieeinsatz", Juni 75.

[116] VERBAND DER AUTOMOBILINDUSTRIE E.V.: Bericht über die 6. Sitzung des VDA-AK „Sinnvoller Energieeinsatz", 14.5.75.

[117] VERBAND DER AUTOMOBILINDUSTRIE E.V.: Bericht über die 7. Sitzung des VDA-Arbeitskreises „Sinnvoller Energieeinsatz", 5.8.75.

[118] VERBAND DER AUTOMOBILINDUSTRIE E.V.: Bericht über die 8. Sitzung des AK, „Sinnvoller Energieeinsatz", 10.75.

[119] VERBAND DER AUTOMOBILINDUSTRIE E.V.: Abschlußbericht (Nov. 75) VDA-AK „Sinnvoller Energieeinsatz" BDI-AK „Sinnvoller Energieeinsatz" – Möglichkeiten, die Energieversorgung der Verbraucher im Straßenverkehr auch künftig sicherzustellen unter der Annahme, daß Brennstoffe auf Erdölbasis nicht in der benötigten Menge und/oder nur zu hohen Kosten zur Verfügung stehen – Arbeitsergebnis des Unterausschusses „Kraftfahrzeuge und Treibstoffe", Nov. 75.

[120] WEHNER, Prof. B.: Die Kraftfahrzeug-Betriebskosten in Abhängigkeit von den Straßen- und Verkehrsbedingungen. Berichte des Instituts für Straßen- und Verkehrswesen der TU Berlin, Heft 1, Verlag Wilhelm Ernst und Sohn, Berlin – München.

[121] ARRILLAGA, B.: Paratransit: Strategies for Energy Conservation. Traffic Engineering Vol. 45 No. 11, 11.75, S. 39 – 43.

[122] BAUER, C.S.: Some Energy Considerations in Traffic Signal Timing. Traffic Engineering February 1975, S. 19 – 25.

[123] BERRY, D.L.: Nine Ways to Get Better Fuel Mileage SAE Paper 740620.

[124] BERRY, D.: The Gasoline Mileage Book, Shell Answer Book 3

[125] BLAKE, S.E.: Stretching the gasoline gallon, an engineering approach, vom Transportation Research Board, Jänner 1977, zugesandt.

[126] BOYCE, D.E., NGUYEN, K., NOYELLE, T., WEBB, K.: Impact of a surburban rapid transit line on fuel consumption and cost for the journey-to-work, prepared for the Federal Energy Administration, 12.75.

[127] BRITISH TECHNICAL COUNCIL OF THE MOTOR AND PETROLEUM INDUSTRIES: Economy in the Manufacture and Use of Automotive Fuels, Report April 1975.

[128] BUNDESVERBAND DER DEUTSCHEN INDUSTRIE E.V.: Energieeinsparung im Straßenverkehr. Abschlußbericht des Arbeitskreises „Sinnvoller Energieeinsatz", Unterausschuß „Kraftfahrzeuge und Treibstoffe", Juli 1976.

[129] CANADIAN DEPARTMENT OF ENERGY, MINES AND RESOURCES, ENVIRONMENT CANADA. TRANSPORT CANADA: Fuel Economy, What YOU can do!

[130] CHAPOUX, E.: La consommation énergétique des véhicules routiers, influence des paramétres de construction et d'utilisation. Annales des Mines, Decembre 1974, S. 87 – 107.

[131] CHESLOW, M.D.: Industrial and Economic Impacts of Improving Automobile Fuel Efficiency: an Input/Output Analysis, National Technical Information Service PB 253 448, April 1976.

[132] CLAFFEY, P.: Running Cost of Motor Vehicles as Affected by Highway Design. Interim Report. National Cooperative Highway Research Program Report 13, 1965.

[133] CLARK, G.A.: Motor Vehicle Operating Costs, Roads and Transportation Association of Canada, 1969.

[134] COURAGE, K.G., PARAPAR, S.M.: Delay and Fuel Consumption at Traffic Signals. Traffic Engineering, Vol. 45 No. 11, 11. 75. S. 23 – 27.

[135] DEPARTMENT OF TRANSPORTATION: Office of Consumer Affairs: Gasoline: more miles per gallon. DOT P 6170. 1.1.74.

[136] DIFIGLIO, C.: Marketing and mobility, Report of a panel of the Interagency Task Force on Motor Vehicle Goals Beyond 1980. Interim Report, 3.76.

[137] ECONOMIC COMMISSION FOR EUROPE: Increased Energy Economy and Efficiency in the ECE Region, E/ECE/883/Rev. 1. United Nations Publication E. 76.II.E.2.

[138] EIDGENÖSSISCHE KOMMISSION FÜR DIE GESAMTENERGIEKONZEPTION: Energiesparmaßnahmen der Schweiz im Bereich Verkehr überreicht von Prof. Dr. L. Musil am 2.12.1976.

[139] EUROPÄISCHE GEMEINSCHAFT, Community Action Programme for the Rational Use of Energy, Sub-Group C: Road Transport Vehicles: Research and Development Programme: Summary of Recommendations EEC Reference VII/613/76-E, 15.10.1976.

[140] FEDERAL COUNCIL FOR SCIENCE AND TECHNOLOGY: Research and Development Opportunities for Improved Transportation Energy Usage 7.72, PB-224 880.

[141] FEDERAL ENERGY ADMINISTRATION: Project Independance Blueprint Final Task Force Report, Project Independance and Energy Conservation: Transportation Sectors; under direction of Council on Environmental Quality, Vol. 2 11.74.

[142] FRENCH, A.: Planning and the energy crisis, presented at the Congress of the Féderation Internationale des Géomètres, Washington, 14.9.74.

[143] FRENCH, A.: Transportation Energy Considerations, Transportation Engineering Journal 2.76, S. 27 – 45.

[144] GOVERNMENT OF SASKATECHEWAN, Energy Secretariat: Energy Conservation Programm, 1.9.1976.

[145] GROMMEROD, E., JOYS, C.: Organisiert kamerat kjoring med erfaringer fra proveprosjekt i Osloomradet, Transportokonomisk institutt, Oslo 1976.

[146] HAHN, W., WIECZOREK, S., WINTERHOLLER, G.: Vorstudie zum Forschungsvorhaben „Der Spezifische Energieeinsatz im Verkehr" durchgeführt im Auftrag des Bundesministers für Verkehr, München 4.75.

[147] HANSON, M.E., MITCHELL, J.W.: A model of transportation energy use in Wisconsin: demographic considerations and alternative scenarios. Energy Systems and Policy Research Group, University of Wisconsin-Madison, IES Report 57, December 1975.

[148] JESSIMAN, W.A., SUHRBIER, J.H., ATHERTON, T.J.: Speculative Statements on Shared Sedans: the use of disaggregate travel demand models to analyse carpooling policy incentives. Cambridge Systematics Inc., 8.75.

[149] KIRKWOOD, T.F., LEE, A.D.: A Generalized Model for Comparing Automobile Design Approaches to Improved Fuel Economy, Rand, Santa Monica, R-1562-NSF, January 1975.

[150] KULASH, D.: Parking Taxes as Roadway Prices: A Case Study of the San Francisco Experience. An Urban Institute Paper 1212-9, 3.74.

[151] KULASH, D.: Parking Taxes for Congestion Relief: A Survey of Related Experience. An Urban Institute Paper 1212-1, 3.74.

[152] LAGERWEIS, F., WEGERIF, H.R.: Research and development proposal in the field of energy conservation in the section of passenger cars: a shift to diesel engines, Proposal by the TNO to the commission of the European Communities 18.6.1976.

[153] LINK, D.: Planning for Bus/Carpool By-Passes at Metered Freeway Ramps. Traffic Engineering Vol. 45 No. 11, 11.75, S. 32 – 35.

[154] LOEBL, A.S. et al.: Transportation Energy Conservation Data Book.

[155] MALLIARIS, A.C., HSIA, H., GOULD, H.: Concise Description of Auto Fuel Economy and Performance in Recent Model Years. SAE Paper No. 760045.

[156] N.N.: Inspektionen vernachlässigt: Autofahrer nehmen es mit Wartungsempfehlungen nicht so genau. VDI Nachrichten, Nr. 38, 24.9.1976, S. 11.

[157] N.N.: Jeder zweite Autofahrer verbraucht zuviel Sprit! ADAC-Motorwelt 12/76 S. 19.

[158] N.N.: Ziunig Zign Med Brandstof. Nederlands Transport 25. Jahrgang
Nr. 25, 15.12.1973, S. 1072 – 1074.

[159] OECD: Energy Conservation in the International Energy Agency, 1976
Review.

[160] PETTERSSON, R., CARLSSON, G., STEGMAN, T.: Inverkan av sänkta
hastighetsgränser pa landets totala bensinförbrukning. Statens Väg –
och Trafikinstitut Rapport Nr. 74.

[161] SMITH, B.: Secrets of a successful car pool. Shell Publication.

[162] STATE OF CALIFORNIA Business and Transportation Agency, Department of Transportation: Preferential Lanes for High-Occupancy Vehicles,
A final report to the California Legislature, December 1975.

[163] SWALLOW, S.E.: A Review of Successful Fuel Conservation Measures
for Motor Vehicle Fleets. SAE Paper 750072.

[164] TRANSPORTATION SYSTEMS CENTER: Research and Development
Opportunities for Improved Transportation Energy Usage, PB-220 612,
9.72.

[165] U.S. CONGRESS, OFFICE OF TECHNOLOGY ASSESSMENT: Energy,
The Economy and Mass Transit. OTA-T-15.12.75.

[166] U.S. DEPARTMENT OF TRANSPORTATION: Energy Impact Analysis.
Resource Information, 6.76.

[167] U.S. DEPARTMENT OF TRANSPORTATION: Highway Travel Fore-
casts, 11.74.

[168] VISSER, B.: Confessions of a Mileage Champion. Shell publication.

[169] WALLEN, M.A.: The Energy Crisis and Fuel Shortage in Transportation
and Traffic, prepared for Transportation and Public Works Conference
Palo Alto, 24 – 26.3.76.

[170] WILDHORN, S., BURRIGHT, B.K., ENNS, J.H., KIRKWOOD, T.F.: How
to Save Gasoline: Public Policy Alternatives for the Automobile. Rand,
Santa Monica, R-1560-NSF. October 1974.

[171] WORKING GROUPS AND STEERING COMMITTEE FOR ENERGY
CONSERVATION: Energy Conservation, Ways and Means. Future Shape
of Technology Publications Nr. 19, 1974.

KRAFTSTOFFVERBRAUCH DER LKW: EINFLUSSFAKTOREN
UND SPARMASSNAHMEN

[172] MISCHKE, A.: Energiesparmaßnahmen am LKW. Briefwechsel mit Dipl.
Ing. Mischke, Daimler-Benz, 13.2.75.

[173] MISCHKE, A.: Kraftstoffverbrauch: 20 % weniger sind drin. „Lastauto
Omnibus" August 75, S. 28 – 29.

[174] MISCHKE, A.: Energiesparmaßnahmen im Nutzfahrzeugbetrieb. VDI-Nachrichten Nr. 24, 18.6.76, S. 27 – 29.

[175] N.N.: Energy Conservation in the Ontario Trucking Industry. Draft, Synopses of Papers presented at the 1st Workshop Meeting Downsview, Ontario October 15. – 16., 75.

[176] N.N.: Energiekrise: Konsequenzen für LKW und Bus. Lastauto und Omnibus, März 75, S. 110 - 112.

[177] N.N.: Für den Profi am Lenkrad. Kraftstoffsparen durch Luftleitelemente Lastauto und Omnibus, April 75.

[178] N.N.: Verbrauch. Transport Aktuell 1.74, S. 8 – 10, 3.75 S. 24 – 25.

[179] TRANSPORT AND ROAD RESEARCH LABORATORY: Energy Efficiency of Heavy Goods Vehicles. TRRL Department of the Enviroment, Crowthorne,Great Britain, April 75.

[180] U.S. DEPARTMENT OF TRANSPORTATION FEDERAL HIGHWAY ADMINISTRATION. The Effect of Speed on Truck Fuel Consumption Rates, 5.8.74.

[181] ZELBY, L.W.: Some Factors Related to a Shift of Long Distance Freight Haul from Trucks to Rail. Institute for Energy Analysis. Oak Ridge U.S.A. Eingelangt Feb. 76.

[182] ZELBY, L.W.: Energy and Other Factors in Long Distance Freight Haul. Institute for Energy Analysis, Oak Ridge, U.S.A. Eingelangt Feb. 76.

[183] ARABIA, A.: Design and Operation of European Trucks for Maximum Fuel Economy. SAE Paper 741128.

[184] CHAPOUX, E.: La consommation énergétique des véhicules routiers, influence des paramètres de construction et d'utilisation. Annales des Mines, Decembre 1974, S. 87 – 107.

[185] FRENCH, A.: Energy and Freight Movements. Report presented at the Transportation Research Board, 20.1.76.

[186] MISCHKE, A.: Möglichkeiten zur Energieeinsparung im KFZ-Betrieb. Vortrag Wörth, 21.10.75.

[187] MISCHKE, A.: Energieeinsparung in Nutzfahrzeugbetrieb.

KRAFTSTOFFVERBRAUCH: MESSVERFAHREN UND GESETZLICHE BESTIMMUNGEN

[188] AUSTIN, T.C., HELLMAN, K.H., PAULSELL, C.D., Passenger Car Fuel Economy During Non-Urban Driving. SAE 740592. In conjunction with 1972 Federal Test Procedure for Urban Driving.

[189] COMITE PROFESSIONEL DU PETROLE: Réglementation de la publicité dans le domaine de la consommation des véhicules automobiles. Circulaire Nr. 6102, 25.4.75.

[190] HIRST, E.: Energy Intensiveness of Passenger and Freight Transport Modes, 1950 – 1970. ORNL – NSF Environmental Programm. Contract Nr. W. 7405 – eng – 26, April 73.

[191] JOHNSON, T.M., FORMENTI, D.L., GRAY, R.F., PETERSON, W.C.: Measurement of Motor Vehicle Operation Pertinent to Fuel Economy. SAE 750003.

[192] MINISTERE DE L'EQUIPEMENT ET SECRETARIAT D'ETAT AUX TRANSPORTS (Direction des transports terrestres) France: Circulaire Nr. 75 – 43 du 7 Mars 1975 relative à la mesure de la consommation conventionelle de carburant des voitures particulières.

[193] N.N. Frankreich – Vorschriften zur Bestimmung des Kraftstoffverbrauchs von PKW, 1975.

[194] N.N. Fuel Economy Test. Automotive Engineering June 74, S. 42, 43.

[195] N.N.: Verbrauch. Transport Aktuell 1.74 S. 8,3.75. S. 24.

[196] SAE: The Development of the New SAE Motor Vehicle Fuel Economy Measurement Procedures. SAE Fuel Economy Measurement Procedures Task Force. SAE 750006.

[197] SCHEFFLER, C.E., NIEPOTH, G.W.: Customer Fuel Economy Estimated from Engineering Tests. SAE 650861.

[198] TRANSPORT AND ROAD RESEARCH LABORATORY: Instrumented Car to Analyse Energy Consumption. TRRL Department of the Environment. Crowthorne, 4.75.

[199] U.S. DEPARTMENT OF TRANSPORTATION U.S. ENVIRONMENTAL PROTECTION AGENCY: Potential for Motor Vehicle Fuel Economy Improvement. Report to the Congress, 5.11.74.

[200] CARR, A.: An Over-the Road Fuel Economy Test. SAE Paper 750726.

[201] CHAPOUX, E.: La consommation énergétique des vèhicules routiers, influence des paramétres de construction et d'utilisation. Annales des Mines, Décembre 1974, S. 87 – 107.

[202] SCARDINO, V.A., BIRCH, J.C., VITALE, K.: Impact of the FEA/EPA fuel economy information program. Vol. 1: Executive summary, Vol. 2: Report of the study, prepared for the Federal Energy Administration 6.76.

MINERALÖLSTEUER

[203] ARAL AG: Mineralölsteuer. Fiskalischer Nothelfer oder verkehrspolitischer Auftrag? Ein Diskussionsbeitrag der ARAL AG gemeinsam mit Prof. Willeke und Dr. Kentner erarbeitet, Oktober 73.

[204] ATKINSON, D., LEWIS, D.: An Econometric Model of the influence of Petrol Price in Traffic Levels in Greater London. Greater London Council, Great Britain, July 1975.

[205]   HIRST, E.: Transportation Energy Conservation Policies. „Science"
        2.4.76. Bd. 192, S. 15 – 20.
[206]   TAYLOR, VERLEGER, HIRTZEL: The Welfare Effects of Fuel Econo-
        my Policies. Motor Vehicle Manufacturers Association, July 75.
[207]   N.N.: International Energy Agency Says U.S. Prices Are Too Low. Inter-
        national Herald Tribune, Fall 1976.
[208]   SCHEMMEL, L.: Reform der Kraftverkehrsbesteuerung. Herausgegeben
        vom Karl-Bräuer-Institut des Bundes der Steuerzahler e.V., Pfälzische
        Verlagsanstalt, Landau, Oktober 1976.

ABGASBESTIMMUNGEN UND DEREN EINFLUSS AUF DEN KRAFTSTOFFVERBRAUCH

[209]   CARTER, N.D., TIERNEY, W.T.: The Impact of Automotive Emission
        Controls on Future Crude Oil Demand in the United States. „Energy"
        MIT Press 1973.
[210]   CLEWELL, D.H., KOEHL, W.J.: Impact of Automotive Emissions Regu-
        lations on Gasoline. SAE 730515.
[211]   ELSTON, J.C.: Criteria for Evaluating Vehicle In-Use. Inspection/Main-
        tenance Impact on Emissions and Energy Conservation. SAE 730522.
[212]   N.N.: Present and Future Trends in Auto Fuel Consumption. Automotive
        Engineering July 73, Bd. 81, Nr. 7, S. 48 – 54.
[213]   JOHN, J.E.A.: Lean Burn Engine Concepts – Emissions and Economy.
        SAE Paper 750930.
[214]   SPINDT, R.S., KLINE, R.E.: Environmental Considerations and the Ener-
        gy Crisis, the Effect on Gasoline Composition. SAE Paper 740693.

VERGASER UND KRAFTSTOFFVERBRAUCH

[215]   HINTON, M.G.: Review of Proposed Automotive Carburettor Concepts
        for Improved Fuel Economy. U.S. Dept. of Transportation, Report
        Nr. DOT-TSC-OST-74 – 41.

REIFEN UND KRAFTSTOFFVERBRAUCH

[216]   BEZBATCHENKO, W.: The Effect of Tire Construction on Fuel Econo-
        my. SAE 740067.
[217]   CLARK, S.K., DODGE, R.N., GANTER, R.I., LUCHINI, J.R.: Rolling
        Resistance of Pneumatic Tires. Report No. DOT-TSC-OST-74 – 33.

[218] GRUM, W.B., Mc NALL, R.G.: Effects of Tire Rolling Resistance on Vehicle Fuel Consumption. Tire Science and Technology TSTCA, Bd. 3, Nr. 1, Feb. 75, S.3 – 15.

[219] WALTER, J.D., CONANT, F.S.: Energy Losses in Tires. Tire Science and Technology TSTCA, Bd. 2, Nr. 4, Nov. 74, S. 235 – 260.

[220] WILLIAMS, T.: Power Consumption of Tyres. Transport and Road Research Laboratory, Department of the Environment. Great Britain, TRRL Suppl. Report 192 UC, 1975.

ALTERNATIVE ANTRIEBE, VERBRENNUNGSVERFAHREN UND TREIBSTOFFE

[221] BROGAN, J.J.: Alternative Powerplants. SAE 730519.

[222] BRUNNER, M., Treibstoffe der Zukunft. Automobil Revue. 14.11.74. S. 35.

[223] BRUNNER, M.: Methanol als Benzin-Streckmittel. Automobil Revue. 21.8.75, S. 29.

[224] CARLQUIST, S.: Stirling Motor. Automobil Revue. 16.10.75. S. 33.

[225] FÖRSTER, H.J., PATTAS, K.: Fahrzeugantriebe der Zukunft.
Teil 1 Automobil Industrie 3.72 S. 37 – 55.
Teil 2 Automobil Industrie 1.73 S. 27 – 49.

[226] GREGORY, D.P., ROSENBERG, R.B.: Synthetic Fuels for Transportation and National Energy Needs. SAE 730520.

[227] JANTE, A.: Zu einigen Entwicklungsproblemen des Verbrennungsmotors. Automobil Industrie 4.74. S. 49.

[228] JET PROPULSION LABORATORY: Should We Have a New Engine? An Automobile Power Systems Evaluation. A Publication of the California Institute of Technology, 7.8.75, Bd. 1 Summary, Bd. 2. Technical Reports.

[229] MAPHAM, N.: Conservation of Petroleum Resources by the Use of Electric Cars. SAE 740171.

[230] MERCEDES: Umweltfreundliche Antriebe. Verbesserte Motoren – Neue Kraftstoffe. „Scheinwerfer" 1.75.

[231] N.N.: Automobil-Gasturbine. Automobil Revue. 1. Teil 12.9.74, S. 43, 2. Teil 19.9.74, S. 37.

[232] N.N.: Bestehende Hauptprobleme bei der Anwendung alternativer Antriebssysteme, Briefwechsel Opel – Daimler-Benz, 19.2.75.

[233] N.N.: Energieflußbild für den Transport von 1 t Nutzlast über 1 km im Stadtverkehr in Wb. Brennst.-Wärme-Kraft 25 (1973) Nr. 9. Sept. S. 367.

[234] N.N.: Kraftstoffe für Verbrennungsmotoren. MTZ 35 (1974) 10, S. 327 – 331.

[235] N.N. Present and Future Trends in Auto Fuel Consumption. Automotive Engineering July 73. Bd. 81. Nr. 7, S. 53.

[236] N.N.: Um die Zukunft unseres Automobils. VW-Workshop. Automobil Revue 7.3.74, S. 39.

[237] WATERS, M.H.L., PORTER, J.: A Review of Market Prospects for Battery Electric Road Vehicles. TRRL Laboratory Report 630, 1974.

[238] WIGG, E.E., LUNT, R.S.: Methanol as a Gasoline Extender — Fuel Economy. SAE 741008.

[239] BREZINA, E.: UTDC Royal Commission Report Urges Accelerated Program For Urban Development Around Electric Transit. Press Information, Urban Transportation Development Corporation Ltd, 24.11.1976.

[240] COPPOC, W.J.: Fuels for Transportation Energy and Transportation. SAE Paper SP-406, 2.76, S. 23 — 28.

[241] HEYWOOD, J.B., LINDEN, L.H.: Alternative Automotive Engines and Energy Conservation. Energy and Transportation, SAE Paper SP-406, 2.76, S. 37 — 54.

[242] LEE, W., KÖNIG, A., BERNHARDT, W.: Versuche mit Methanol und Methanol-Benzin-Mischkraftstoffen. MTZ 37 (1976) 5, S. 181 — 186.

[243] MILLS, G.A.: Alternate Transportation Fuels. SAE Paper SP-406, 2.76, S. 55 — 63.

NUTZEN — KOSTEN UNTERSUCHUNGEN

[244] BREUER, F.J.: Untersuchungen über Verkehrswegeinvestitionen in ausgewählten Korridoren der Bundesrepublik Deutschland. Internationales Verkehrswesen, Januar/Februar 75, S. 21 — 28.

[245] COMMITTEE OF COMMON MARKET AUTOMOBILE CONSTRUCTORS: Cost-effectiveness ratio of sophisticated antipollution systems installed on cars. CC MC — AE/33/75 Rev. 1. Sept. 75.

[246] DATHE, H.M.: Kosten-Nutzen Analysen in der praktischen Anwendung. Umschau 73, Heft 10, S. 304 — 307.

[247] DEPARTMENT OF THE ENVIRONMENT, GREAT BRITAIN; The COBA Method of Appraisal: Getting the Best Roads for Our Money. DOE Report 1972.

[248] NATIONAL HIGHWAY TRAFFIC SAFETY ADMINISTRATION, DEPARTMENT OF TRANSPORTATION: Need to Improve Benefit-Cost Analyses in Setting Motor Vehicle Safety Standards. Report to the Committee on Commerce, United States Senate, 1974.

[249] DORFWIRTH, J.R.: Ökonomische Entscheidungskriterien für Straßenbauinvestitionen. Auftrag des Österreichischen Bundesministeriums für Bauten und Technik, 1971.

[250] FIALA, E.: Wirtschaftlichkeitsüberlegungen in der Automobilindustrie. ÖIZ 1976, Heft 4, S. 117 — 122.

[251] FIALA, E.: Nutzen/Kosten Analyse als Entscheidungselement in der Automobilindustrie. Publikation der Volkswagenwerk AG-Wolfsburg.

[252] FISCHER, L.: Nutzen-Kosten Untersuchungen als Mittel zur Beurteilung von Verkehrsinvestitionen. Straßen- und Tiefbau, 6.73, S. 394 – 397.

[253] HEIMERL, G.: Integrierte Verkehrswegeplanung und Nutzen-Kosten-Untersuchungen. Verkehrsannalen 1.75, S. 45 – 51.

[254] HEITLAND, H., MENRAD, H.: Zielkonflikt Umwelschutz und Wirtschaftlichkeit, Kosten-Nutzen Überlegungen zur Abgasreinigung (VW). Automobil-Industrie 3.75, S. 89 – 98.

[255] JACOBS, F., KNÖDEL, W.: Möglichkeiten der Ermittlung und Aufteilung von Wegekosten im Straßenverkehr. Internationales Verkehrswesen, März/April 75.

[256] JÄGER, P.: Probleme und Möglichkeiten einer mit sozialen Kosten und Nutzen erweiterten Erfolgswürdigung öffentlicher Betriebe des Personennahverkehrs. Inaugural-Dissertation, Ludwig-Maximilians-Universität München.

[257] JOKSCH, H.C.: A Critical Appraisal of the Applicability of Benefit-Cost Analysis to Highway Traffic Safety. The Center for the Environment and Man, Inc. CEM Report Nr. 4127 – 489a, October 74.

[258] MARBURGER, E.A.: Die ökonomische Beurteilung der städtischen Umweltbelastung durch Automobilabgase. Methoden und Quantifizierungsversuche. Buchreihe des Instituts für Verkehrswissenschaft an der Universität zu Köln, Nr. 30, 1974.

[259] MOTOR VEHICLE PROGRAMS, ENGINEERING SYSTEMS STAFF: Benefit and Cost Analysis Methodology. MVP Rulemaking Programms. NHTSA Technical Report, August 1972.

[260] MÜGGE, W.: Wirtschaftliche Straßenplanung. Sonderdruck aus Zeitschrift „Straße und Autobahn", Heft 2, 1971.

[261] MÜGGE, W.: Kommentar zu den Richtlinien für wirtschaftliche Vergleichsrechnungen im Straßenverkehr (RWS). Forschungsgesellschaft für den Straßenverkehr, Oktober 1971.

[262] MÜGGE, W.: Anwendung und Auswirkung der Richtlinien für wirtschaftliche Straßenplanung (RWS) in der Praxis. Straßenbautechnik 18/74.

[263] MÜGGE, W.: Überlegungen über die Wirtschaftlichkeit planfreier Straßenknoten.

[264] NIKLAS, J.: Nutzen-Kosten Analysen von Sicherheitsprogrammen im Bereich des Straßenverkehrs. Schriftenreihe des Verbandes der Automobilindustrie e.V. Nr. 7.

[265] N.N.: Die volkswirtschaftlichen Kosten des Straßenverkehrs. Umwelt, 2.73, S. 30 – 31.

[266] N.N.: Entwicklung eines Verfahrens zur dynamischen Investitionsplanung (Pilotstudie). Auftraggeber: Bundesminister für Verkehr, Bonn. Internationales Verkehrswesen 6.75, S. 253 – 255.

[267] N.N.: Korridorbericht: Untersuchung über Verkehrsinvestitionen in ausgewählten Korridoren der Bundesrepublik Deutschland, Bericht der Projektgruppe „Korridoruntersuchungen" im BMV. Druck und Verlagsanstalt Neue Presse GmbH, Coburg 1974.

[268] N.N.: Nutzen und Kosten des Automobils. Neue Zürcher Zeitung, 18.11.73.

[269] N.N.: Nutzen-Kosten-Untersuchung Nord-Ostsee-Kanal. Auftraggeber: der Bundesminister für Verkehr, Bonn. Internationales Verkehrswesen 2.75, S. 55 – 57.

[270] N.N.: Richtlinien für wirtschaftliche Vergleichsrechnungen im Straßenwesen (RWS). Forschungsgesellschaft für das Straßenwesen 1971.

[271] N.N.: Systemanalyse Antriebsaggregate. Methodik zur Beurteilung von Antriebsaggregaten, gefördert vom Bundesministerium für Forschung und Technologie, durchgeführt von Klöckner-Humboldt-Deutz AG, Volkswagenwerk AG, BMFT NTÖ 123/124, 5.74.

[272] N.N.: Umweltfreundliche Verkehrstechniken, Umschau 73, Heft 7, S. 211 – 213.

[273] O'NEILL, B., KELLEY, A.B.: Costs, Benefits, Effectiveness and Safety, Setting the Record Straight. SAE 740988.

[274] PESCHEL, K.: Der Zeitfaktor in Wirtschaftlichkeitsrechnungen für den Straßenverkehr. Eingelangt am 12.3.76 über H. Herz.

[275] RACKL, R., SUTHERLAND, L., SWING,J.: Community Noise Countermeasures Cost-Effectiveness Analysis. Wyle Laboratories, U.S.A. July 75.

[276] VOIGT, F.: Koordinierung der Verkehrswegeinvestitionen. Internationales Verkehrswesen Januar/Februar 75, S. 13 – 16.

[277] ALDRUP, D.: Der Zeitnutzen im Straßenverkehr.

[278] BREIMEIER, R.: Der Zeitbedarf für Reisen in der Bundesrepublik Deutschland. Internationales Verkehrswesen 4. Heft, Juli/August S. 204 – 206.

[279] CLARK, G.A.: Motor Vehicle Operating Costs. Roads and Transportation Association of Canada, 1969.

[280] DICKSON, E., BICK, J.: Methodology for Estimating Energy Savings for State Conservation Plans, 4.76.

[281] ECKSTEIN, O.: A Survey of the Theory of Public Expenditure Criteria

[282] INTERAGENCY TASK FORCE ON MOTOR VEHICLE GOALS BEYOND 1980: National, Industrial and Consumer Economics Report, March 1976.

[283] KIRKWOOD, T.F., LEE, A.D.: A Generalized Model for Comparing Automobile Design Approaches to Improved Fuel Economy. Rand Corporation, Santa Monica, R-1562-NSF, January 1975.

[284] LIND, R., NATHANS, R.: Benefit-Cost Methodology For Evaluating Energy Conservation Progress, prepared for the Federal Energy Administration. Science Applications Inc., 12.75.

[285] PREST, A.R., TURVEY, R.: Cost-benefit analysis: a Survey. The Economic Journal, Dec. 1965, S. 683 – 731.

[286] SARRAZIN, T., SPREER, F., TIETZEL, M.: Logical decision making techniques to evaluate public investment projects: cost-benefit-analysis, cost-effectiveness-analysis, utility-analysis – a critical comparative approach.

[287] TRANSPORTATION RESEARCH BOARD: Cost-Benefit and Other Economic Analysis of Transportation. A Transportation Research Record, No. 490, 1974.

[288] TUININGA, E.J.: Energy Analysis of Transportation Systems. Speech held at the TNO Conference 1976.

Literatur (Kapitel 3,4 und 6)

[289] Bericht über die bisherige Tätigkeit der vom Energiesparbeirat eingesetzten Arbeitskreise, Bundesministerium für Handel, Gewerbe und Industrie, Sektion V, März 1975.

[290] NEWTON, I.: Abschlußbericht zum Werksvertrag Zl. 11.290/20-I/2/75 betreffend eine internationale Literatur-Recherche im Hinblick auf eine geplante Nutzen-Kosten Analyse für Energiesparmaßnahmen auf dem Sektor Kraftwagenverkehr, IVK-Bericht B 0483, Juli 1976 und IVK-Bericht B 0567, April 1977.

[291] NEWTON, I.: Energiesparmaßnahmen im Straßenverkehr, eine Aufzählung, IVK-Bericht B 0559, März 1977.

[292] NEWTON, I.: Zwischenbericht über Untersuchungen von Energiesparmaßnahmen im Straßenverkehr, IVK-Bericht B 0582, Mai 1977.

[293] Bericht der Arbeitsgruppen des Energiesparbeirates, 2. Zwischenbericht, Bundesministerium für Handel, Gewerbe und Industrie, Sektion V, Juni 1977.

[294] BRUNER-NEWTON, I.: Zwischenbericht über Untersuchungen von Energiesparmaßnahmen im Straßenverkehr, IVK-Bericht B 0635, Dezember 1977.

[295] BRUNER-NEWTON, I.: Zwischenbericht über Untersuchungen von Energiesparmaßnahmen im Straßenverkehr, die KFZ-Steuer – ein Mittel zur Erhöhung des Energiebewußtseins und zur Förderung eines sinnvollen Kraftstoffverbrauches im Straßenverkehr, IVK-Bericht B 0701, Oktober 1978.

[296] VECERNIK, P.: Rechenmethode der Nutzen-Kosten Analyse, Instituts-
      interner Bericht, Mai 1977.
[297] BRUNER-NEWTON, I.: Berechnungsschema für Untersuchungen von Ener-
      giesparmaßnahmen im Straßenverkehr, IVK-Bericht B 0594, Juli 1977.
[298] VECERNIK, P., BIBERSCHICK, D., WAILZER, F.: Energiesparmaßnah-
      men im Straßenverkehr. Institutsinterner Bericht, Oktober 1977.
[299] VECERNIK, P., BIBERSCHICK, D., WAILZER, F.: Ergänzung zum Zwi-
      schenbericht vom Oktober 1977, Energiesparmaßnahmen im Straßen-
      verkehr, Institutsinterner Bericht, November 1977.
[300] BRUNER-NEWTON, I.: Rechtsabbiegen bei Rot nach dem Stehenbleiben,
      eine Maßnahme zur Reduzierung des Kraftstoffverbrauches im Individual-
      verkehr? IVK-Bericht B 0675, Mai 1978.
[301] BRUNER-NEWTON, I.: Erhöhung des Besetzunggrades der PKW im Ar-
      beitspendlerverkehr durch die Bildung von Fahrgemeinschaften, IVK-
      Bericht B 0675, Juni 1978.
[302] BRUNER-NEWTON, I.: Dieselmotor statt Ottomotor – die Bevorzugung
      des Dieselantriebes bei der Neuanschaffung eines Fahrzeuges – eine
      Maßnahme zur Senkung des Kraftstoffverbrauches im Individualver-
      kehr? IVK-Bericht B 0685, Juni 1978.
[303] BRUNER-NEWTON, I.: Regelmäßige Überprüfung des CO-Gehaltes der
      Abgase von PKW im Leerlauf – eine Maßnahme zur Reduzierung des
      Kraftstoffverbrauches im Straßenverkehr? IVK-Bericht B 0694, Sep-
      tember 1978.
[304] BRUNER-NEWTON, I.: Kraftstoffendverbraucherpreis und Kraftstoff-
      verbrauch in Österreich, IVK-Bericht B 0710, Oktober 1978.
[305] BRUNER-NEWTON, I.: Die Ausstattung aller wassergekühlten PKW- und
      Kombi-Motoren mit einem regelbaren Kühlerventilator – eine Maß-
      nahme zur Senkung des Kraftstoffverbrauches im Individualverkehr?
      IVK-Bericht B 0684, November 1978.
[306] BRUNER-NEWTON, I.: Kraftstoffverbrauchswerte für Personenkraftwa-
      gen, IVK-Bericht B 0711, November 1978.
[307] BRUNER-NEWTON, I.: Die Entwicklung des KFZ-Bestandes, des Ben-
      zinverbrauches und der Fahrleistungen im Individualverkehr 1965 bis
      1976 – IVK-Bericht B 0716, November 1978.
[308] NEWTON, I.: Problematik der Erstellung eines Nutzen-Kosten-Berech-
      nungsschemas für eine Bewertung von Energiesparmaßnahmen im Be-
      reich Strassenverkehr, Fachvortrag bei der VDI-Tagung „Entwicklungs-
      linien in der Kraftfahrzeugtechnik", Berlin, 10 – 12 November 1976.
[309] BRUNER-NEWTON, I.: Die Nutzen-Kosten Analyse und ihre Anwendung
      auf Energiesparmaßnahmen im Straßenverkehr, Fachvortrag bei der
      Tagung „Perspektiven der konzeptionellen Lösung bei Verbrennungs-

motoren im Verkehrswesen und in der industriellen Anwendung", Strbske Pleso, CSSR, 8 – 10 November 1977.

[310] BRUNER-NEWTON, I.: Energiesparmaßnahmen im Straßenverkehr und ihre Bewertung mit Hilfe der Nutzen-Kosten-Analyse, Fachvortrag bei der VDI-Jahrestagung Fahrzeugtechnik, Stuttgart, 10 – 11. November 1977.

[311] LENZ, H.P., BRUNER-NEWTON, I.: Nutzen-Kosten-Analyse für Energiesparmaßnahmen auf dem Sektor Kraftwagenverkehr, Präsentation von Ergebnissen der im Auftrag des Bundesministeriums für Handel, Gewerbe und Industrie, Sektion V, ausgeführten Studie, ÖIAV, Wien, 13. April 1978.

[312] BRUNER-NEWTON, I.: Energy Consumption and Fuel Economy Policies in Austria, Presentation at the Experts Meeting on Energy Conservation in the Transport Sector, Standing Group on Long Term Co-operation, Sub-Group on Energy Conservation, IEA, OECD, Paris, May 19 th 1978.

[313] ÖSTERREICHISCHES STATISTISCHES ZENTRALAMT; Statistisches Handbuch für die Republik Österreich, Österreichische Staatsdruckerei, 1977.

[314] BUNDESMINISTERIUM FÜR HANDEL, GEWERBE UND INDUSTRIE: Taschenbuch für Energiestatistik. Bohmann Verlag AG, Berichtsjahr 1976.

[315] MUSIL, K.: Revision der Energieprognose bis 1990, vorläufige Fassung. Österreichisches Institut für Wirtschaftsforschung, Februar 1978.

[316] BRUNER, G.: Die Belastung der Umwelt durch die Schadstoffemission von Motorfahrrädern in Österreich. Dissertation, T.U. Wien, 1978.

[317] ÖSTERREICHISCHES STATISTISCHES ZENTRALAMT: Fahrleistungen der Kraftfahrzeuge, Ergebnisse des Mikrozensus 1971. Beiträge zur Österreichischen Statistik, Heft 351, Wien 1974.

[318] ÖSTERREICHISCHES STATISTISCHES ZENTRALAMT: Straßenverkehrszählung 1965 im gesamten Bundesgebiet der Republik Österreich. Beiträge zur Österreichischen Statistik, 145. Heft, Wien 1967.

[319] ÖSTERREICHISCHES STATISTISCHES ZENTRALAMT: Straßenverkehrszählung 1970 im gesamten Bundesgebiet der Republik Österreich. Beiträge zur Österreichischen Statistik, 281. Heft, Wien 1973.

[320] ÖSTERREICHISCHES STATISTISCHES ZENTRALAMT: Bestandsstatistik der Kraftfahrzeuge in Österreich, Sonderhefte, Verlag Neue Technik, 1965 bis 1976.

[321] FEDERAL HIGHWAY ADMINISTRATION, DEPARTMENT OF TRANSPORTATION: Estimated Motor Vehicle Travel in the US and Related Data 1972, November 1973.

[322] INSTITUTE FOR ROAD VEHICLES, TNO: Der Energieverbrauch der Transportmittel, vergleichende Studie (Werte von 1968), Juni 1974.

[323] BUNDESMINISTER FÜR VERKEHR: Verkehr in Zahlen, Bonn 1972.

[324] EICHBERG, J.: Jahresfahrleistungen auf Straßen innerhalb und außerhalb der Ortschaften. Bundesanstalt für Straßenwesen Köln, Einzelbericht 2 der Forschungsgruppe „Entwicklung der Straßenverkehrsunfälle in der BRD 1970/71" bei der Bundesanstalt für Straßenwesen, Köln 1972.

[325] INFRATEST: Bestehende Verkehrsverflechtungen und Verhaltensweisen im PKW-Verkehr. Untersuchung im Auftrag des Bundesministeriums für Verkehr, 1970.

[326] WIECZOREK, S.: Der Automobilverkehr in Bayern und seine regionale Verflechtung. IFO Schnelldienst 10/8.3.1971, S. 5 – 8.

[327] DORFWIRTH, J.R.: Verkehrserhebung Wien 1970, im Auftrag der MA 18, Wien.

[328] AUSTIN, T.C., HELLMANN, K.G.: Passenger Car Fuel Economy as Influenced by Trip Length. SAE Paper No. 750004.

[329] MUSIL, K.: Österreichisches Institut für Wirtschaftsforschung, telefonische Mitteilung 5.10.1978.

[330] TREICHEL, D.: Über den Einfluß des Luftdruckes auf Fahreigenschaften und Haltbarkeit von PKW-Reifen, Vortrag gehalten anläßlich des AFO/GUFU-Seminars für Kraftfahrzeugsachverständige, 17. bis 19. März 1977, Köln.

[331] ÖSTERREICHISCHES STATISTISCHES ZENTRALAMT: Straßenzählung 1975 – Landesstraßen, Beiträge zur Österreichischen Statistik, Heft 460.

[332] VERBAND DER AUTOMOBILINDUSTRIE E.V.: Tatsachen und Zahlen aus der Kraftverkehrswirtschaft – 1965 bis 1977.

[333] STEIERWALD, G.: Aufbereitung, Hochrechnung und Auswertung der Zählergebnisse von 72 Zählstellen auf Wiener Bundesstraßen im Rahmen der Straßenverkehrszählung 1975. Schlußbericht, Wien 1975; im Auftrag des Bundesministeriums für Bauten und Technik.

[334] DORFWIRTH, J.R.: Verkehrsmodell Wien. Straßennetz 1985, private Mitteilung.

[335] DORFWIRTH, J.R., SCHAECHTERLE, Kh.: Verkehrsuntersuchung Deutsch-Österreichischer Grenzraum, Bundesminister für Verkehr, Bonn, Bundesministerium für Bauten und Technik, Wien, Band 1 und Band 2, 1972.

[336] FAKRA: Neu DIN-Norm für den Kraftstoffverbrauch DIN 70030, schriftliche Mitteilung 1978-07-18.

[337] UNITED NATIONS ECONOMIC AND SOCIAL COUNCIL, ECONOMIC
       COMMISSION FOR EUROPE: „ECE" Method of Measuring the Fuel
       Consumption of Motor Vehicles, TRANS/SCI/WP29/R136, 1977-11-08.
[338] UNITED NATIONS ECONOMIC AND SOCIAL COUNCIL, ECONOMIC
       COMMISSION FOR EUROPE: Regelung No. 15: Einheitliche Vor-
       schriften für die Genehmigung der Fahrzeuge hinsichtlich der Emission
       luftverunreinigender Gase aus Motoren mit Fremdzündung. Bundesge-
       setzblatt, Jahrgang 1972, Teil II, Bonn, Mai 1972.
[339] MAY, H., PLASSMANN, E.: Abgasemissionen von Kraftfahrzeugen in
       Großstädten und industriellen Ballungsgebieten, Verlag TÜV Rhein-
       land GmbH., Köln 1973.
[340] MOSER, F.: Warmlaufverhalten von Fahrzeug-Ottomotoren, 18. Bericht,
       Kennfelder des betriebswarmen Versuchsmotors, IVK-Bericht B 0547,
       Februar 1977.
[341] AGENCE POUR LES ECONOMIES D'ENERGIE, PARIS: Consomma-
       tion de Carburant des Voitures Particulières, édition Janvier 1977.
[342] ÖSTERREICHISCHES STATISTISCHES ZENTRALAMT: Neuzulassungs-
       statistik, PKW und Kombi, Verlag Neue Technik, 1977.
[343] RICHTER, H., KORDON, H.: Laborübungen Sommersemester 1976,
       Institut für Verbrennungskraftmaschinen, T.U. Wien.
[344] TECHNISCHER ÜBERWACHUNGSVEREIN: Emissionskataster Köln,
       TÜV Rheinland Verlag, Köln 1972.
[345] AUTOMOBIL REVUE: Katalognummer 1977, Hallwag Verlag Bern.
[346] CIRCULAIRE DU 7 MARS 1975, ARRÊTÉ DU 21 AVRIL 1975: „Con-
       sommation de Carburant des Voitures Particulières";
[347] ENERGY ACT 1976, PASSENGER CAR FUEL CONSUMPTION ORDER
       1977: „Official List of Results of Fuel Consumption Tests on Passen-
       ger Cars".
[348] ENVIRONMENTAL PROTECTION AGENCY, WASHINGTON: Federal
       Register 5/17/78, Seite 21411 – 21423.
[349] FEDERAL ENERGY ADMINISTRATION, WASHINGTON; 1976 Gas
       Mileage Guide for New Car Buyers, September 1975.
[350] DEPARTMENT OF ENERGY, LONDON: Official List of Results of
       Fuel Consumption Test on Passenger Cars, March 1978.
[351] ABT. ASSOCIATES INC.: Impact of the FEA/EPA Fuel Economy Pro-
       gram, prepared for Federal Energy Administration, June 1976.
[352] MOSER, F.: Über das Verhalten von Fahrzeug-Ottomotoren, insbeson-
       dere Vergasermotoren, im nicht betriebswarmen Zustand und Weg
       zur Verbesserung von Abgasemission und Kraftstoffverbrauch in der
       Warmlaufphase. Dissertation, TU Wien 1978.

[353] SCHEMMEL, L.: Reform der Kraftverkehrsbesteuerung, Karl-Bräuer-In-
stitut des Bundes der Steuerzahler, Heft 34. Oktober 1976.

[354] ARAL AG.: Mineralölsteuer, fiskalischer Nothelfer oder verkehrspolitischer Auftrag? Ein Diskussionsbeitrag der ARAL AG, erarbeitet zu-
sammen mit Prof. R. Willecke und Dr. N. Kentner, 1973.

[355] MENSEBACH, W.: Straßenverkehrstechnik, Reihe Werner-Ingenieur 45,
Düsseldorf 1974.

[356] KNOFLACHER, H.: Durchführung und Ergebnisse des Verkehrsrechner-
Versuchs, Wien, Bonn – Bad Godesberg, 1970.

[357] LINK, D.: Planning for Bus/Carpool By-Passes at Metered Freeway Ramps,
Traffic Engineering, November 1975, S. 32 – 35.

[358] SMITH, B.: Secrets of a Successful Car Pool, Shell.

[359] STATE OF CALIFORNIA, DEPARTMENT OF TRANSPORTATION:
Preferential Lanes for High-Occupancy Vehicles, December 1975.

[360] JESSIMANN, W.A., SUHRBIER, T.H., ATHERTON, T.J.: Speculative
Statements on Shared Sedans: the Use of Dissaggregate Travel Demand
Models to Analyze Carpooling Policy Incentives. Cambridge Systema-
tic, Inc., August 1975.

[361] TRANSPORTOKONOMISK INSTITUTT: Prosjektrapport Organisert
kameratjøring, Oslo 1976.

[362] U.S. DEPARTMENT OF TRANSPORTATION, FEDERAL HIGHWAY
ADMINISTRATION: Highway Statistics Division Activities, Carpool
Savings Analysis, Dec. 1975.

[363] BICK, J., DICKSON, E.: Methodology for Estimating Energy Savings
for State Conservation Plans, April 1976.

[364] KOHLHAUSER, W.: Veränderungen der Nachfragestruktur im Personenverkehr seit 1956. Monatsberichte 10/1973, Österreichisches Institut
für Wirtschaftsforschung.

[365] ÖSTERREICHISCHER ARBEITERKAMMERTAG: Wirtschafts- und so-
zialstatistisches Taschenbuch 1977, S. 115.

[366] Mündliche Auskunft Herr Wister, Kuratorium für Verkehrssicherheit.

[367] COURAGE, K.G., PARAPAR, S.M.: Delay and Fuel Consumption at
Traffic Signals, Traffic Engineering, November 1975, S. 23 – 27.

[368] KNOFLACHER, H.: Richtlinien für den Entwurf und Bemessung von
Licht-Signalanlagen. Kuratorium für Verkehrssicherheit, Kleine Fach-
buchreihe, Band 12.

[369] N.N.: Was aus Rohöl alles gemacht wird. ATZ 79 (1977) 6, S. 246.

[370] TIERNEY, W.T., JOHNSON, E., CRAWFORD, N.R.: Energy Conservation, Optimization of the Vehicle-Fuel-Refinery System. SAE Paper
750673, S. 13.

[371] HOFBAUER, P., SATOR, K.: Advanced Automotive Power Systems,
       Part 2. A Diesel for a Subcompact car. SAE Paper 770113.

[372] ECE: Community Action Programme for the Rational Use of Energy,
       Sub-Group C.: Road Transport Vehicles, Interim Report XVII/166/
       75-E Rev. 1. Juni 1975.

[373] AUTORENKOLLEKTIV DER TECHNISCHEN HOCHSCHULE FÜR
       CHEMIE „CARL SCHORLEMMER" LEUNA-MERSEBURG: Lehr-
       buch der technischen Chemie, VEB Deutscher Verlag für Grundstoff-
       industrie, Leipzig 1974, S. 189 – 191.

[374] N.N.: Autopreise. Austro Motor 6/1978, Jupiter Verlag, Wien.

[375] DABELSTEIN, W.E.A.: Effects of the increased use of diesel engines in
       passenger cars on the consumption of oil products, Automotive Fuels
       Symposium, Deutsche Shell, Eddelsen, Sept. 1976.

[376] N.N.: Die ARAL AG, die „Chancen des Dieselmotors im PKW". Motor-
       bericht (DDD) Nr. 5398/17. Mai 1978, S. 4.

[377] DABELSTEIN, W.E.A.: Der Energiebedarf des Straßenverkehrs unter
       Berücksichtigung steigender Anteile an Diesel-Personenwagen, MTZ
       38 (1977) 12, S. 555.

[378] DEUTSCHE AUTOMOBIL TREUHAND GESMBH.: DAT-Kundendienst-
       report 1976/77, die Kundendienstgewohnheiten der deutschen Auto-
       fahrer, Stuttgart.

[379] ATKINSON, I., POSTLE, O.: The Effect of Vehicle Maintenance on
       Fuel Economy, Fuel Economy of the Gasoline Engine, Shell Research
       Ltd., Thornton Research Centre, The Macmillan Press Ltd., 1977.

[380] ARBÖ: Schriftliche Mitteilung von Dipl. Ing. Wlaka über Ergebnisse von
       Vergasereinstellaktionen des ARBÖ 13. Juni 1977.

[381] INFORMATIK: Ablauf Aktion ADAC, Bericht der Informatik (D 6369
       Schöneck I) an das Bundeswirtschaftsministerium (Bonn), 1976.

[382] Austro-Motor 1975, 1976, 1977.

[383] Telefonische Auskünfte über Kraftfahrzeuggeneralrepräsentanzen in Wien.

[384] Schriftliche Mitteilung der Firma Behr 12.10.1977. Süddeutsche Kühler-
       fabrik Julius Fr. Behr, Stuttgart-Feuerbach.

[385] „Der Verkehrsunfall" Mai 1978, Heft 5, S. 82 A, Sept. 1977, Heft 9. S.
       159 A, S. 152 A, S. 155 A, S. 156 A.

[386] KASEDORF, J.: Zuviel Luft kostet Leistung. Mot, Die Auto-Zeitschrift,
       3/1978, S. 36 – 39.

[387] KÖLLNER, W.: Untersuchungen zur Vergleichbarkeit von Versuchen
       auf dem Rollenprüfstand und auf der Straße, Diplomaufgabe, Institut
       für Verbrennungskraftmaschinen und Kraftfahrwesen, IVK-Bericht
       B 0520, Dez. 1976.

[388] EMMENTHAL, K.D.: Verfahren zur Auslegung des Wasserkühlsystems von Kraftfahrzeugen, Dissertation, Technische Hochschule Aachen, 3. Feb. 1975.

[389] EBERAN-EBERHORST, R.: Die Abgasemission der Personenkraftwagen, Bundesministerium für Bauten und Technik, Straßenforschung Heft 36.

[390] Private Mitteilung von Ing. R. Schedl, Peugeot Vertragswerkstatt, Ersatzteilpreise, Juli 1978.

[391] N.N.: Der Ventilator der Kraftstoff spart. Autopress 26/78, 19. Juli 1978, Bericht aus dem VW-Konzern.

[392] MUSIL, K.: Energieprognose 1978, Österreichisches Institut für Wirtschaftsforschung, März 1978.

[393] LEYHAUSEN, H.J.: Die Meisterprüfung im KFZ-Handwerk, Grundlagen, Fahrwerk, Motor. Vogel-Verlag, 1975.

[394] BRUNER-NEWTON, I.: Energiesparmaßnahmen im Straßenverkehr und ihre Bewertung mit Hilfe einer Nutzen-Kosten-Untersuchung, Vortrag gehalten im ÖIAV, Wien, 13. Oktober 1977.

[395] PETTERSON, R., CARLSSON, G., STEGMAN, T.: Inverkan av sänkta hastighetsgränser på landets totala bensinförbrukning, Statens Väg-och Trafikinstitut, Rapport Nr. 74, Linköping 1975.

[396] BUNDESMINISTERIUM FÜR VERKEHR: Unfallverhütungsbericht, Straßenverkehr 1977, Drucksache 8/1403, Bonner Universitäts-Buchdruckerei, Verlag Dr. Hans Heger, Bonn.

[397] Mündliche Auskünfte des Österreichischen Statistischen Zentralamtes, Abteilung 4.

[398] MUSYL, G.: Energie- und Abgasbilanz einer Benzinstandheizung für Kraftfahrzeuge, Diplomarbeit am Institut für Verbrennungskraftmaschinen und Kraftfahrwesen. IVK-Bericht B 0541, 1977.

[399] Forschungsgesellschaft für das Straßenwesen, Wien, telephonische Auskunft.

[400] ÖSTERREICHISCHES STATISTISCHES ZENTRALAMT: Mikrozensusuntersuchung im Jahre 1977, telephonische Auskunft, April 1979.